21世纪高等学校计算机类
课程创新系列教材·微课版

Java程序设计
微课视频版

苏炳均 李 林 / 主编
王 健 杜 春 徐美莲 / 副主编

清华大学出版社
北京

内 容 简 介

本书讲解 Java 程序设计的基础知识及基本编程方法，包括 Java 开发环境的建立及运行机制、Java 编程基础、面向对象程序设计、Java 常用类、集合、文件与数据流、图形用户界面程序设计、多线程、网络编程等内容。本书内容丰富，语言简练易懂，知识讲解和典型案例演示相结合。

本书附有配套微视频、案例源代码、教学 PPT、习题及参考答案等课程资源，可以作为计算机相关专业的基础教材，也可以作为使用 Java 语言的工程技术人员和科技工作者的参考书。

版权所有，侵权必究。举报：010-62782989，beiqinquan@tup.tsinghua.edu.cn。

图书在版编目(CIP)数据

Java 程序设计：微课视频版/苏炳均，李林主编. -- 北京：清华大学出版社，2024.10
21 世纪高等学校计算机类课程创新系列教材. 微课版
ISBN 978-7-302-63190-3

Ⅰ.①J… Ⅱ.①苏… ②李… Ⅲ.①JAVA 语言－程序设计－高等学校－教材 Ⅳ.①TP312.8

中国国家版本馆 CIP 数据核字(2023)第 052597 号

责任编辑：贾 斌
封面设计：刘 键
责任校对：郝美丽
责任印制：沈 露

出版发行：清华大学出版社
网　　址：https://www.tup.com.cn，https://www.wqxuetang.com
地　　址：北京清华大学学研大厦 A 座　　　　　　邮　编：100084
社 总 机：010-83470000　　　　　　　　　　　　邮　购：010-62786544
投稿与读者服务：010-62776969，c-service@tup.tsinghua.edu.cn
质量反馈：010-62772015，zhiliang@tup.tsinghua.edu.cn
课件下载：https://www.tup.com.cn，010-83470236

印 装 者：北京鑫海金澳胶印有限公司
经　　销：全国新华书店
开　　本：185mm×260mm　　　印　张：17.5　　　字　数：429 千字
版　　次：2024 年 12 月第 1 版　　　　　　　　印　次：2024 年 12 月第 1 次印刷
印　　数：1～1500
定　　价：59.00 元

产品编号：089517-01

前言

　　Java是一门面向对象的程序设计语言,具有简单易用、面向对象、跨平台、安全性、多线程、动态性等特点,一直深受广大编程人员青睐。

　　本书共9章,具体内容如下。

　　第1章介绍Java的特点、JDK的安装及配置、Java程序基本结构及执行过程、Eclipse开发平台。通过本章的学习,可实现编写、运行第一个Java程序。第2章介绍Java基础语法、数据类型、运算符和表达式、选择结构、循环结构和数组。通过本章的学习,能掌握Java的基础知识。第3章介绍Java面向对象的三大核心机制,本章内容以编程思想为主,也是本书的重点。只有学好本章才算真正掌握了面向对象的编程思想。第4~6章介绍Java常用类、集合、文件与数据流。通过这3章的学习,配合查阅API文档,掌握Java核心类库的强大功能,提高编程实践能力。第7章介绍图形用户界面程序设计的思想和常用工具,学会开发带有图形界面的程序。第8章介绍Java的多线程技术,包括线程的创建、线程的生命周期、线程管理、线程同步、线程通信等知识。第9章介绍Java网络编程的相关知识,包括网络通信协议、IP地址及端口号、UDP通信、TCP通信等知识。通过本章的学习,学会编写网络程序。

　　本书具有以下特点。

　　(1) 在内容编排上力求由浅入深、循序渐进、举一反三,突出学习规律和学习技巧,是思维化的直接体现。

　　(2) 丰富的课程资源。本书配套完整的微视频,可用于读者自学或授课教师开展翻转教学。此外,还有配套的PPT、习题及参考答案。

　　(3) 配套视频按5分钟左右时间就一个知识点进行针对性讲解,使得讲授的内容呈"点"状、碎片化,适合移动学习时代知识的传播,也适合学习者个性化、深度学习的需求。

　　本书由苏炳均、李林任主编,负责全书的统稿工作,王健、杜春、徐美莲任副主编,其中第1、2章由李林编写,第3、4章由苏炳均编写,第5、9章由王健编写,第6、7章由杜春编写,第8章由徐美莲编写。

　　由于编者水平有限,书中难免存在疏漏之处,恳请广大读者批评指正。

编　者

2024年9月

目 录

第 1 章 绪论 ··· 1

1.1 Java 语言概述 ·· 1
    1.1.1 Java 简介 ··· 1
    1.1.2 Java 的特点 ·· 1
1.2 Java 开发环境的建立 ··· 2
    1.2.1 JDK 概述 ··· 2
    1.2.2 JDK 的版本 ·· 3
    1.2.3 JDK 的安装 ·· 4
    1.2.4 环境变量的配置 ·· 6
1.3 Java 程序基本结构 ·· 9
1.4 Java 程序执行过程 ·· 10
    1.4.1 Java 程序的运行过程 ·· 10
    1.4.2 命令行运行 Java 程序 ··· 10
    1.4.3 Java 虚拟机的工作原理 ··· 12
1.5 Eclipse 开发平台 ·· 12
    1.5.1 Eclipse 简介 ·· 12
    1.5.2 Eclipse 的安装与启动 ··· 13
    1.5.3 Eclipse 工作台 ·· 14
    1.5.4 使用 Eclipse 开发 Java 程序 ·· 14
本章小结 ·· 17
习题 1 ·· 17

第 2 章 Java 编程基础 ·· 18

2.1 Java 基础语法 ·· 18
    2.1.1 Java 主类结构 ··· 18
    2.1.2 Java 标识符和关键字 ··· 18
    2.1.3 Java 注释 ··· 19
2.2 数据类型、常量和变量 ·· 22
    2.2.1 数据类型 ·· 22
    2.2.2 常量 ·· 22
    2.2.3 变量 ·· 23
    2.2.4 变量的类型转换 ·· 24

	2.2.5 变量的作用域 ………………………………………………………… 26
2.3	运算符和表达式 ……………………………………………………………… 27
	2.3.1 算术运算符和算术表达式 …………………………………………… 27
	2.3.2 赋值运算符和赋值表达式 …………………………………………… 28
	2.3.3 关系运算符和关系表达式 …………………………………………… 29
	2.3.4 逻辑运算符和逻辑表达式 …………………………………………… 29
	2.3.5 位运算符 …………………………………………………………… 30
	2.3.6 条件运算符和条件表达式 …………………………………………… 31
	2.3.7 运算符的优先级和结合性 …………………………………………… 31
2.4	选择结构 …………………………………………………………………… 32
	2.4.1 if 语句 ……………………………………………………………… 33
	2.4.2 switch 语句 ………………………………………………………… 35
	2.4.3 选择结构的嵌套 ……………………………………………………… 37
2.5	循环结构 …………………………………………………………………… 38
	2.5.1 while 语句 …………………………………………………………… 38
	2.5.2 do...while 语句 ……………………………………………………… 39
	2.5.3 for 语句 ……………………………………………………………… 40
	2.5.4 循环嵌套 …………………………………………………………… 41
	2.5.5 跳转语句 …………………………………………………………… 42
2.6	数组 ………………………………………………………………………… 44
	2.6.1 一维数组 …………………………………………………………… 45
	2.6.2 多维数组 …………………………………………………………… 49

本章小结 ………………………………………………………………………… 51
习题 2 …………………………………………………………………………… 51

第 3 章 面向对象程序设计 ……………………………………………………… 52

3.1	面向对象概述 ……………………………………………………………… 52
3.2	类与对象 …………………………………………………………………… 53
	3.2.1 类与对象的关系 ……………………………………………………… 53
	3.2.2 类的定义 …………………………………………………………… 53
	3.2.3 对象的创建与使用 …………………………………………………… 55
3.3	类的封装 …………………………………………………………………… 58
	3.3.1 封装的好处 …………………………………………………………… 58
	3.3.2 如何实现封装 ………………………………………………………… 58
3.4	方法的重载 ………………………………………………………………… 59
3.5	构造方法 …………………………………………………………………… 60
	3.5.1 构造方法的定义 ……………………………………………………… 61
	3.5.2 构造方法的重载 ……………………………………………………… 62
3.6	this 关键字 ………………………………………………………………… 64

3.7 static 关键字 …………………………………………………………………… 67
　　3.7.1 静态属性 ………………………………………………………………… 67
　　3.7.2 静态方法 ………………………………………………………………… 69
　　3.7.3 静态代码块 ……………………………………………………………… 70
3.8 类的继承 ………………………………………………………………………… 72
　　3.8.1 继承的概念 ……………………………………………………………… 72
　　3.8.2 继承的实现 ……………………………………………………………… 72
　　3.8.3 方法的重写 ……………………………………………………………… 73
　　3.8.4 初始化顺序 ……………………………………………………………… 75
　　3.8.5 super 关键字 …………………………………………………………… 76
　　3.8.6 Object 类 ………………………………………………………………… 78
3.9 final 关键字 …………………………………………………………………… 81
　　3.9.1 修饰类 …………………………………………………………………… 81
　　3.9.2 修饰方法 ………………………………………………………………… 82
　　3.9.3 修饰变量 ………………………………………………………………… 82
3.10 抽象类和接口 ………………………………………………………………… 83
　　3.10.1 抽象方法和抽象类 …………………………………………………… 83
　　3.10.2 接口 …………………………………………………………………… 84
3.11 多态 …………………………………………………………………………… 87
　　3.11.1 多态概述 ……………………………………………………………… 87
　　3.11.2 对象的类型转换 ……………………………………………………… 88
3.12 内部类 ………………………………………………………………………… 90
　　3.12.1 成员内部类 …………………………………………………………… 90
　　3.12.2 局部内部类 …………………………………………………………… 91
　　3.12.3 静态内部类 …………………………………………………………… 92
　　3.12.4 匿名内部类 …………………………………………………………… 93
3.13 JDK 8 的 Lambda 表达式 …………………………………………………… 94
3.14 异常 …………………………………………………………………………… 95
　　3.14.1 异常概述 ……………………………………………………………… 95
　　3.14.2 异常的类型 …………………………………………………………… 97
　　3.14.3 异常处理的机制 ……………………………………………………… 97
　　3.14.4 抛出异常 ……………………………………………………………… 100
　　3.14.5 自定义异常 …………………………………………………………… 101
本章小结 ……………………………………………………………………………… 102
习题 3 ………………………………………………………………………………… 102

第 4 章　Java 常用类 …………………………………………………………… 104

4.1 字符串类 ………………………………………………………………………… 104
　　4.1.1 String 类的初始化 ……………………………………………………… 104

　　　　4.1.2　String 类的常用操作 ……………………………………………………… 105
　　　　4.1.3　StringBuffer 类 ………………………………………………………… 110
　4.2　System 类与 Runtime 类 ……………………………………………………………… 111
　　　　4.2.1　System 类 ………………………………………………………………… 111
　　　　4.2.2　Runtime 类 ……………………………………………………………… 113
　4.3　Math 类与 Random 类 ………………………………………………………………… 114
　　　　4.3.1　Math 类 …………………………………………………………………… 114
　　　　4.3.2　Random 类 ……………………………………………………………… 114
　4.4　包装类 ………………………………………………………………………………… 115
　　　　4.4.1　包装类的概念 …………………………………………………………… 115
　　　　4.4.2　自动装箱和自动拆箱 …………………………………………………… 116
　　　　4.4.3　Integer 和 String 的转换 ……………………………………………… 116
　　　　4.4.4　int 和 String 的转换 …………………………………………………… 117
　4.5　日期与时间类 ………………………………………………………………………… 117
　　　　4.5.1　Date 类 …………………………………………………………………… 117
　　　　4.5.2　Calendar 类 ……………………………………………………………… 118
　　　　4.5.3　格式化类 ………………………………………………………………… 119
本章小结 ……………………………………………………………………………………… 121
习题 4 ………………………………………………………………………………………… 122

第 5 章　集合 …………………………………………………………………………… 123

　5.1　集合概述 ……………………………………………………………………………… 123
　5.2　List 集合 ……………………………………………………………………………… 124
　　　　5.2.1　List 接口介绍 …………………………………………………………… 124
　　　　5.2.2　ArrayList 集合 …………………………………………………………… 124
　　　　5.2.3　LinkedList 集合 ………………………………………………………… 125
　5.3　Collection 集合遍历 ………………………………………………………………… 127
　　　　5.3.1　Iterator 遍历集合 ……………………………………………………… 127
　　　　5.3.2　for-each 遍历集合 ……………………………………………………… 128
　　　　5.3.3　forEach 遍历集合 ……………………………………………………… 129
　5.4　Set 集合 ……………………………………………………………………………… 130
　　　　5.4.1　Set 接口介绍 …………………………………………………………… 130
　　　　5.4.2　HashSet 集合 …………………………………………………………… 130
　　　　5.4.3　TreeSet 集合 …………………………………………………………… 133
　5.5　Map 集合 ……………………………………………………………………………… 137
　　　　5.5.1　Map 接口介绍 …………………………………………………………… 137
　　　　5.5.2　HashMap 集合 …………………………………………………………… 137
　　　　5.5.3　Map 集合遍历 …………………………………………………………… 139
　　　　5.5.4　TreeMap 集合 …………………………………………………………… 142

  5.5.5 Properties 集合 ………………………………………………… 143
 5.6 泛型 ……………………………………………………………………… 144
 5.7 Collections 工具类 ……………………………………………………… 146
 本章小结 …………………………………………………………………… 149
 习题 5 ……………………………………………………………………… 149

第 6 章　文件与数据流 ……………………………………………………… 152

 6.1 概述 ……………………………………………………………………… 152
 6.2 字节流 …………………………………………………………………… 152
  6.2.1 字节输入流类 ……………………………………………………… 153
  6.2.2 字节输出流类 ……………………………………………………… 153
  6.2.3 FileInputStream 类 ………………………………………………… 154
  6.2.4 BufferedInputStream 类 …………………………………………… 155
  6.2.5 FileOutputStream 类 ……………………………………………… 156
  6.2.6 BufferedOutputStream 类 ………………………………………… 157
 6.3 字符流 …………………………………………………………………… 158
  6.3.1 字符输入流类 ……………………………………………………… 158
  6.3.2 字符输出流类 ……………………………………………………… 159
  6.3.3 FileReader 类 ……………………………………………………… 160
  6.3.4 FileWriter 类 ……………………………………………………… 160
  6.3.5 BufferedReader 类 ………………………………………………… 162
  6.3.6 BufferedWriter 类 ………………………………………………… 163
 6.4 文件 ……………………………………………………………………… 164
  6.4.1 File 类 ……………………………………………………………… 164
  6.4.2 File 类常用函数 …………………………………………………… 164
 6.5 随机访问文件 …………………………………………………………… 167
  6.5.1 RandomAccessFile 构造函数 ……………………………………… 167
  6.5.2 RandomAccessFile 类的常用函数 ………………………………… 167
  6.5.3 对象序列化 ………………………………………………………… 169
 本章小结 …………………………………………………………………… 171
 习题 6 ……………………………………………………………………… 171

第 7 章　图形用户界面程序设计 …………………………………………… 172

 7.1 概述 ……………………………………………………………………… 172
 7.2 容器 ……………………………………………………………………… 172
  7.2.1 顶层容器 …………………………………………………………… 172
  7.2.2 中间容器 …………………………………………………………… 175
 7.3 组件 ……………………………………………………………………… 175
 7.4 布局管理器 ……………………………………………………………… 177

		7.4.1	FlowLayout	178
		7.4.2	GridLayout	179
		7.4.3	BorderLayout	180
		7.4.4	CardLayout	181

- 7.5 事件处理及其模型 …… 183
  - 7.5.1 事件源类 …… 183
  - 7.5.2 事件类 …… 183
  - 7.5.3 事件监听器接口 …… 184
  - 7.5.4 事件适配器 …… 191
  - 7.5.5 综合案例 …… 193
- 本章小结 …… 198
- 习题 7 …… 199

第 8 章 多线程 …… 200

- 8.1 线程概述 …… 200
  - 8.1.1 生活中的并发现象 …… 200
  - 8.1.2 进程和线程 …… 201
  - 8.1.3 线程的种类 …… 204
  - 8.1.4 并发与并行 …… 204
  - 8.1.5 Java 多线程的运行机制 …… 205
  - 8.1.6 线程概述小结 …… 207
- 8.2 线程生命周期 …… 207
  - 8.2.1 线程状态 …… 207
  - 8.2.2 线程的状态转换图 …… 208
  - 8.2.3 线程生命周期小结 …… 208
- 8.3 线程管理 …… 208
  - 8.3.1 线程的创建和运行 …… 208
  - 8.3.2 线程信息的访问 …… 218
  - 8.3.3 守护线程的管理 …… 222
  - 8.3.4 线程的优先级调整 …… 223
  - 8.3.5 线程的中断 …… 226
  - 8.3.6 线程的休眠 …… 227
  - 8.3.7 线程的终止 …… 228
  - 8.3.8 线程管理小结 …… 230
- 8.4 线程同步 …… 230
  - 8.4.1 线程安全简介 …… 231
  - 8.4.2 线程同步简介 …… 233
  - 8.4.3 方法同步 …… 233
  - 8.4.4 代码块同步 …… 235

8.4.5 死锁问题 237
8.4.6 线程同步小结 240
8.5 线程通信 240
8.5.1 等待/通知机制 240
8.5.2 生产者-消费者模型 240
8.5.3 线程通信小结 243
8.6 线程池 243
8.6.1 Java 线程池 243
8.6.2 线程池的创建 244
8.6.3 线程池的管理 245
8.6.4 线程池的案例 245
8.6.5 线程池小结 246
本章小结 247
习题 8 247

第 9 章 网络编程 248

9.1 网络编程基础 248
9.1.1 网络通信协议 248
9.1.2 IP 地址和端口号 249
9.1.3 InetAddress 类 250
9.2 UDP 通信 251
9.2.1 UDP 通信简介 251
9.2.2 DatagramPacket 类 251
9.2.3 DatagramSocket 类 252
9.2.4 UDP 网络程序 253
9.3 TCP 通信 255
9.3.1 TCP 通信简介 255
9.3.2 ServerSocket 类 256
9.3.3 Socket 通信 257
9.3.4 简单的 TCP 网络程序 258
9.3.5 多线程的 TCP 网络程序 260
本章小结 265
习题 9 266

参考文献 268

第 1 章 绪 论

Java 是一种高级的面向对象的程序设计语言。使用 Java 语言编写的程序是跨平台的，从 PC 到手持电话都有 Java 开发的程序和游戏，Java 程序可以在任何计算机、操作系统和支持 Java 的设备上运行。本章将介绍 Java 概况、Java 开发环境、Java 程序框架、Java 程序的开发流程和主流开发平台 Eclipse 等内容。

1.1 Java 语言概述

1.1.1 Java 简介

Java 是 1995 年由 SUN 公司推出的一种极富创造力的完全面向对象的程序设计语言，它是由有"Java 之父"之称的 SUN 研究院院士詹姆斯·戈士林亲手设计的，并实现了 Java 技术的原始编译器和虚拟机。Java 最初的名字是"OAK（橡树）"，在 1995 年被重命名为 Java，并正式发布。

Java 语言编写的程序既是编译型的又是解释型的。程序代码经过编译之后转换为一种称为 Java 字节码的中间代码，Java 虚拟机（JVM）负责对字节码进行解释和运行。编译只进行一次，而解释在每次运行程序时都会进行。编译后的字节码采用一种针对 JVM 优化过的机器码形式保存，虚拟机将字节码解释为机器码，然后在计算机上运行。

Java 是一种通过解释方式来执行的语言，其语法规则和 C++ 类似。同时，Java 也是一种跨平台的程序设计语言。用 Java 语言编写的程序，可以运行在任何平台和设备上，如跨越 IBM 个人计算机、苹果计算机、各种微处理器硬件平台以及 Windows、UNIX、OS/2、macOS 等系统平台，真正实现"一次编写，到处运行"（Write once, run anywhere）。Java 非常适于企业网络和 Internet 环境，并且已成为 Internet 中最具有影响力且最受欢迎的编程语言之一，拥有"互联网上的世界语"的美称。

1.1.2 Java 的特点

Java 之所以受到如此众多的好评并发展迅猛，是因为它有众多的特点，其最主要的特点有以下几个。

1. 简单易用

Java 的风格类似于 C++，但摒弃了 C++ 中容易引发程序错误和难以理解的内容，如指针、内存管理、运算符重载、多重继承等。Java 提供了丰富的类库，但也适合于在小型机上运行,它的基本解释器及类的支持只有 40KB 左右,加上标准类库和线程的支持也只有 215KB 左右。Java 源代码的书写不拘泥于特定的环境,用记事本、文本编辑器等编辑软件即可实现程序的编辑,然后将源文件进行编译,编译通过后可直接运行。

2. 面向对象

面向对象可以说是 Java 最重要的特性。面向对象思维以对象为基本粒度,其下包含属性和方法,更符合人们的思维习惯。Java 语言的设计集中于对象及其接口,它提供了简单的类机制以及动态的接口模型。对象中封装了它的状态变量以及相应的方法,实现了模块化和信息隐藏;而类则提供了一类对象的原型,并且通过继承机制,子类可以使用父类所提供的方法,实现了代码的复用,也易于扩展。

3. 跨平台性/可移植性

这个特点一直是 Java 程序设计师们的精神指标,也是 Java 之所以能够受到程序设计师们喜爱的原因之一。Java 自带的虚拟机很好地实现了跨平台性。Java 源程序代码经过编译后生成的二进制字节码与平台无关,可以被 Java 虚拟机识别。Java 虚拟机提供了一个字节码到底层硬件平台及操作系统的屏障,使得 Java 语言具备跨平台性。

4. 安全性

安全性可以分为 4 个层面,即语言级安全性、编译时安全性、运行时安全性、可执行代码安全性。语言级安全性指 Java 的数据结构是完整的对象,这些封装过的数据类型具有安全性。编译时要进行 Java 语言和语义的检查,保证每个变量对应一个相应的值,编译后生成 Java 类。运行时 Java 类需要类加载器载入,并经字节码校验器校验后才可以运行。Java 类在网络上使用时,对它的权限进行了设置,保证了被访问用户的安全性。

5. 多线程性

多线程机制使应用程序能够并行执行,而且同步机制保证了对共享数据的正确操作。通过使用多线程,程序设计者可以分别用不同的线程完成特定的行为,而不需要采用全局的事件循环机制,这样就很容易实现网络上的实时交互行为。

6. 动态性

Java 的设计使它适合于一个不断发展的环境。在类库中可以自由地加入新的方法和实例变量而不会影响用户程序的执行。并且 Java 通过接口来支持多重继承,使之比严格的类继承具有更灵活的方式和可扩展性。

1.2 Java 开发环境的建立

要学习 Java 编程语言,首先需要在计算机中建立 Java 开发环境。建立 Java 开发环境,就是在计算机上安装 Java 开发工具包(JDK)并设置相应的参数,使得 Java 开发工具包可以正确地运行。

1.2.1 JDK 概述

JDK(Java Development Kit)是 Java 开发工具包的缩写,是用来开发 Java 程序的。JDK 是整个 Java 的核心,包括 Java 运行时环境(Java Runtime Environment,JRE)、Java 开发工具(如 javac、java、javadoc 等)。

JRE 是用户运行基于 Java 语言编写的程序所不可缺少的运行环境,JRE 是用来运行已开发好的 Java 程序。JRE 中包含了 JVM(Java Virtual Machine)和 Java 基础类库,这些是运行 Java 程序的必要组件。JRE 是 Java 运行环境,并不是一个开发环境,所以没有包含任何开发工具(如编译器和调试器),只是针对使用 Java 程序的用户。

JVM 就是通常所说的 Java 虚拟机,它是 Java 实现跨平台的最核心部分,所有的 Java 程序会首先被编译为 .class 的字节码文件(类文件),这种字节码文件可以在虚拟机上执行。也就是说,.class 文件并不直接与机器的操作系统相对应,而是经过虚拟机间接与操作系统交互,由虚拟机将程序解释给本地操作系统执行。

简单地讲,JDK 包含 JRE 和 Java 开发工具,而 JRE 又包含 JVM 和 Java 基础类库。JDK、JRE 和 JVM 三者间的关系如图 1-1 所示。

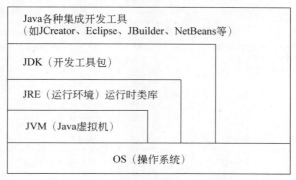

图 1-1 JDK、JRE 和 JVM 三者间的关系

1.2.2 JDK 的版本

JDK 有 3 个版本,分别是以下几个。

(1) J2SE。标准版,主要用于桌面应用程序的开发,同时也是 Java 的基础,它包含 Java 语言基础、JDBC(Java 数据库连接性)操作、I/O(输入/输出)、网络通信、多线程等。

(2) J2EE。企业版,主要用于开发企业级分布式的网络程序,如电子商务网站和 ERP(企业资源规划)系统,其核心为 EJB(企业 Java 组件模型)。

(3) J2ME。微缩版,主要应用于嵌入式系统开发,如掌上计算机、手机等移动通信电子设备,现在大部分手机厂商所生产的手机都支持 Java 技术。

本书介绍的是基于 J2SE 的 Java 程序设计。J2SE 存在两个版本命名体系,如 J2SE 7.0 和 J2SE 1.7 实际上是同一个版本。J2SE 的早期版本一直被称为 JDK,因此,J2SE 7.0、J2SE 1.7、JDK 7、JDK 1.7 完全是同一个版本。

JDK 是由 SUN 公司在 1995 年推出的,最早的版本是 JDK 1.0。SUN 公司已于 2009 年 4 月 20 日被 Oracle 公司收购。为了满足用户日新月异的需求,JDK 的版本也在不断升级,随后相继推出了 JDK 1.1、JDK 1.2、JDK 1.3、JDK 1.4、JDK 5(1.5)、JDK 6(1.6)、JDK 7(1.7)、JDK 8(1.8)、JDK 9(1.9)等。

本书使用的版本是 JDK 1.8。

1.2.3 JDK 的安装

Oracle 公司提供了针对多种操作系统的 JDK,每种操作系统的 JDK 在使用上基本类似,初学者可以根据自己使用的操作系统,从 Oracle 官方网站下载相应的 JDK 安装文件。下面以 64 位的 Windows 10 系统为例来演示 JDK 1.8 的安装过程,具体步骤如下。

1. 下载 JDK

登录 Oracle 公司的网站(https://www.oracle.com/index.html),打开 JDK 1.8 的下载链接(https://www.oracle.com/technetwork/java/javase/downloads/jdk8-downloads-2133151.html),找到与系统相匹配的版本,下载安装程序。安装程序目录如图 1-2 所示。

Java SE Development Kit 8u241

You must accept the Oracle Technology Network License Agreement for Oracle Java SE to download this software.

Accept License Agreement　Decline License Agreement

Product / File Description	File Size	Download
Linux ARM 32 Hard Float ABI	72.94 MB	jdk-8u241-linux-arm32-vfp-hflt.tar.gz
Linux ARM 64 Hard Float ABI	69.83 MB	jdk-8u241-linux-arm64-vfp-hflt.tar.gz
Linux x86	171.28 MB	jdk-8u241-linux-i586.rpm
Linux x86	186.1 MB	jdk-8u241-linux-i586.tar.gz
Linux x64	170.65 MB	jdk-8u241-linux-x64.rpm
Linux x64	185.53 MB	jdk-8u241-linux-x64.tar.gz
Mac OS X x64	254.06 MB	jdk-8u241-macosx-x64.dmg
Solaris SPARC 64-bit (SVR4 package)	133.01 MB	jdk-8u241-solaris-sparcv9.tar.Z
Solaris SPARC 64-bit	94.24 MB	jdk-8u241-solaris-sparcv9.tar.gz
Solaris x64 (SVR4 package)	133.8 MB	jdk-8u241-solaris-x64.tar.Z
Solaris x64	92.01 MB	jdk-8u241-solaris-x64.tar.gz
Windows x86	200.86 MB	jdk-8u241-windows-i586.exe
Windows x64	210.92 MB	jdk-8u241-windows-x64.exe

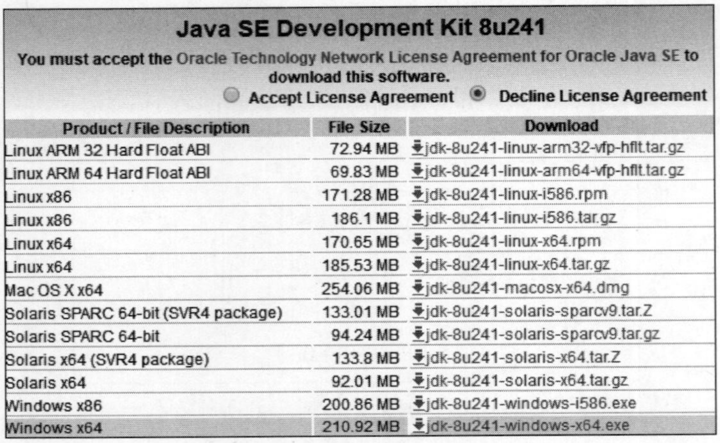

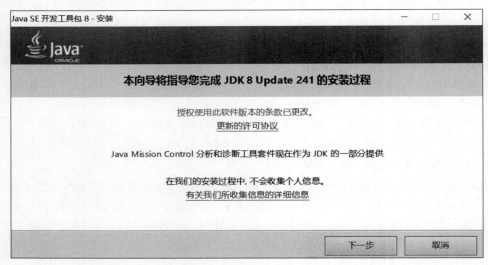

图 1-2　JDK 安装程序目录

2. 安装 JDK

双击安装程序开始安装,出现图 1-3 所示的安装界面。

图 1-3　JDK 1.8 的安装界面

单击"下一步"按钮，出现定制安装界面，如图 1-4 所示。

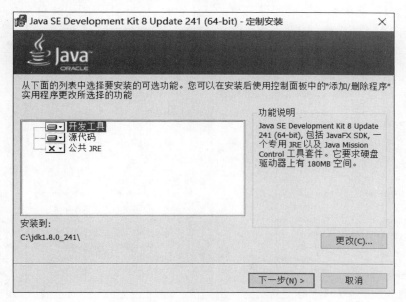

图 1-4　JDK 1.8 的"定制安装"界面

图 1-4 中的 3 个模块，即"开发工具""源代码"和"公共 JRE"都可以选择性安装，通常不安装"公共 JRE"，因为"开发工具"中包含了专用的 JRE。单击图中的"更改"按钮可以改变安装位置。

单击"下一步"按钮开始安装 JDK，安装完毕后进入完成界面，如图 1-5 所示。

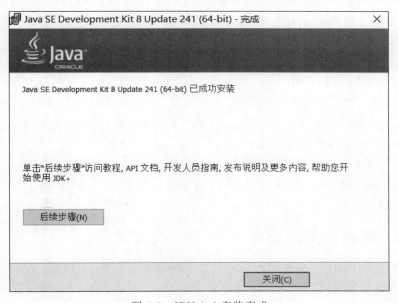

图 1-5　JDK 1.8 安装完成

单击"关闭"按钮，完成安装。

3. JDK 目录结构

JDK 安装后，会根据安装时的设置生成一个目录，称为 JDK 的安装目录，该目录的结构如图 1-6 所示。

图 1-6 JDK 目录结构

为了更好地理解 JDK、JRE 和 JVM 之间的关系，接下来对 JDK 安装目录进行介绍。

（1）bin 目录。该目录存放开发 Java 程序所需的一些工具的可执行文件，如 javac.exe（编译器）、java.exe（解释器，启动 JVM）、jar.exe（打包工具）、javadoc.exe（文档生成工具）等。

（2）include 目录。该目录存放实现 JDK 的 C 和 C++ 的头文件。

（3）jre 目录。该目录是 JDK 自含 JRE 的根目录，其下包含 bin 子目录和 lib 子目录。jre/bin 包含执行文件和 dll 等库文件，是 JVM 需要的，可执行文件是 jdk/bin 的一部分。jre/lib 包含运行环境所使用的核心类库、属性设置和资源文件。例如，rt.jar 是运行时的类库，包含 Java 平台的核心 API。

（4）lib 目录。该目录存放 Java 开发工具要用的一些库文件，如 tool.jar、dt.jar 等。

（5）src.zip。该压缩包中存放的是 Java 类库源代码，如 rt.jar 库中的关键部分，通过该压缩包可以查看 Java 基础类的源代码。

从图 1-6 中可以看出，JDK 包含开发工具和 JRE，JRE 又包含 JVM 和运行时类库。简单地讲，开发工具就是图中 jdk/bin 目录，JVM 主要是图中 jre/bin 目录，运行时类库就是图中 jre/lib 目录。

1.2.4 环境变量的配置

JDK 安装完成后，为了方便地在任何目录下编译和运行 Java 程序，还需要配置系统的环境变量。环境变量可以简单地理解为路径导向，当运行某个命令时，如果在本地查找不到该命令或文件，就会到声明的路径中去查找。通常需要配置 2 个环境变量，即 PATH 和 CLASSPATH。PATH 环境变量用于告诉操作系统到指定路径去查找 JDK（bin 目录），CLASSPATH 环境变量用于告诉 JDK 到指定路径去查找类文件(.class 文件)。

1. 配置 PATH 环境变量

PATH 环境变量保存了系统的一系列路径,每个路径之间用半角分号(;)隔开。当运行 Java 开发工具时,会先在当前目录寻找可执行程序,如果没有再到 PATH 环境变量指定的目录中寻找。

以 Windows 10 系统为例,配置 PATH 环境变量的步骤如下。

(1)桌面上找到"此电脑"图标并右击,从弹出的下拉菜单中选择"属性"命令,在出现的"系统"窗口中选择"高级系统设置",出现图 1-7 所示的"系统属性"对话框。

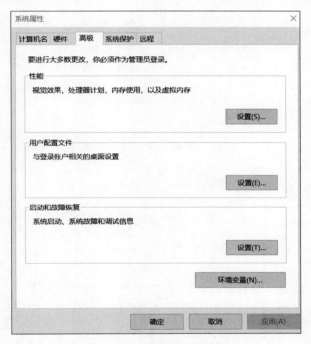

图 1-7 "系统属性"对话框

(2)在图 1-7 中选择"高级"选项卡,再单击"环境变量"按钮,打开"环境变量"对话框,如图 1-8 所示。

(3)在图 1-8 所示的"系统变量"区域选择 Path 变量,单击"编辑"按钮,出现图 1-9 所示的"编辑环境变量"对话框。如果"系统变量"区域没有 Path 变量,则单击"新建"按钮,先新建 Path 变量。

(4)在图 1-9 所示的对话框里单击"新建"按钮,把文本区的值设置为 JDK 的安装目录"C:\jdk1.8.0_241\bin"(此路径以用户 JDK 安装目录为准),再单击"确定"按钮,完成配置。

2. 配置 CLASSPATH 环境变量

CLASSPATH 环境变量也用于保存一系列路径,当虚拟机运行一个类时,会在 CLASSPATH 环境变量所列的路径中寻找所需的类文件和包。CLASSPATH 环境变量的配置方式与 PATH 环境变量的配置方式相似,只不过变量名变为 CLASSPATH,变量值增加 3 条路径,即"."" C:\jdk1.8.0_241\lib\tools.jar"" C:\jdk1.8.0_241\lib\dt.jar"。

图 1-8 "环境变量"对话框

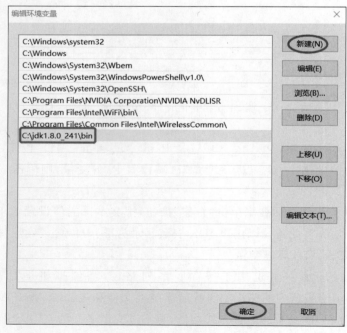

图 1-9 "编辑环境变量"对话框

特别说明如下。

(1) 如果配置 CLASSPATH 环境变量,必须加当前目录这条路径,该路径用"."来表示。

(2) JDK 1.4 之前的版本必须配置 CLASSPATH 环境变量,而从 JDK 1.5 版本开始,可以不再配置 CLASSPATH 环境变量。即使未配置 CLASSPATH 环境变量,虚拟机也能自动搜索当前目录下的类以及 tools.jar 和 dt.jar 包中的类。

1.3 Java 程序基本结构

Java 是面向对象的语言,一个程序的基本单位是类(class),class 是关键字。下面给出一个简单的 Java 程序,通过该程序,可以简单了解 Java 程序的基本结构。笔者以 D:\Java\workspace\demo\src 作为工作目录,并将文件保存为 HelloWorld.java。

例 1-1 HelloWorld.java 文件示例。

```java
public class HelloWorld {
    public static void main(String[] args) {
        System.out.println("Hello World!");
        System.out.println("你将成为优秀的 Java 程序员!");
    }
}
```

例 1-1 运行后,会在控制台输出 2 行文本。从这个例子可以总结出 Java 程序的基本结构。

(1) 类是 Java 程序的基本单位,每个 Java 程序至少包含 1 个类。

(2) 关键字 class 用来定义类,class 后面的是类名,class 和类名之间通常用空格间隔。本例中,HelloWorld 是类名。

(3) class 前面的 public 也是关键字,它是一个修饰符,表明所定义的类是完全公开的。

(4) 类名后面是一对"{ }",这是类的主体,简称类体。

(5) 类体里可以定义函数,Java 习惯上称函数为方法。方法是类的组成成员,所以也称为成员方法。

(6) HelloWorld 类的类体里面定义了一个方法 main,它与 C 程序中的 main 函数相似,都是程序执行的入口,但也有不同的地方。

① 方法名 main 前有 3 个关键字 public、static、void,并且这 3 个关键字要同时包含,这是 Java 语言所规定的。public 关键字说明 main 方法具有公开属性,static 关键字说明 main 方法具有静态属性,void 关键字说明 main 方法没有返回值。

② main 方法的形式参数与 C 程序中的 main 函数也有所不同:args 是一个数组参数,其数据类型为 String。String 是一个常用的系统类,即字符串类。在上面的例子中,每对用英文双引号("")括起的字符序列就叫字符串,如"Hello World!"。

(7) main 方法的方法体(函数体)里有 2 条语句,这 2 条语句均使用了系统提供的 System.out.println 方法,该方法在控制台窗口中输出字符串。输出字符串时,只输出双引号内的字符串内容。

1.4 Java程序执行过程

本节将介绍Java程序的内部运行过程和原理，以便读者对Java程序的运行过程有个总体的认识，并且学会编写、运行简单的Java程序。

1.4.1 Java程序的运行过程

Java程序的运行必须经过编辑、编译和运行3个步骤，如图1-10所示。

图1-10 Java程序运行流程

1. 编辑

编辑是指在Java开发环境中进行程序代码的输入并保存。程序保存时以类名作为源文件的文件名，以.java作为源文件的扩展名。例1-1输入后应该保存为HelloWorld.java文件名。对于初学者，可以用记事本、UltraEdit、Notepad++、Eclipse等编辑工具来编辑Java程序。以记事本为例，编辑过程为：在目录cn\edu\lsnu\ch01下新建一个文本文件，重命名为HelloWorld.java，用记事本程序打开文件，在其中输入例1-1所列的代码，并保存。

2. 编译

编译是指使用Java编译器对源文件进行错误排查的过程，编译后将生成扩展名为.class的字节码文件，不像C语言那样生成可执行文件。

3. 运行

运行是指使用Java解释器将字节码文件翻译成机器代码，执行并显示结果。程序运行后，还应该分析运行结果是否正确。如果运行结果不正确，要重复编辑、编译、运行过程，直到运行结果正确为止。

1.4.2 命令行运行Java程序

结合例1-1，介绍命令行运行Java程序的过程，具体过程如下。

1. 打开命令行窗口

在桌面上同时按Win+R组合键打开运行窗口，如图1-11所示。

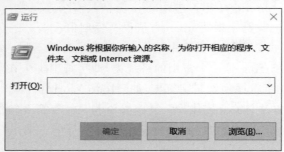

图1-11 运行窗口

在运行窗口中输入 cmd 命令,单击"确定"按钮,出现图 1-12 所示的命令行窗口,在该窗口中可以运行 JDK 的开发工具。

图 1-12　命令行窗口

2. 编译

利用 cd 命令,进入 Java 程序所在的目录。输入 javac HelloWorld.java 命令,编译源文件,如图 1-13 所示。

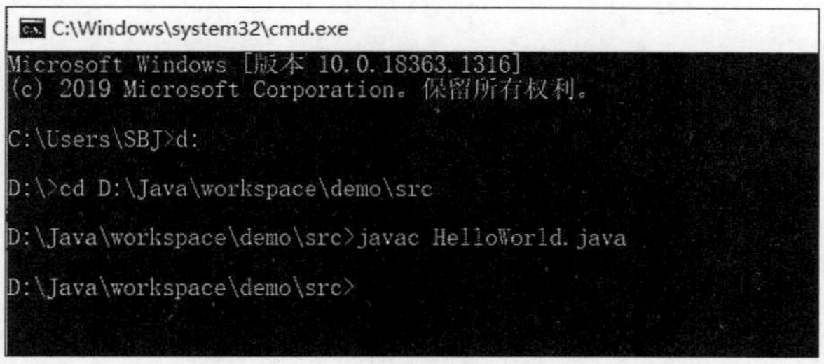

图 1-13　编译源文件

运行上述命令后,若源文件没有编译错误,就会在当前目录下生成 HelloWorld.class 文件。如果有编译错误,还需要根据错误提示修改源文件并重新编译,直到没有编译错误为止。

3. 运行

在当前目录下,输入 java HelloWorld 命令,运行编译得到的字节码文件,运行结果如图 1-14 所示。

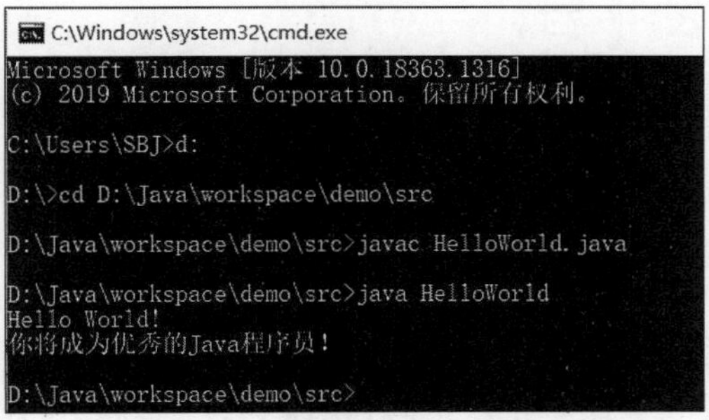

图 1-14　运行 HelloWorld 程序

在命令行运行 Java 程序时,有以下两点要特别注意。

(1) 在用 javac 命令编译时,需要输入完整的文件名,如例 1-1 中的 javac HelloWorld.

java。

（2）在用java命令运行时，需要的是类名，如例1-1中的java HelloWorld，千万别输为java HelloWorld.class，因为后者的含义变成了运行当前目录下 HelloWorld 子目录中的 class 类。

1.4.3 Java 虚拟机的工作原理

在上面的运行过程中，命令java启动了JVM来运行程序，其工作原理如图1-15所示。

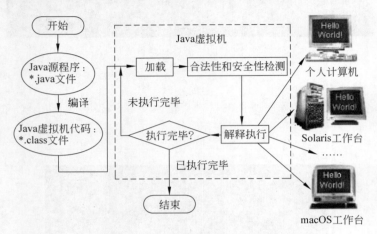

图 1-15 Java 虚拟机的工作原理

从图1-15中可以看出以下几点。

（1）Java源程序经编译后得到的字节码还是一种伪代码，与平台无关，也不能直接在平台上运行。也正是由于这个原因，Java程序具有跨平台性/可移植性。

（2）虚拟机负责将字节码变成各种平台上的机器代码。不同平台要能运行Java程序，都需要安装相应平台的虚拟机。

（3）虚拟机执行字节码的过程是一个循环，它不停地加载类，进行合法性和安全性检测以及解释执行，直到程序执行完毕（包括异常退出）。

1.5 Eclipse 开发平台

前面的记事本编辑Java程序虽然简单，但存在诸多缺陷，如代码排版不方便、编写代码速度慢等，因此，程序员很少用它进行开发。下面介绍一种Java程序员比较钟爱的集成开发工具——Eclipse。

1.5.1 Eclipse 简介

Eclipse 是 IBM 开发的一款开放源代码的、基于 Java 可扩展的集成开发环境（IDE），是目前最流行的 Java 开发工具之一。它的设计思想是"一切皆插件"，就其本身而言，它只是一个框架和一组服务，用于通过插件构建开发环境。

1.5.2　Eclipse 的安装与启动

Eclipse 的安装非常简单,只需要将下载后的压缩包解压缩即可完成安装。

1. 下载安装 Eclipse

本书采用的是 Eclipse 4.8 Photon 版本,读者可以登录 Eclipse 官网(https://www.eclipse.org/downloads/download.php?file=/technology/epp/downloads/release/photon/R/eclipse-jee-photon-R-win32-x86_64.zip)免费下载。下载之后,得到一个压缩包,解压缩到指定目录即可完成安装。

2. 启动 Eclipse

安装完成后,进入 Eclipse 解压后的目录,双击 eclipse.exe 文件,启动 Eclipse。启动后,会弹出一个对话框,提示设置工作空间(Workspace),如图 1-16 所示。

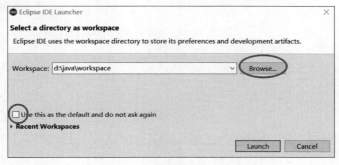

图 1-16　设置工作空间

工作空间用于保存 Eclipse 中创建的项目、源文件等。Browse 按钮用于修改工作空间,修改后单击 Launch 按钮完成设置。需要说明的是,Eclipse 每次启动都会出现选择工作空间的目录对话框,如果想沿用设置好的工作空间,可以选中 Use this as the default and do not ask again 复选框,以后启动时就不会再出现此对话框了。

设置工作空间后,还会出现 Eclipse 的欢迎界面,如图 1-17 所示。

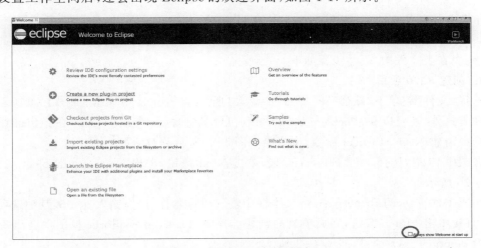

图 1-17　Eclipse 的欢迎界面

该界面包含 Eclipse 的概述、样本、新增功能、创建新工程等链接,单击相应链接,可以执行相应功能。相似地,也可以通过取消选中界面中的 Always show welcome at start up 复选框,取消加载欢迎界面。

1.5.3 Eclipse 工作台

关闭欢迎界面后,就进入 Eclipse 的工作台界面。

Eclipse 工作台主要包含标题栏、菜单栏、工具栏和各种视图,如图 1-18 所示。

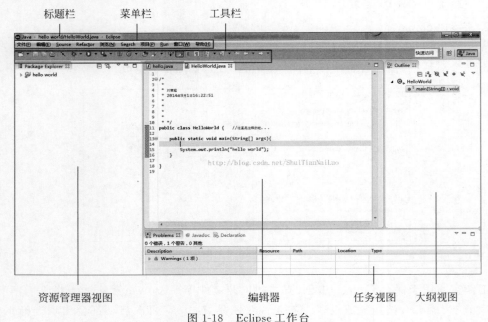

图 1-18 Eclipse 工作台

1.5.4 使用 Eclipse 开发 Java 程序

本节介绍使用 Eclipse 开发例 1-1 中的 HelloWorld.java 程序。Eclipse 以项目方式管理 Java 代码,在编写代码之前,必须要创建项目。项目创建完成后,再依次创建项目的包和类,代码写在类文件中,具体步骤如下。

1. 创建 Java 项目

选择"文件"菜单下"新建"→"项目"命令,出现 New Project 对话框,如图 1-19 所示。除了这种方式外,还可以在"Package Explorer"(包资源管理器)视图中右击,在弹出的快捷菜单中选择新建 New→Project 命令,也将出现图 1-19 所示的对话框。

在图 1-19 中,选择 Java Project 类型,单击 Next 按钮,出现 New Java Project 对话框,如图 1-20 所示。

在图 1-20 所示的 Project name 文本框中输入项目名称,这里输入 demo,其他选项保持默认,直接单击 Finish 按钮,完成项目的创建。这时,Package Explorer 视图中会出现一个名称为 demo 的 Java 项目,如图 1-21 所示。

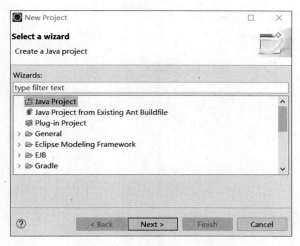

图 1-19　New Project 对话框

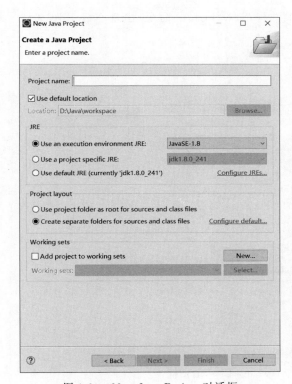

图 1-20　New Java Project 对话框

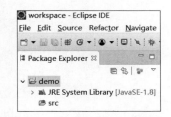

图 1-21　Package Explorer 视图

2. 创建包

在 Package Explorer 视图中右击 demo 项目下的 src 文件夹,在弹出的快捷菜单中选择 New→Package 命令,出现 New Java Package 对话框,如图 1-22 所示。

在 New Java Package 对话框的 Name 文本框中输入包名,这里输入 ch01,单击 Finish 按钮,会发现,Package Explorer 视图中 src 文件夹下多了一个名字为 ch01 的包。

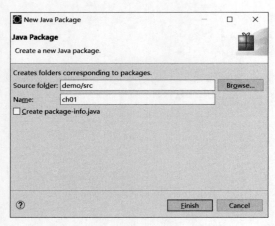

图 1-22　New Java Package 对话框

3. 创建 Java 类

右击 ch01 包，在弹出的快捷菜单中选择 New→Class 命令，出现 New Java Class 对话框，如图 1-23 所示。

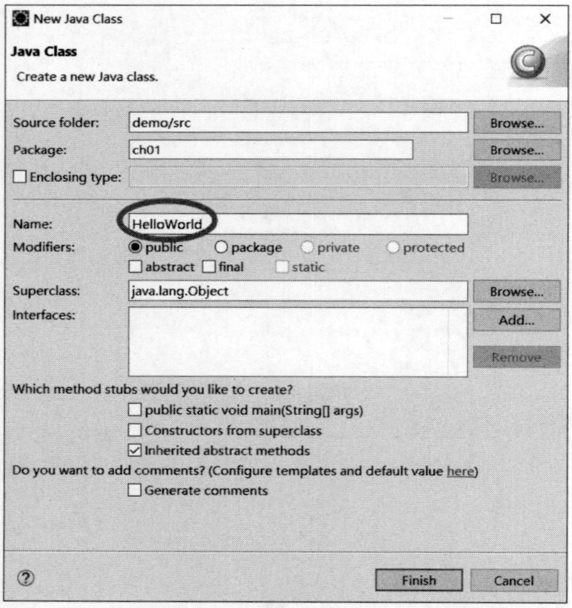

图 1-23　New Java Class 对话框

在图 1-23 所示的 Name 文本框中输入类名 HelloWorld，单击 Finish 按钮就完成了 HelloWorld 类的创建。这时，ch01 包下出现了一个以类名命名的 HelloWorld.java 源文件，该文件在编辑器中自动打开，如图 1-24 所示。

4. 编辑代码

在图 1-24 所示的类体中输入例 1-1 中的 main 方法并保存，完成编辑。

在上述操作后，查看工作空间文件夹，会发现出现了一个以项目名（demo）命名的文件

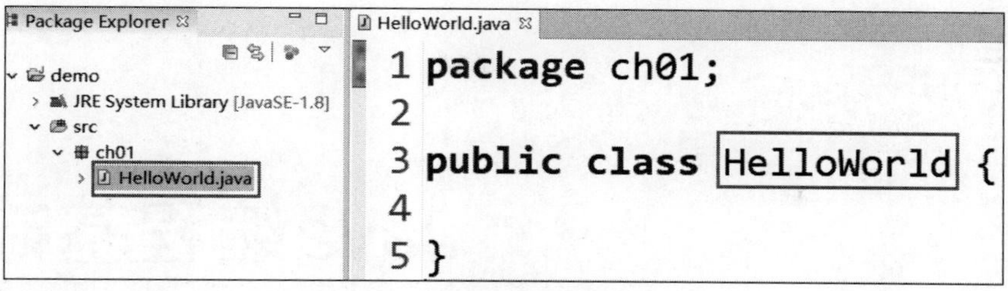

图 1-24 创建类后的视图

夹,进入 demo 文件夹后,会看到 2 个文件夹 src 和 bin。src 文件夹用来存放 Java 源文件,进入 src 文件夹后,会看到还有以包名(ch01)命名的文件夹,这说明 Java 里的包对应 Windows 里的文件夹,继续进入 ch01 文件夹,会看到创建的 HelloWorld.java 源文件。bin 文件夹用来存放编译后得到的类文件,类文件所在的目录结构与源文件的目录结构一致(bin\ch01),ch01 文件夹下有一个 HelloWorld.class 文件。

5. 运行程序

在 Package Explorer 视图中右击 HelloWorld.java 文件,在弹出的快捷菜单中选择 Run As→Java Application 命令,就可以运行 Java 程序了。程序运行后,输出的信息显示在 Console 视图中,如图 1-25 所示。

除了这种方式运行 Java 程序外,还可以通过工具栏的 Run 按钮以及 Run 菜单下的 Run 命令运行 Java 程序。

图 1-25 程序运行后的 Console 视图

本章小结

本章首先讲解了 Java 语言的概念和特点;然后讲解了如何在 Windows 平台搭建 Java 程序的开发环境,在此基础上,通过一个简单的示例程序,讲解了 Java 程序的基本结构以及命令行环境下的运行过程;最后讲解了 Eclipse 集成开发工具的下载、安装及使用。

习题 1

1-1 简述 Java 的特点。
1-2 简述 JDK 和 JRE 的区别。
1-3 用记事本编写一个 Java 程序,在命令行运行该程序,输出以下信息:

```
***************************
Practice makes perfect!
***************************
```

第 2 章

Java编程基础

本章将介绍 Java 语言最基本的部分,包括基础语法、数据类型、常量、变量、运算符、选择结构、循环结构和数组等。通过这些基础知识的学习,也为后续章节的学习打下基础。

2.1 Java 基础语法

每种编程语言都有一套自己的语法规范,这是使用这种编程语言的程序员必须遵循的语法规则。本节将讲解 Java 的基础语法。

2.1.1 Java 主类结构

Java 语言是面向对象的程序设计语言,Java 程序的基本组成单元就是类,类体中又可包括属性与方法两部分。每一个 Java 本地应用程序都必须至少包含一个 main 方法,main 方法是 Java 应用程序的入口,包含 main 方法的类称为主类。方法都由头部和方法体组成,Java 的语句都放在方法体中。主类结构如下。

```
class 主类名
{//类体
    //定义属性
    public static void main(String args[])      //main 方法的头部
    {                                            //main 方法的方法体
        //Java 语句
    }
}
```

2.1.2 Java 标识符和关键字

标识符(Identifier)和关键字(Keyword)是 Java 语言的基本组成部分。

1. 标识符

标识符用来标识文件名、变量名、类名、接口名、属性名、方法名等,是为了增强程序阅读性而自定义的名称。Java 语言中标识的命名要遵循以下规则。

(1) 由字母、数字、下画线和 $ 组成,但不能以数字开头(注:此处的字母除了通常的英文字母外,还可以是中文、日文等)。

(2) 英文字母区分大小写,如 sum 和 Sum 是两个不同的标识符。

(3) 不得使用 Java 中的关键字作为标识符,如方法名不能命名为 this。

(4) 不得使用 Java 中内置的类名作为自己的类名,如类名不能命名为 String。
(5) 建议用一个或多个单词命名标识符,且见名知意。
(6) 类的名称建议遵循"大驼峰"原则:每个单词首字母都大写,如 HelloWorld。
(7) 方法名与变量名建议遵循"小驼峰"原则:除了第一个单词以外,其余单词首字母大写,如果方法名或变量名只有一个单词,则全部小写,如 sum、printStar。

2. 关键字

关键字是 Java 语言事先定义的有着特殊含义和用途的单词。Java 的关键字对 Java 的编译器有特殊的意义,它们用来表示一种数据类型,或者表示程序的结构等,关键字不能用作标识符。Java 语言的关键字如表 2-1 所示。

表 2-1 Java 关键字

abstract	boolean	byte	case	break	catch
char	class	continue	default	do	double
else	extends	false	final	finally	float
for	if	implements	import	instanceof	int
interface	long	native	new	null	package
private	protected	public	return	short	static
super	switch	synchronized	this	throw	throws
transient	true	try	void	volatile	while

除了表 2-1 中的 48 个关键字以外,通常把 const 和 goto 也归为 Java 语言的关键字,也有的称为保留字。Java 语言把它们列为关键字只是因为它们是其他某些语言的关键字,但在 Java 语言中其实并没有具体含义。另外,Java 语言还有 3 个常量值,即 true、false 和 null,它们也不可以作为标识符使用。

2.1.3 Java 注释

通过在程序代码中添加注释可提高程序的可读性。在 Java 源程序文件的任意位置都可添加注释语句。注释中的文字,Java 编译器并不进行编译,所有代码中的注释文字并不对程序产生任何影响。Java 语言提供了 3 种添加注释的方法,即单行注释、多行注释和文档注释。

1. 单行注释

"//"为单行注释标记,从符号"//"开始直到换行为止的所有内容均作为注释而被编译器忽略。

语法如下:

//注释内容

例如,以下代码为声明的 int 型变量 age 添加注释:

int age;   //定义 int 型变量用于保存年龄信息

2. 多行注释

"/* */"为多行注释标记,符号"/*"与"*/"之间的所有内容均为注释内容。注释中的内容可以换行。

语法如下：

```
/*
注释内容1
注释内容2
...
*/
```

注意以下几点。

(1) 在多行注释中可嵌套单行注释。例如：

```
/*
程序名称：HelloWorld      //开发时间：2020-02-07
*/
```

(2) 在多行注释中不可以嵌套多行注释。例如，以下代码为非法代码：

```
/*
程序名称：HelloWorld
    /*
    开发时间：2020-02-07
    作者：unascribed
    */
*/
```

3. 文档注释

"/** */"为文档注释标记。符号"/**"与"*/"之间的内容均为文档注释内容。当文档注释出现在任何声明（如类的声明、类的成员变量的声明、类的成员方法的声明等）之前时，会被JavaDoc文档工具（Javadoc）读取，生成API帮助文档。文档注释里还可以包含一个或多个"@"标签，每个"@"标签都在新的一行开始，使用文档注释的示例如例2-1所示，本例中用到了作者（author）、版本（version）、参数（param）标签。

例2-1 Demo01.java。

```java
package cn.edu.lsnu.ch02;

/**
 * 文档注释示例
 * @author unascribed
 * @version 1.0
 */
public class Demo01 {
    /**
     * @param args
     * 主方法的参数,用于接收命令行的多个字符串
     */
    public static void main(String[] args) {
        int a=00443;

        char ch='\u0041';
        int sum=3,total=0;
        System.out.println(sum+" "+total);
        System.out.println("Java注释文档示例!");
    }
}
```

在命令行用图 2-1 所示的 javadoc 命令编译 Demo01.java。

图 2-1 javadoc 命令示例

在图 2-1 中，javadoc 是生成 API 文档的工具；-d 参数指定 API 文档的输出目录，本例输出到 html 目录中；-author 参数和-version 参数分别用于包含作者和版本信息。该命令运行后，进入 html 目录，打开 index.html 文件，将看到包含作者、版本、参数信息的 API 帮助文档，如图 2-2 所示。

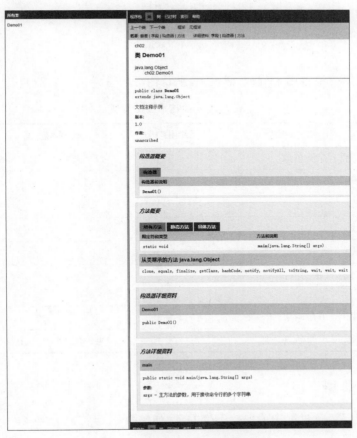

图 2-2 生成的 API 帮助文档

2.2 数据类型、常量和变量

本节介绍 Java 的数据类型、常量和变量。在 Java 语言中,常量和变量总是与特定的数据类型相关联的,常量和变量都可以存储一定的数据。

2.2.1 数据类型

在 Java 源代码中,每个变量必须声明为一种数据类型(Type)。Java 的数据类型分为两种,即基本数据类型(Primitive Type)和引用数据类型(Reference Type)。引用数据类型引用对象,而基本数据类型直接包含值。基本数据类型包括数值型、字符型和布尔型。数值型又分为整型和浮点型。整型有 byte、short、int 和 long。浮点型有 float 和 double。Java 数据类型如图 2-3 所示。

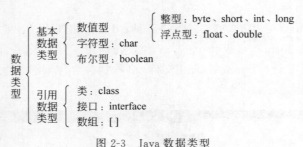

图 2-3 Java 数据类型

8 种基本数据类型占用字节、取值范围、默认值等信息详见表 2-2。

表 2-2 8 种基本数据类型

数据类型	描述	占用字节	取值范围	默认值
int	整型,用于存储整数	4 字节	-2147483648~2147483647	0
byte	Java 中最小的数据类型	1 字节	-128~127	0
short	短整型	2 字节	-32768~32767	0
long	长整型	8 字节	$-2^{63} \sim 2^{63}-1$	0L
float	浮点型,用于存储带小数点的数字	4 字节	—	0.0f
double	双精度浮点型,用于存储带有小数点的数字	8 字节	—	0.0d
char	字符型,用于存储单个字符	2 字节	0~65535	空
boolean	布尔型,用于判断真或假	1 字节	仅有两个值,即 true、false	false

2.2.2 常量

常量是指程序运行过程中值保持不变的量,如整数 5、字符'a'、小数 2.3 等。下面详细介绍各种类型的常量。

1. 整型常量

整型常量是整数类型的数据,有以下 4 种表示形式。

(1) 十进制整数。这是最常见的形式,由 0~9 共 10 种数字组成的数字序列,如 123、-456、0。

(2) 二进制整数。以 0b 或 0B 开头,仅由 0 和 1 两种数字组成的数字序列,如 0b1101、0B1111,这 2 个二进制数对应的十进制数分别是 13 和 15。

(3) 八进制整数。以 0 开头,仅由 0~7 这 8 种数字组成的数字序列,1 位八进制数对应 3 位二进制串。例如,0123 表示十进制数 83,对应的二进制串为 0b001010011。

(4) 十六进制整数。以 0x 或 0X 开头,仅由 0~9 这 10 种数字以及 A~F 这 6 种字母组成的字符序列,1 位十六进制数对应 4 位二进制串。例如,0x123F 表示十进制数 291,对应的二进制串为 0b000100100011,对应的八进制串为 00443。

2. 浮点型常量

浮点型数就是数学中的小数,分为 float 单精度浮点数和 double 双精度浮点数两种。由于小数常量的默认类型是 double 类型,所以 float 类型的后面一定要加 f(F)。同样,带小数的变量默认为 double 类型。例如:

```
float f;
f=1.3f;        //加 f 声明
```

3. 字符常量

字符常量需用一对英文半角格式的单引号括起来(注意字符串常量是用两个双引号括起来)。Java 字符的集合是 Unicode 字符集,在该字符集中,字符采用双字节的表示方式,即每个字符占 2 字节。Unicode 字符集的前 128 个字符与标准 ASCII 字符是一致的,然后是其他字符,包括汉字、日文和韩文等,但通常仅用 ASCII 字符来命名标识符。

字符常量可以有以下 4 种写法。

(1) 整数常量的写法。该整数的取值范围为 0~65535,如 97 对应字符'a'。

(2) 用单引号括起来的单个字符,如'a'、'中'。

(3) 用单引号括起来的 Unicode 字符,它由 \u 开头,后面跟 4 位十六进制数。例如,'\u0061'和'\u0041',它们分别表示字符'a'和字符'A'。

(4) 用单引号括起来的转义字符,它由\开头,后面跟某些 ASCII 字符,但其意思已经发生改变,故称为转义字符。常用的转义字符有'\n'(换行)、'\t'(跳到下一个 TAB 位置)、'\''(单引号)、'\"'(双引号)、'\\'(反斜杠)。

4. 字符串常量

字符串常量用于表示一串连续的字符,一个字符串常量要用一对英文半角格式的双引号(" ")括起来。一个字符串可以包含一个字符或多个字符,也可以不包含任何字符,即长度为零,如,"I Love China!"、"123"、"sina.com"、""。

5. 布尔常量

布尔类型是表示逻辑状态的类型,该类型只有 true 和 false 两个值,分别代表布尔逻辑中的"真"和"假"。

2.2.3 变量

变量指代在内存中开辟的存储空间,用于存放运算过程中需要用到的数据,这些数据随着程序的运行可以发生改变。

变量具有 4 个基本属性,即变量名、数据类型、存储单元和变量值。变量名是变量的名称,必须是一个合法的标识符;数据类型可以是基本数据类型或引用数据类型,它决定了存储在变量中数据的性质、范围、所占内存字节数以及可以进行的合法操作;每个变量一般都拥有一个存储单元,存储单元的大小由其数据类型决定;变量值是其存储单元中存放的数据。

Java 语言规定,变量必须先定义后使用。定义变量的语法格式是:

数据类型 变量名或变量名列表[=初始值];

其中,数据类型指定变量的类型,可以是基本数据类型,如 int,也可以是引用数据类型,如类名 String;可以一次定义一个变量,也可以一次定义同类型的多个变量,多个变量名间由逗号隔开;可以通过"="运算符在定义变量的同时为其指定一个初始值,这也称为变量的初始化。接下来,通过几段代码进一步讲解变量的定义。

```
int n;                //定义 int 类型的变量 n
n=3;                  //给变量赋初值 3
```

上述两行代码也可以合并为一行,写成:

```
int n= 3;             //定义变量的同时给变量赋值,即变量的初始化
```

还可以一次定义多个变量,变量名之间用逗号隔开。例如:

```
int sum,total=10;     //仅仅只给变量 total 赋了初值 10
```

此段代码执行后,两个变量的内存情况如图 2-4 所示。

```
sum=total+5;          //total 的值加上 5 后赋值给 sum
```

上面这条语句执行后,两个变量的内存情况如图 2-5 所示。

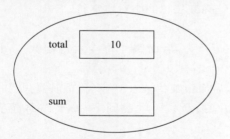
图 2-4　变量定义后内存情况示意图

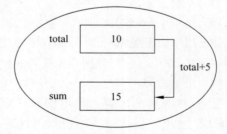
图 2-5　变量使用后内存情况示意图

2.2.4　变量的类型转换

不同类型数据一起运算之前,需要进行类型转换,转换为同种类型的数据。根据转换方式的不同,数据类型转换可分为两种,即自动类型转换和强制类型转换。

1. 自动类型转换

自动类型转换又叫隐式类型转换,是指两种不同类型的数据直接完成类型转换。

自动类型转换遵循的原则:取值范围小的数据类型,可以自动转换成取值范围大的数据类型,如 byte 自动转换为 int。自动类型转换类似于将小瓶中的水倒入大瓶,不会发生水

溢出的现象。

Java中不同数据类型之间的自动转换如图2-6所示。

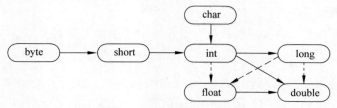

图2-6　自动类型转换示意图

图2-6中的实线表示无精度损失的类型转换，虚线表示可能有精度损失的类型转换。

2. 强制类型转换

当将取值范围大的数据类型转换成取值范围小的数据类型时，自动类型转换无法进行，需要强制类型转换，也称显示类型转换。强制类型转换类似于将大瓶中的水倒入小瓶，可能发生水溢出的现象，体现在Java代码中，编译时会产生语法错误。类型转换错误的案例如例2-2所示。

例2-2　Demo02.Java。

```
package cn.edu.lsnu.ch02;

public class Demo01 {
    public static void main(String[] args) {
        float f=123.5;          //编译时，此条语句会有语法错误
        System.out.println(f);
    }
}
```

在Eclipse中编译例2-2时，会报告语法错误，如图2-7所示。

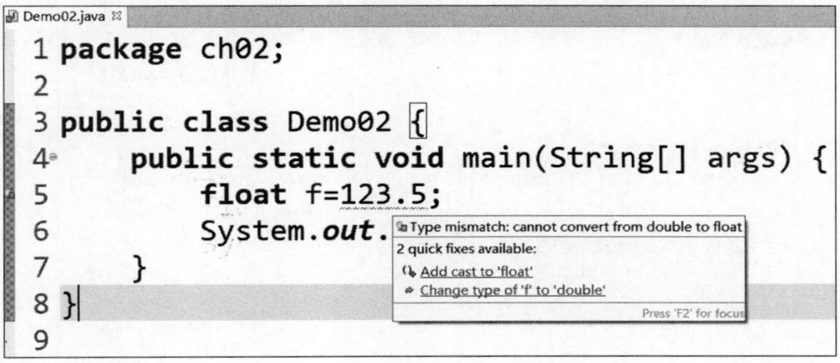

```
1 package ch02;
2
3 public class Demo02 {
4     public static void main(String[] args) {
5         float f=123.5;
6         System.out.
7     }
8 }
9
```

Type mismatch: cannot convert from double to float
2 quick fixes available:
  Add cast to 'float'
  Change type of 'f' to 'double'
Press 'F2' for focus

图2-7　类型转换错误

在Eclipse中编写代码时，会自动对已编写的代码进行语法检测，如果发现错误，Eclipse会用红色波浪线和红叉的方式进行提醒。若将光标悬停在红色波浪线的位置，还会出现一个悬浮框，框内提示错误原因及快速解决方案。

在图2-7中，报告的错误原因是：Type mismatch：cannot convert from double to

float，即不能将 double 类型转换为 float 类型，因为 double 类型的取值范围比 float 类型的取值范围大，已不能自动进行类型转换，需要强制进行类型转换，其语法格式为：

(目标类型)值

例 2-2 的解决方案之一就是在这条有错误的语句中加上强制类型转换，即修改为：

float f=(**float**)123.5;

需要说明的是，尽管可以进行这样的强制类型转换，但这次类型转换会将 8 字节的 double 数变为 4 字节的 float 数，必然会损失信息。因此，本例提示的另一种解决方案或许更合适，修改变量 f 的类型来与数据 123.5 一致，即修改为：

double f=123.5;

2.2.5 变量的作用域

变量的作用域主要描述的是变量可以被使用的范围。只有在这个范围内，该变量才能有效地被访问。一旦超出变量的作用域，就无法再使用这个变量。

在程序中，变量一定会被定义在某一对大括号中，该大括号所包含的代码区便是这个变量的作用域。

按作用域范围划分，变量可分为**成员变量**(属性)和**局部变量**。

1. 成员变量

在类体内定义的变量称为成员变量，它的作用域是整个类，也就是说，在这个类中都可以访问这个成员变量。成员变量的作用域如例 2-3 所示。

例 2-3　Demo03.java。

```
package cn.edu.lsnu.ch02;

public class Demo03 {                          //最外层大括号是类体
    int age=18;                                //成员变量(属性)age 的作用域是整个类体
    public void fun() {
        age++;                                 //fun 方法可以访问 age
    }
    public void show() {
        System.out.println("Age="+age);        //show 方法也可以访问 age
    }
    public static void main(String[] args) {

    }
}
```

例 2-3 中的 age 变量定义在类体中，故其作用域是整个类，因此，类中的成员方法 fun 和 show 都可以访问 age 变量。

2. 局部变量

在一个方法或方法内代码块中定义的变量称为局部变量。局部变量在方法或代码块被执行时创建，在方法或代码块结束时被销毁。局部变量在进行取值前必须被初始化；否则会发生编译错误。局部变量的作用域如例 2-4 所示。

例 2-4 Demo04.java。

```java
package cn.edu.lsnu.ch02;

public class Demo04 {
    int age;                //成员变量(属性)age 的作用域是整个类体
    public static void main(String[] args) {
        int sum;            //sum 变量的作用域是它所在的大括号,即 main 方法的方法体
        {
            int num=10;     //num 变量的作用域是它所在的大括号,即语句块
        }
        num++;
        sum++;
    }
}
```

例 2-4 的代码会有两处错误:一是 num++,错误原因是超出了 num 变量的作用域;二是 sum++,错误原因是 sum 变量没有初始化。

注意以下几点。

(1) 成员变量可以不赋初值,这时采用表 2-2 中的默认值。例 2-4 中,age 的初值是默认值 0。

(2) 局部变量必须先赋初值;否则会有语法错误。

2.3 运算符和表达式

运算符指明对操作数(常量和变量)的运算方式。运算符按照其要求的操作数的数目来分,可以分为单目运算符、双目运算符和三目运算符,它们分别对应 1 个、2 个、3 个操作数。运算符按其功能来分,可以分为算术运算符、赋值运算符、关系运算符、逻辑运算符、位运算符及其条件运算符。运算符与常量、变量组合而成的合法式子称为表达式。根据运算符,表达式相应分成算术表达式、赋值表达式、关系表达式、逻辑表达式等。本节将详细介绍 Java 语言的运算符和表达式。

2.3.1 算术运算符和算术表达式

算术运算符包括+、-、*、/、++、--和%。算术运算符要求操作数是数值类型,可以对几个不同类型的数字进行混合运算,为了保证操作的精度,在运算的过程中会做相应的类型转换。Java 语言的算术运算符及其用法如表 2-3 所示。

表 2-3 算术运算符及其用法

运算符	描述	目数	算术表达式	表达式的值
+	加法	双目	30+20	50
-	减法	双目	30-20	10
*	乘法	双目	30*20	600

续表

运算符	描述	目数	算术表达式	表达式的值
/	除法	双目	30/20	1
%	求余	双目	30％20	10
++	自增(后)	单目	a=5　　a++	表达式a++的值为加5,a的值为6
++	自增(前)	单目	a=5　　++a	表达式++a的值为加6,a的值为6
－－	自减(后)	单目	a=5　　a－－	表达式a－－的值为加5,a的值为4
－－	自减(前)	单目	a=5　　－－a	表达式－－a的值为加4,a的值为4

注意以下几点。

(1) 若操作数都是整数,则表达式的值也为整数。因此,表达式30/20的值为1,表达式20/30的值为0,这两个表达式的值都"截尾取整"了,即忽略了小数。

(2) 在进行求余(%)运算时,运算结果的正负与运算符(%)左边操作数的正负一致,而与运算符(%)右边操作数的正负无关。例如,(-3)％5的结果为-3,5％(-3)的结果为2。

(3) 自增(自减)运算符的操作数只能是变量,其他算术运算符的操作数可以是变量,也可以是常量,甚至是表达式。

(4) 在进行自增运算时,不管++运算符在变量的前面还是后面,对变量的影响都一样,即使变量的值加1,但++运算符与变量结合而成的表达式的值不同。自减运算符与此类似。

2.3.2 赋值运算符和赋值表达式

赋值运算符是指为变量指定数值的运算符。基本赋值运算符的符号为"=",还可以与"+""-""*""/""%"组合成复合的赋值运算符,这些赋值运算符都是双目运算符,左边的操作数必须是变量,不能是常量或表达式。Java语言的赋值运算符及其用法如表2-4所示。

表2-4　赋值运算符及其用法

运算符	描述	目数	赋值表达式	表达式的值(a 初值为 6)
=	赋值	双目	a=6	6
+=	加等于	双目	a+=8	表达式的值为14,a的值为14
-=	减等于	双目	a-=8	表达式的值为-2,a的值为-2
*=	乘等于	双目	a*=8	表达式的值为48,a的值为48
/=	除等于	双目	a/=8	表达式的值为0,a的值为0
%=	余等于	双目	a%=8	表达式的值为6,a的值为6

注意以下几点。

(1) 表2-4中除"="外,其他复合的赋值运算符的运算都相似。例如,"a+=8"等效于"a=a+8",即在原值的基础上加8。

(2) 赋值运算符是"右结合"性,即运算顺序从右往左。例如:

```
int x=5,y=5,z;
x+=y*=z=5;
```

上面的代码运行后,x、y、z 的值分别为 30,25,5。其运算顺序为：先算"z＝5"表达式,得到表达式的值为 5,z 的值为 5；再算"y＊=5"表达式,得到表达式的值为 25,y 的值为 25；最后算"x＋=25"表达式,得到表达式的值为 30,x 的值为 30。

(3) 基本的赋值运算符"="不能自动实现强制类型转换,但几个复合的赋值运算符("＋=""－=""＊=""/=""％=")可以自动实现强制类型转换。例如：

```
int x=5;
short y=2;
y=x;                //这条语句不合法,必须显示强制类型转换
y+=x;               //这条语句合法!
```

"y＋=x"的计算过程存在自动类型转换和强制类型转换：先计算"y＋x",会自动把 y 转换成 int 类型,相加得到一个 int 值 7,再把得到的 int 值强制类型转换成 short 类型并赋值给 y。

2.3.3 关系运算符和关系表达式

关系运算符用于对两个操作数进行比较,并返回比较结果,比较结果是一个布尔值(true 或 false)。关系运算符也是双目运算符,连接两个常量或变量,形成关系表达式。Java 语言的关系运算符及其用法如表 2-5 所示。

表 2-5 关系运算符及其用法

运算符	描述	目数	关系表达式	表达式的值
==	等于	双目	5==6	false
!=	不等于	双目	5!=6	true
<	小于	双目	5<6	true
>	大于	双目	5>6	false
<=	小于或等于	双目	5<=6	true
>=	大于或等于	双目	5>=6	false

2.3.4 逻辑运算符和逻辑表达式

逻辑运算符连接两个关系表达式或布尔量,用于解决多个关系表达式的组合判断问题,返回的运算结果为布尔值。例如,数学中的不等式 0<x<100,在 Java 语言中,只能分解为 x>0 和 x<100 两个关系表达式,然后用逻辑运算符进行连接。Java 语言的逻辑运算符及其用法如表 2-6 所示。

表 2-6 逻辑运算符及其用法

运算符	描述	目数	逻辑表达式	表达式的值
&	与	双目	true & true	true
			true & false	false
			false & true	false
			false & false	false

续表

运 算 符	描 述	目 数	逻辑表达式	表达式的值
|	或	双目	true | true	true
			true | false	true
			false | true	true
			false | false	false
^	异或	双目	true ^ true	false
			true ^ false	true
			false ^ true	true
			false ^ false	false
!	非	单目	! true	false
			! false	true
&&	短路与	双目	true && true	true
			true && false	false
			false && true	false
			false && false	false
||	短路或	双目	true || true	true
			true || false	true
			false || true	true
			false || false	false

注意以下几点。

(1) 逻辑表达式中的操作数,既可以是布尔值,也可以是结果为布尔值的表达式。

(2) & 和 && 的区别:不论 & 左边的表达式是 true 还是 false,右边的表达式都要运算;而当 && 左边的表达式为 false 时,右边的表达式不会运算,因为结果必然为 false。例如:

```
int x=5, y=5;
boolean z=x> 10 && y++<0;
```

上面的代码执行后,y 的值依然是 5,也就是 && 右边的 y++ 没有运算。

(3) | 和 || 的区别:不论 | 左边的表达式是 true 还是 false,右边的表达式都要运算;而当 || 左边的表达式为 true 时,右边的表达式不会运算,因为结果必然为 true。例如:

```
int x=5, y=5;
boolean z=x<10 || y++<0;
```

上面的代码执行后,y 的值依然是 5,也就是 || 右边的 y++ 没有运算。

2.3.5 位运算符

位运算符主要用来对操作数的二进制位(存储在计算机中的补码)进行运算,其操作数和结果都是整型值。Java 语言的位运算符及其用法如表 2-7 所示。

表 2-7 位运算符及其用法

运算符	描述	目数	表达式	表达式的值
&	按位与	双目	5&9	1
|	按位或	双目	5|9	13
~	取反	单目	~5	−6
^	按位异或	双目	5^6	3
<<	左移	双目	5<<2	20
>>	右移	双目	5>>2	1
>>>	无符号右移	双目	5>>>2	1

表 2-7 中各表达式求值时，需要先将操作数转换成补码形式，再按补码串中的二进制位进行运算，得到新的二进制串，最后把此补码形式的二进制串还原为十进制数。

例如，5 & 9。5 和 9 的补码分别为 00000101 和 00001001，按位与的运算如下：

```
  00000101
& 00001001
  --------
  00000001
```

运算结果为 00000001，对应的十进制数为 1。其他表达式的求值过程与此类似。

2.3.6 条件运算符和条件表达式

条件运算符也被称为三目运算符，其符号为"?:"。该运算符需要 3 个操作数，构成条件表达式，其语法格式为：

表达式 1? 表达式 2: 表达式 3

条件表达式的求值过程为：先求解表达式 1，若其值为真，则将表达式 2 的值作为整个表达式的取值；否则（表达式 1 的值为假）将表达式 3 的值作为整个表达式的取值。例如：

```
int x=20,y=30,z;
z=x> y?x++:y++;
```

上述代码执行后，变量 x、y、z 的值分别是 20、31、30。

由于"x＞y"为假，故整个条件表达式(x＞y?x＋＋:y＋＋)的值就是"y＋＋"。如前所述，"y＋＋"表达式的值为 30，y 的值为 31，因此，z 的值就是 30。求值过程中，"x＋＋"未执行，x 的值不改变。

条件表达式基本上等价于后面要学的 if…else…语句，属于精简写法。

2.3.7 运算符的优先级和结合性

前面介绍的运算符还具有优先级和结合性两方面的特性。优先级是指同一表达式中多个运算符被执行的次序，在表达式求值时，按运算符的优先级别由高到低的次序执行，例如，算术运算符中采用"先乘除后加减"。当一个操作数两侧的运算符优先级相同时，则按运算符的结合性来确定表达式的运算顺序，通常都是从左到右结合，但也有少数运算符从右往左结合。Java 语言中运算符的优先级和结合性如表 2-8 所示。

表 2-8 运算符的优先级和结合性

优先级	运算符	结合性
1	.、()、[]	从左到右
2	++、--、!、~	从右到左
3	*、/、%	从左到右
4	+、-	从左到右
5	<<、>>、>>>	从左到右
6	<、<=、>、>=	从左到右
7	==、!=	从左到右
8	&	从左到右
9	^	从左到右
10	|	从左到右
11	&&	从左到右
12	||	从左到右
13	?:	从右到左
14	=、+=、-=、*=、/=、&=、|=、^=、~=、<<=、>>=、>>>=	从右到左

根据表 2-8 中运算符的优先级和结合性,分析下面程序段执行后变量的值:

```
int a=2;
int b=3;
int c=4;
a+=b/=c*=5+5;
```

上述程序段运行后,变量 a、b、c 的值分别为 2、0、40。

表 2-8 中运算符的优先级和结合性大可不必刻意去背,编写程序时,完全可以通过使用括号()来明确运算顺序,还能提高程序的可读性。

2.4 选择结构

在 Java 中,语句是最小的组成单位,每条语句必须使用分号作为结束符,2.3 节中各表达式加上分号都可直接变成语句。此外,Java 对语句无任何其他限制,开发人员可以很随意地用符合自己风格的方式编写语句,既可以把一条语句写在多行,也可以在一行里写多条语句。但建议在一行内只写一个语句,并采用空格、按 Tab 键、空行来保证语句容易阅读。

Java 语言有 3 种控制结构,即顺序结构、选择结构和循环结构。在顺序结构中,程序按照顺序依次执行各条语句;在选择结构中,程序根据条件选择不同分支执行;在循环结构中,程序重复执行某部分语句,直到循环结束。

顺序结构不需要专门的控制语句,直接按需要书写即可。选择结构和循环结构均有相应的控制语句。本节将详细介绍 Java 的两种选择结构控制语句,即 if 语句和 switch 语句。

2.4.1 if 语句

if 语句有 3 种语法格式,每种格式都有其自身的特点,下面分别介绍。

1. 单分支 if 语句

单分支 if 语句适用于只有一个候选分支的情况,其语法格式为:

```
if(判断条件) {
    语句块
}
```

上述语法格式中,判断条件是一个布尔值,既可以是关系表达式,也可以是逻辑表达式。如果条件为 true,则执行语句块,执行完成后结束;否则,直接结束。单分支 if 语句的执行流程如图 2-8 所示。

说明:语句块可以只有一条语句,也可以有多条语句,即使只有一条语句,也建议加上花括号。加上花括号后,多条语句变成一条复合语句。

单分支 if 语句的案例如例 2-5 所示。

例 2-5 Demo05.java。

```java
package cn.edu.lsnu.ch02;

public class Demo05 {
    public static void main(String[] args) {
        int x = 10;
        if(x < 20){
            System.out.print("这是单分支 if 语句.");
        }
    }
}
```

例 2-5 的运行结果如图 2-9 所示。

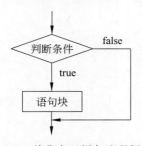
图 2-8 单分支 if 语句流程框图

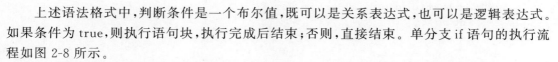
图 2-9 例 2-5 的运行结果

2. 双分支 if 语句

双分支 if 语句适用于有两个候选分支的情况,其语法格式为:

```
if(判断条件) {
    语句块 1
}else {
    语句块 2
}
```

如果条件为 true，则执行语句块 1；否则，执行语句块 2。双分支 if 语句的执行流程如图 2-10 所示。

说明：从图 2-10 中不难看出，语句块 1 和语句块 2 必须执行一个，而且只会执行一个。

下面用双分支 if 语句来判断一个整数的奇偶性，其程序如例 2-6 所示。

例 2-6　Demo06.java。

```java
package cn.edu.lsnu.ch02;

public class Demo06 {
    public static void main(String[] args) {
        int n=18;
        if(n%2==0) {
            System.out.println(n+"是偶数.");
        }else {
            System.out.println(n+"是奇数.");
        }
    }
}
```

例 2-6 的运行结果如图 2-11 所示。

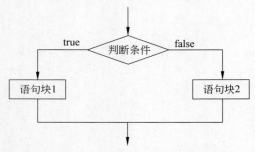

图 2-10　双分支 if 语句流程框图

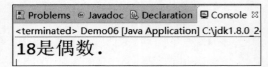

图 2-11　例 2-6 的运行结果

3. 多分支 if 语句

多分支 if 语句适用于有多个候选分支的情况，其语法格式为：

```
if(判断条件 1) {
    语句块 1
}else if(判断条件 2)　{
    语句块 2
}
…
else if(判断条件 n){
    语句块 n
} else{
    语句块 n+1
}
```

上述语法格式中，有 n 个判断条件。当某个判断条件为 true 时，其后的语句块会执行；若所有的判断条件都为 false，则执行 else 后面的语句块 n+1。

说明如下。

(1) else 和 else if 同时出现时，else 必须出现在 else if 之后。
(2) 语法格式中的 n+1 个语句块必须执行一个，而且只会执行一个。

多分支 if 语句非常适合于处理数据多段分类的情况，如数学中的分段函数、考试成绩等级划分等。某教师处理考试成绩等级划分的规则为：假设满分 100 分，85～100 为优秀，75～84 为良好，60～74 为中等，60 以下为差，实现程序如例 2-7 所示。

例 2-7　Demo07.java。

```java
package cn.edu.lsnu.ch02;

public class Demo07 {
    public static void main(String[] args) {
        double score=88.5;
        if(score>=85) {
            System.out.println("该成绩的等级为优秀.");
        }else if(score>=75) {
            System.out.println("该成绩的等级为良好.");
        }else if(score>=60) {
            System.out.println("该成绩的等级为中等.");
        }else {
            System.out.println("该成绩的等级为差.");
        }
    }
}
```

例 2-7 的运行结果如图 2-12 所示。

图 2-12　例 2-7 的运行结果

注意：每个 else if 都隐含着一个与其对应 if 判断条件的否定的条件，在写 else if 的判断条件时，应充分利用这个隐含条件。例如，例 2-7 中第一个 else if 分支就隐含了一个条件"score<85"，即"score>=85"为假的条件，因此，这个 else if 分支的判断条件就不必包含隐含的"score<85"。

读者可以尝试将例 2-7 中的这个多分支 if 语句改写成 4 个单分支 if 语句，会发现判断条件会比较烦琐。

2.4.2　switch 语句

Java 中 switch 语句也是一种很常用的选择结构控制语句，其语法格式为：

```
switch(表达式){
    case 常量值 1：语句块 1 break;
    case 常量值 2：语句块 2 break;
    case 常量值 3：语句块 3 break;
    ...
```

```
        case 常量值 n：语句块 n break;
        default：语句块 n+1
}
```

switch 语句的执行流程为：先求表达式的值，再将求得的值与各 case 后的常量值逐一匹配。若匹配成功，则执行相应 case 后面的语句块；若都没有匹配成动，则执行 default（若有的话）后面的语句块。

说明如下。

(1) switch 后面圆括号中的表达式可以包含变量，但其类型只能是下列数据类型。

① 基本数据类型，包括 byte、short、char、int。

② 引用数据类型，包括 String、enum。

(2) case 后的值只能是常量，且要与 switch 后面圆括号中表达式的类型一致或兼容。

(3) case 后的常量值不能重复。

(4) case 后的多条语句可以不用花括号。

(5) 多个 case 语句可以共用相同的代码块。

(6) case 语句不是必须要包含 break 语句。如果没有 break 语句，程序执行完匹配的 case 语句后，会继续执行其后面的 case 语句，直到出现 break 语句或者 switch 语句整体结束为止。

接下来通过一个根据年份和月份判断月份天数的案例来演示 switch 语句的用法，其程序如例 2-8 所示。

例 2-8 Demo08.java。

```java
package cn.edu.lsnu.ch02;

public class Demo08 {
    public static void main(String[] args) {
        int year,month,day=0;
        year=2008;
        month=4;
        switch(month) {
            case 1:
            case 3:
            case 5:
            case 7:
            case 8:
            case 10:
            case 12:day=31;break;
            case 4:
            case 6:
            case 9:
            case 11:day=30;break;
            case 2:if((year%4==0 && year%100!=0)||(year%400==0))day=29;
                else day=28;
        }
        System.out.println(year+"年"+month+"月共有"+day+"天.");
    }
}
```

例 2-8 的运行结果如图 2-13 所示。

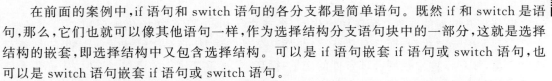

图 2-13 例 2-8 的运行结果

2.4.3 选择结构的嵌套

在前面的案例中，if 语句和 switch 语句的各分支都是简单语句。既然 if 和 switch 是语句，那么，它们也就可以像其他语句一样，作为选择结构分支语句块中的一部分，这就是选择结构的嵌套，即选择结构中又包含选择结构。可以是 if 语句嵌套 if 语句或 switch 语句，也可以是 switch 语句嵌套 if 语句或 switch 语句。

下面以求 3 个数中最大数的案例来演示 if 语句嵌套 if 语句的情况，其程序如例 2-9 所示。

例 2-9 Demo09.java。

```java
package cn.edu.lsnu.ch02;

public class Demo09 {
    public static void main(String[] args) {
        //求 3 个数的最大数
        int a=30,b=20,c=50,max;
        if(a>b) {
            //这部分是 a>b 的情况
            if(a>c) {
                max=a;
            }
            else {
                max=c;
            }
        }else {
            //这部分是 a<=b 的情况
            if(b>c) {
                max=b;
            }else {
                max=c;
            }
        }
        System.out.println("The max is:"+max);
    }
}
```

例 2-9 的运行结果如图 2-14 所示。

```
🛇 Problems  @ Javadoc  🖹 Declaration  🖳 Console  ⌺
<terminated> Demo09 [Java Application] C:\jdk1.8.0_24
The max is:50
```

图 2-14　例 2-9 的运行结果

2.5　循环结构

循环结构用于实现重复执行的操作,如打印 100 位学生的成绩。这种重复执行的操作,既有规律性,也有结束的条件。

循环有几方面的要素:**循环初始化**,一条或多条语句,用于初始化循环相关的变量,通常是在开始循环前执行,而且只执行一次;**循环条件**,控制循环是否继续或结束的条件;**循环控制变量**,循环条件中控制循环条件的变量;**循环体**,被重复执行的语句,循环体中通常会修改循环控制变量,以使循环条件有变成 false 的趋势。

Java 语言中用于实现循环结构的语句有 while 语句、do…while 语句和 for 语句,习惯上称为 while 循环、do…while 循环和 for 循环。

2.5.1　while 语句

while 语句是最基本的循环语句,它的语法格式为:

```
while(循环条件){
    循环体语句块
}
```

while 语句的执行流程为:重复判断循环条件,若为 true,则执行循环体,直至为 false 结束循环。执行流程如图 2-15 所示。

用 while 语句解决数学问题"1+2+3+…+100"的程序如例 2-10 所示。

例 2-10　Demo10.java。

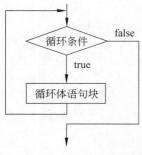

图 2-15　while 语句执行流程框图

```java
package cn.edu.lsnu.ch02;

public class Demo10 {
    public static void main(String[] args) {
        //1+2+3+…+100
        int sum,i;              //sum 变量表示结果,i 变量表示每个加数
        sum=0;                  //循环初始化
        i=1;
        while(i<=100) {
            sum=sum+i;          //累加当前的加数
            i++;                //准备下一个加数
        }
        System.out.println("1+2+3+…+100="+sum);
    }
}
```

例 2-10 的运行结果如图 2-16 所示。

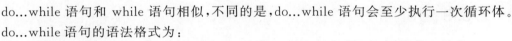

图 2-16　例 2-10 的运行结果

说明如下。

（1）数学问题"1＋2＋3＋…＋100"中 100 次累加，被处理成了累加的语句（sum＝sum＋i）循环 100 次。

（2）100 个加数都用循环控制变量 i 来表示，因此，每次循环做完累加操作后，还要修改循环控制变量 i，迭代出下一个加数（i＋＋）。这个迭代还同时保证循环能在重复 100 次后结束，如果没有这个迭代操作，循环会永远执行下去，出现"死循环"。

2.5.2　do…while 语句

do…while 语句和 while 语句相似，不同的是，do…while 语句会至少执行一次循环体。
do…while 语句的语法格式为：

```
do{
    循环体语句块
}while(循环条件);
```

do…while 语句的执行流程为：先执行循环体，再重复判断循环条件，若为 true，则继续执行循环体，直至为 false 结束循环。执行流程如图 2-17 所示。

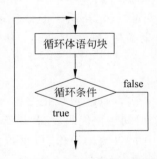

图 2-17　do…while 语句执行流程框图

例 2-10 的循环初始化、循环体和循环条件完全不变，就可以直接改成 do…while 语句。例 2-10 改为 do…while 语句留给读者自己去实现。

下面来看一个只执行一次循环的案例，通过该案例可以体会 while 语句和 do…while 语句的区别。

例 2-11　Demo11.java。

```
package cn.edu.lsnu.ch02;

public class Demo11 {
    public static void main(String[] args) {
```

```
    int times=3;
    do{
        System.out.println("Hello World!");
        times--;
    }while(times<0);
}
```

例 2-11 的运行结果如图 2-18 所示。

图 2-18　例 2-11 的运行结果

从运行结果可以发现,循环体只执行了 1 次。读者可以试着把例 2-11 改成 while 语句,会发现修改后的 while 循环一次都不执行。

2.5.3　for 语句

for 语句是最常用的循环语句,也是最灵活的循环语句。for 语句的语法格式为:

```
for(初始化表达式;循环条件;迭代表达式){
    循环体语句块
}
```

for 语句的执行流程为:先执行一次初始化表达式,然后判断循环条件。如果循环条件为真,则执行循环体,循环体执行完毕后,执行迭代表达式,改变循环变量的值,再次判断循环条件;如果结果为真,继续循环;如果结果为假,则结束循环。执行流程如图 2-19 所示。

从图 2-19 可以看出以下几点。

(1)"初始化表达式"只执行 1 次,因此,可以把之前 while 循环和 do...while 循环放在循环前的初始化代码放到"初始化表达式"的位置。"初始化表达式"中的初始化操作,也可以放在 for 循环的前面,这时,"初始化表达式"为空。

(2)"迭代表达式"是在循环体语句块执行之后执行,且其执行次数与循环体语句块的执行次数相同,因此,"迭代表达式"的迭代操作可以放在循环体里面,但要位于循环体语句块之后,这时,"迭代表达式"为空。

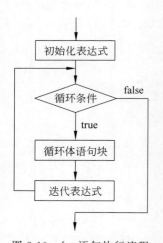

图 2-19　for 语句执行流程

(3)"循环条件"部分其实也可以为空,此时相当于循环条件永远为真。

(4)即使"初始化表达式""循环条件""迭代表达式"都为空,for 圆括号内的两个分号也不能省,因为这两个分号是起间隔作用的。

例 2-10 中的数学问题"1+2+3+…+100",可以很容易地改由 for 语句实现,如例 2-12 所示。

例 2-12 Demo12.java。

```java
package cn.edu.lsnu.ch02;

public class Demo12 {
    public static void main(String[] args) {
        //1+2+3+…+100
        int sum,i;         //sum 变量表示结果,i 变量表示每个加数
        for(sum=0,i=1;i<=100;i++) {
            sum=sum+i;
        }
        System.out.println("1+2+3+…+100="+sum);
    }
}
```

从例 2-12 可以看出,用 for 循环实现的程序比用 while 循环实现的程序简洁。在例 2-12 的 for 循环中,"初始化表达式"中用到了一个新的运算符",",这是 Java 中的逗号运算符,它主要用于 for 循环的"初始化表达式"中。

2.5.4 循环嵌套

前面介绍的 while 语句、do…while 语句和 for 语句也是语句,因此,它们也能像其他语句一样放到循环语句的循环体里,这时,就出现了循环语句包含循环语句的情况,这就是循环嵌套。

while 循环、do…while 循环和 for 循环可以互相嵌套。比如,while 循环嵌套 while 循环、do…while 循环和 for 循环。常用的是 for 循环嵌套 for 循环,其语法格式为:

```
for(初始化表达式;循环条件;迭代表达式){        //外层 for 循环
    循环体语句块
    …
    for(初始化表达式;循环条件;迭代表达式){    //内嵌 for 循环
        循环体语句块
    }
}
```

从上述语法结构不难发现,外层循环每执行 1 次,内嵌的循环都要完整执行 1 轮,直至外层循环的条件不成立为止。

接下来通过打印星星的案例来演示循环嵌套。要打印的星星图案如下:

```
*****
****
***
**
*
```

打印上述图案的程序如例 2-13 所示。

例 2-13 Demo13.java。

```java
package cn.edu.lsnu.ch02;

public class Demo13 {
```

```java
    public static void main(String[] args) {
        for(int i=1;i<=5;i++) {              //外层循环
            for(int j=1;j<=6-i;j++) {        //内嵌循环
                System.out.print(" * ");
            }
            System.out.println();
        }
    }
}
```

例 2-13 的外层循环执行 5 次，第 i 次打印第 i 行图案(i=1～5)。外层循环的循环体做两件事：一是打印每行的星星，这由内嵌的 for 循环实现；二是换行，这由打印空行的语句实现。

例 2-13 的内嵌循环打印若干个星星，由打印 1 个星星循环多次实现，打印星星的过程中不换行，且第 i 行打印 6-i 个星星。

2.5.5 跳转语句

循环中的跳转语句可以改变循环的执行流程。Java 用于循环的跳转语句有两种，即 break 和 continue。

1. break 语句

break 语句除了可以用在 switch 语句外，还可以用在循环结构的循环体里，其作用是无条件终止循环结构。

在循环体中使用 break 语句有两种方式，即带标签和不带标签。语法格式如下：

```
break;                //不带标签
break label;          //带标签,label 是标签名
```

不带标签的 break 语句使程序终止所在层的循环；而带标签的 break 语句可使程序终止标签指示层的循环。

接下来对例 2-12 稍作修改：遇到个位数是 3 的数就结束累加。修改后的程序如例 2-14 所示。

例 2-14 Demo14.java。

```java
package cn.edu.lsnu.ch02;

public class Demo14 {
    public static void main(String[] args) {
        //求整数 1~100 的累加值,遇到个位数是 3 的数就提前结束
        int sum,i;         //sum 变量表示结果,i 变量表示每个加数
        for(sum=0,i=1;i<=100;i++) {
            if(i%10==3) {
                break;
            }
            sum=sum+i;
        }
        System.out.println("sum="+sum);
    }
}
```

增加 break 语句后的累加结果为 3,即累加到第 3 个整数 3 时就提前结束循环,故结果为前 2 个整数的和。

当有嵌套循环时,break 语句通常是终止其所在层的循环,但也可以通过带标签来终止标签指示层的循环。

带标签的 break 语句如例 2-15 所示。

例 2-15 Demo15.java。

```java
package cn.edu.lsnu.ch02;

public class Demo15 {
    public static void main(String[] args) {
        outer:for(int x = 1; x < 5; x++) {
            for(int y = 5; y > 0; y--) {
                if(y == x) {
                    break outer;          //终止标签 outer 指示的循环
                }
                System.out.println("(x,y) =("+ x+","+ y+")");
            }
        }
        System.out.println("Over!");
    }
}
```

例 2-15 中的 break 语句本来属于内嵌 for 循环的循环体,但其后带了标签 outer,就变成终止 outer 所代表的外层循环了。因此,例 2-15 的运行结果如图 2-20 所示。

从上述结果可以看出,外层循环只执行了 1 轮,就随着 break 语句的执行而终止了。

若去掉例 2-15 中的"outer"标签,就变成终止 break 所在的内嵌循环,其运行结果如图 2-21 所示。

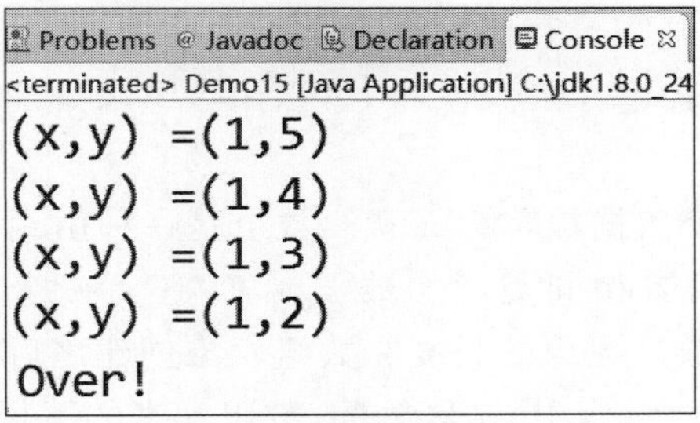

图 2-20 例 2-15 的运行结果

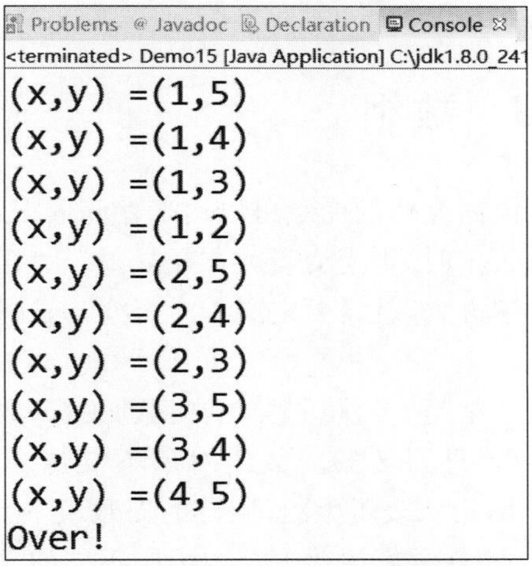

图 2-21 例 2-15 去掉"outer"标签后的运行结果

从上述结果可以看出,外层循环执行了 4 轮,每轮随着 break 语句的执行,仅仅终止了内嵌循环。

2. continue 语句

continue 语句只能用在循环体中,其作用是跳过循环体中 continue 语句以后的部分,而循环是否结束,依然由循环条件决定。

接下来的案例对例 2-12 进行修改:仅跳过个位数是 3 的数不累加。修改后的程序如例 2-16 所示。

例 2-16 Demo16.java。

```java
package cn.edu.lsnu.ch02;

public class Demo16 {
    public static void main(String[] args) {
        //求整数 1~100 的累加值,但要求跳过所有个位为 3 的数
        int sum,i;          //sum 变量表示结果,i 变量表示每个加数
        for(sum=0,i=1;i<=100;i++) {
            if(i%10==3) {
                continue;
            }
            sum=sum+i;
        }
        System.out.println("1~100 且不包含个位数为 3 的数的累加值为: "+sum);
    }
}
```

例 2-16 的运行结果如图 2-22 所示。

```
Problems  @ Javadoc  Declaration  Console
<terminated> Demo16 [Java Application] C:\jdk1.8.0_241\bin\javaw.exe (2020年7月19日 下午11:56
1~100且不包含个位数为3的数的累加值为:4570
```

图 2-22 例 2-16 的运行结果

2.6 数组

前面介绍的变量可以用来存储数据,一个变量可以存储一个数据。当需要存储较多相似的数据时,再用变量就比较局限了。比如,某教师需要存储 100 个学生的成绩,按照之前的处理方式,就需要定义 100 个变量,这显然不太合适。在 Java 中,可以用数组来处理类似问题。

数组是一组相同类型数据的集合,数组中每个数据被称为元素。数组是一种引用数据类型(参见图 2-3)。数组对象不仅包含一系列具有相同类型的数据元素,还有一个属性 length,用来表示数组的长度,即数组中元素的个数。数组的长度在数组对象创建之后就固定了,不能再发生改变。数组中不同的元素是靠下标(索引)来区分的,数组元素的下标从 0 开始,最后一个元素的下标是 length−1。数组元素的类型可以是任何数据类型,当数组元素的类型仍然是数组类型时,就构成了多维数组,其他情况的数组都是一维数组。接下来分别介绍 Java 里一维数组和多维数组。

2.6.1 一维数组

一维数组是数组的主要使用形式,下面分别介绍一维数组的声明、创建、初始化和使用方法。

1. 一维数组的声明

数组的声明就是告诉计算机数组的类型和名字。一维数组的声明有以下两种形式:

数组类型 [] 数组名;
数组类型 数组名 [];

其中,数组类型可以是任何一种 Java 数据类型,数组名是合法的标识符。上面两种声明形式等价,习惯用第一种形式。比如:

```
int []a;
int a [];
```

注意:声明数组时不能指定数组的长度。例如:

```
int score[100];                    //这是错误的!
```

2. 一维数组的创建

声明了数组,只是得到了一个存放数组的变量,并没有为数组元素分配内存空间,还不能使用。因此,要为数组分配内存空间,这样数组的每一个元素才有一个空间进行存储,这称为创建数组。在 Java 中通常使用 new 关键字来给数组分配空间,为数组分配的是连续的内存空间。其语法格式如下:

数组名=new 数组类型[数组长度];   //分配空间

其中,数组长度就是数组中能存放的元素个数,显然应该为大于 0 的整数,例如:

```
score=new int[100];                //创建了长度为100的int数组
```

这里的 score 是已经声明过的 int[] 类型的数组名。当然,也可以在声明数组时就给它分配空间,语法格式如下:

数据类型[]数组名=new 数据类型[数组长度];

例如,将前面的声明和分配内存合并在一起,代码如下:

```
int []score=new int[100];
```

注意:一旦声明了数组的长度,就不能再修改。这里的数组长度还可以是已有初值的变量,这样可以灵活地按需定义数组长度,例如:

```
int len=100;
int [] arr=new int[len];
```

3. 一维数组的初始化

通过 new 关键字创建数组后,不仅为每个数组元素分配了内存空间,还同时给每个数组元素赋了表 2-2 中的默认初值。因此,上面的代码执行后,arr 数组的 100 个元素都具有值 0。例如:

```
int []x;                           //声明数组
```

声明后,数组在内存中的示意图如图 2-23 所示。从图 2-23 中可以看出,这时仅有数组变量 x,且其值还不确定。

```
x=new int[100];        //创建数组
```

创建后,数组在内存中的情况如图 2-24 所示。从图 2-24 中可以看出,这时为数组分配了 100 个存储单元,且每个存储单元中的值都是默认值 0,并且将数组的首地址赋给了数组变量 x,习惯上称引用变量 x 引用(也可以直接称指向)数组。

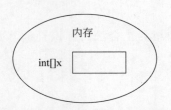

图 2-23 数组声明后的内存示意图

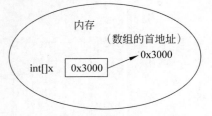

图 2-24 数组创建后的内存示意图

如果不希望数组元素都用默认初值,还可以在分配空间时通过花括号提供特定的初始数据,但这时不能再指定数组长度,只能由数据个数确定数组长度。例如:

int []arr=**new int**[] {1,2,3,4,5};

由于花括号里有 5 个数据,故 arr 数组的长度为 5。这时,上例中的数组长度必须省略。上面的初始化还可以进一步简写为:

int []arr= {1,2,3,4,5};

4. 使用一维数组的方法

数组中每个元素在使用功能上类似于数组类型的变量,既可以获取数组元素的值,也可以修改数组元素的值。访问数组元素的方式如下:

数组名[下标]

其中,数组名是数组的名称,是一个引用类型的变量,它代表整个数组;下标是数组元素在整个数组中的位置号,第一个元素的下标为 0,最后一个元素的下标为 length−1。例如,arr[2]表示 arr 数组中的第 3 个元素,arr[2]相当于是一个 int 类型的变量,arr[2]++就是让第 3 个元素的值在其原来值的基础上加 1。若下标超出[0,length−1]的范围,程序的运行会产生异常。

由于数组元素的下标可以从 0 变化到 length−1,这个过程很容易与循环联系起来,因此,数组的访问通常都离不开循环。

在程序开发中,数组的应用非常广泛,接下来介绍遍历、查找、排序等几种典型应用。

1) 数组遍历

数组遍历是指依次访问数组中的每个元素。接下来通过一个案例用 for 循环遍历数组,程序如例 2-17 所示。

例 2-17 Demo17.java。

package cn.edu.lsnu.ch02;

```java
public class Demo17 {
    public static void main(String[] args) {
        int []a={1,2,3,4,5,6,7,8,9,10};       //定义数组并初始化
        System.out.println("使用for循环遍历数组:");
        for(int i=0;i<a.length;i++) {
            System.out.println("a["+i+"]="+a[i]);
        }
    }
}
```

注意：用数组的length属性来控制循环，可以遍历任何长度的数组，从而提高程序的通用性。

2）数组最值

对数组的操作中，经常需要获取数组的最值（最大值或最小值）及其下标。接下来通过一个案例来演示获取数组的最大值及其下标，程序如例2-18所示。

例2-18　Demo18.java。

```java
package cn.edu.lsnu.ch02;

public class Demo18 {
    public static void main(String[] args) {
        int[]a={110,22,3,456,5,65,789,82,9,101};           //定义数组并初始化
        int max=a[0],index=0; //max和index分别存放最大元素及其下标。假定a[0]最大
        for(int i=1;i<a.length;i++) {
            if(a[i]>max) {       //如果有更大的元素，则保存其值及下标
                max=a[i];
                index=i;
            }
        }
        System.out.println("最大元素的值："+max+",其下标是："+index);
    }
}
```

例2-18的运行结果如图2-25所示。

```
最大元素的值：789，其下标是：6
```

图2-25　例2-18的运行结果

3）数组排序

对数组的操作中，排序也是很重要的应用。接下来介绍一种经典的排序算法——冒泡排序。冒泡排序就是不断比较数组中相邻的两个元素，如果是前面的数大于后面的数，则交换。排序过程中，较小数往前移，较大数往后移，就像石头丢到水中后，气泡往上浮、石头往下沉，因此，称为冒泡排序。

假设数组有n个元素，其排序过程如下。

第1轮：从第1个元素开始，相邻的元素两两比较，逆序（与期望顺序相反）则交换。经

过 n-1 次比较后,最大(或最小)元素移动到数组最后一个位置。

第 2 轮:依然从第 1 个元素开始,相邻的元素两两比较,逆序则交换。由于只需对前 n-1 个元素排序,因此,比较次数为 n-2 次。第 2 轮排序后,次大(或次小)元素移动到数组倒数第二个位置。

以此类推。

第 n-1 轮:对剩下的前 2 个元素做 1 次比较,即可完成排序。

上述排序过程中,n-1 轮的排序可由一个循环来控制,每轮的两两比较再由一个内嵌循环来控制,因此,整个排序过程可由一个二重循环来实现。冒泡排序算法实现一维数组升序排序的代码如例 2-19 所示。

例 2-19　Demo19.java。

```java
package cn.edu.lsnu.ch02;

public class Demo19 {
    public static void main(String[] args) {
        int []a={110,22,3,456,5,65,789,82,9,101};    //定义数组并初始化
        System.out.println("Before sorting:");
        for(int i=0;i<a.length;i++) {
            System.out.print(a[i]+" ");
        }
        for(int i=1;i<a.length;i++) {                //外层循环控制 n-1 轮排序
            for(int j=0;j<a.length-i;j++) {
                //内嵌循环控制第 i 轮的两两比较,共 length-i 次
                if(a[j]>a[j+1]){                     //两两比较,逆序则交换
                    int temp;
                    temp=a[j];
                    a[j]=a[j+1];
                    a[j+1]=temp;
                }
            }
        }
        System.out.println("\nAfter sorting:");
        for(int i=0;i<a.length;i++) {
            System.out.print(a[i]+" ");
        }
    }
}
```

例 2-19 的运行结果如图 2-26 所示。

```
Before sorting:
110 22 3 456 5 65 789 82 9 101
After sorting:
3 5 9 22 65 82 101 110 456 789
```

图 2-26　例 2-19 的运行结果

例 2-19 实现的是升序排序,如要实现降序排序,只需将比较时的">"运算符改为"<"即可。

另外,为了便于观察排序正确与否,通常在排序前后各输出一次数组。

2.6.2 多维数组

在 Java 语言中,多维数组就是元素是数组的数组,常见的多维数组是二维数组。

二维数组可以看作特殊的一维数组,其特殊性在于,该一维数组的每个元素又是一个一维数组。

1. 二维数组的声明

二维数组的声明也有两种形式:

数组类型 [][]数组名;
数组类型 数组名[][];

其中,数组类型可以是任何一种 Java 数据类型,数组名是合法的标识符。上面两种声明形式等价,习惯用第一种形式。例如:

int [][]a;
int a [][];

2. 二维数组的创建

二维数组也可以用 new 关键字来分配内存,在分配内存时,可以同时指定二维数组的长度和每个数组的元素个数。例如:

int [][]xx;
xx=new int[3][4];

上面代码定义的二维数组的长度为3,故有3个元素,即 xx[0]、xx[1]和 xx[2],只不过这3个元素又是长度为4的一维数组,即 xx[0]、xx[1]和 xx[2]是3个长度为4的一维数组的数组名,因此,xx[0]数组的4个元素用数组名和下标表示为 xx[0][0]、xx[0][1]、xx[0][2]和 xx[0][3]。二维数组 xx 的结构如图 2-27 所示。

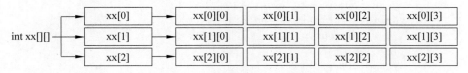

图 2-27 二维数组 xx 示意图

上述方式创建的二维数组 xx 是一个 3 行 4 列的二维数组,xx[0]、xx[1]和 xx[2]分别对应第 1 行、第 2 行和第 3 行,且每行的一维数组的长度都是 4。

除了这种方式外,还可以创建各行长度不相同的二维数组。例如:

int [][]a;
a=new int[3][];

上面的代码仅仅创建了二维数组有 3 个元素,即 a.length=3,但每个元素所对应的一维数组还没有创建。接下来可以分别创建每个元素所对应的一维数组,且长度可以不同。

a[0]=new int[4];   //a[0]数组 4 个元素,即 a[0].length=4

```
a[1]=new int[3];          //a[1]数组 3 个元素,即 a[1].length=3
a[2]=new int[5];          //a[2]数组 5 个元素,即 a[2].length=5
```

除了上述两种创建二维数组的方式外,还可以直接使用嵌套花括号"{ }"初始化的方式来创建二维数组。例如:

```
int [][]xx={{1,2},{3,4,5,6},{7,8,9}};
```

上面的代码中,外层"{ }"共有 3 个内嵌的"{ }",故二维数组 xx 的长度为 3,其第一个元素 xx[0]是一维数组{1,2},第二个元素 xx[1]是一维数组{3,4,5,6},第三个元素 xx[2]是一维数组{7,8,9}。第三种方式得到的二维数组如图 2-28 所示。

图 2-28　第三种方式得到的二维数组示意图

二维数组声明、创建、初始化和访问的案例如例 2-20 所示。

例 2-20　Demo20.java。

```java
package cn.edu.lsnu.ch02;

public class Demo20 {
    public static void main(String[] args) {
        int []arr1={1,3,5,7,9};
        int []arr2={2,4,6,8};
        int []arr3={1,2,3,4,5,6};
        int [][]a;
        a=new int[3][];
        a[0]=arr1;                          //a[0]数组和 arr1 数组都是{1,3,5,7,9}
        a[1]=arr2;
        a[2]=arr3;
        for(int i=0;i<a.length;i++) {       //二维数组 a 的长度
            System.out.print("第"+(i+1)+"行: ");
            for(int j=0;j<a[i].length;j++) {
                System.out.print(a[i][j]+" ");
            }
            System.out.println();
        }
    }
}
```

例 2-20 的运行结果如图 2-29 所示。

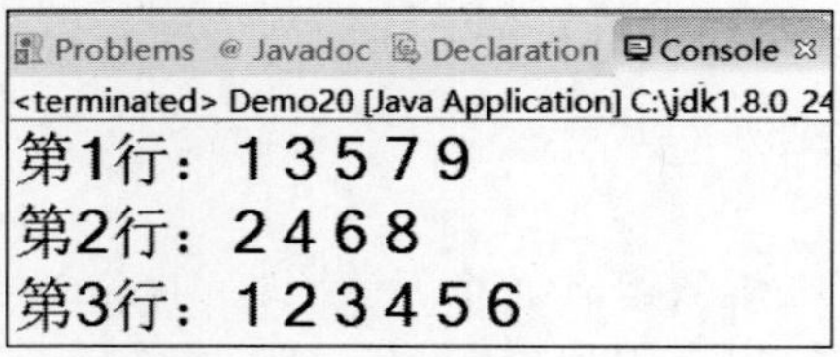

```
第1行: 1 3 5 7 9
第2行: 2 4 6 8
第3行: 1 2 3 4 5 6
```

图 2-29　例 2-20 的运行结果

注意：例 2-20 中 a.length 和 a[i].length 的含义不同，前者是二维数组 a 的长度，即有多少行，后者是二维数组 a 某个元素所对应的一维数组的长度，即该行有多少列。

本章小结

本章介绍了学习 Java 所必需的一些基础知识，包括 Java 语言的基本语法、数据类型、常量和变量、运算符和表达式、选择结构、循环结构、数组等。通过本章的学习，读者需要掌握 Java 语言的基本语法、数据类型和变量的使用、运算符和表达式的使用、选择结构和循环结构的使用以及数组的定义和使用。

习题 2

2-1 编写程序，在控制台窗口中输出 50～100 所有的质数（质数是指除 1 和其本身外无其他因子的数）。

2-2 用循环嵌套的方法输出以下图案：

```
*********
 *******
  *****
   ***
    *
```

2-3 用选择排序算法编写程序，实现对数组{25,24,12,76,101,96,28}的升序排序。

2-4 利用二维数组实现打印以下的杨辉三角（打印 10 行）。提示：元素等于正上方元素与左上方元素之和，即 a[i][j]= a[i−1][j]+a[i−1][j−1]。

```
1
1 1
1 2 1
1 3 3 1
1 4 6 4 1
```

第 3 章 面向对象程序设计

Java 是一种面向对象的高级程序设计语言,掌握其面向对象的编程思想是 Java 开发的关键。本章将详细介绍 Java 面向对象的相关知识。

3.1 面向对象概述

面向对象是一种编程思想,它更符合人类的思维习惯。现实世界中的事物都是对象,对象是事物存在的实体,如人、书桌、计算机、高楼大厦等。人类解决问题的方式总是将复杂的事物简单化,于是就会思考这些对象都是由哪些部分组成的。通常都会将对象划分为两个部分,即动态部分与静态部分。静态部分,顾名思义就是不能动的部分,这个部分称为"属性",任何对象都会具备其自身属性,如一个人,它包括高矮、胖瘦、性别、年龄等属性。然而具有这些属性的人会执行哪些动作也是一个值得探讨的部分,这个人可以哭泣、微笑、说话、行走,这些是这个人具备的行为(动态部分),即方法,人类通过探讨对象的属性和观察对象的行为了解对象。另外,不同对象之间还可能相互配合,协作完成更复杂的任务。

应用面向对象的思想求解问题的基本思路是:首先分析问题并建立相应的对象,然后通过这些对象以及它们之间的配合解决问题。比如,人和汽车都是对象,都有各自的属性和行为,不仅如此,在现实生活中,人和汽车还可以相互配合,如人驾驶汽车周游世界。

面向对象有三大特性(机制),即封装、继承和多态。

1. 封装

封装是面向对象编程的核心特性,将对象的属性和行为封装起来,而将对象的属性和行为封装起来的载体就是类,类通常对外界使用者隐藏其实现细节,这就是封装的思想。现实生活中封装的体现随处可见。比如,计算机对象,除了有牌子、颜色等属性外,还有很多功能,但用户不必去关心这些功能是如何实现的,只需通过计算机提供的接口直接操作即可,这就是封装的体现。

2. 继承

继承是使用已存在的类作为基础建立新类的技术,新类的定义可以增加新的属性或新的功能(方法),也可以用父类的功能。通过使用继承,能够非常方便地复用以前的代码,从而大大提高开发效率。

继承所描述的是"is-a"的关系。如果两个类 A 和 B 可以描述为"A 是 B",则可以表示为 A 继承 B。其中,B 是被继承者,称为父类或者超类;A 是继承者,称为子类或者派生类。

实际上继承者是被继承者的特殊化，它除了拥有被继承者的特性外，还拥有自己独有的特性。例如，猫继承动物，同时还有抓老鼠、爬树等动物没有的特性。同时在继承关系中，继承者完全可以替换被继承者；反之则不可以。例如，可以说猫是动物，但不能说动物是猫，其实对于这个现象，习惯上将其称为"向上转型"，后面会详细介绍。

3. 多态

多态是指子类继承父类后，通过父类引用调用的方法，可能是父类中的方法，也可能是子类中的方法，使得一种调用形式呈现出多种行为特征。例如，按F1键这个动作：如果当前是在Flash界面下，弹出的就是AS的帮助文档；如果当前在Word下，弹出的就是Word帮助；如果当前是在Windows下，弹出的就是Windows帮助。

多态性允许以统一的风格编写程序，以处理种类繁多的已存在的类以及相关类。该统一风格可以由父类来实现，根据父类统一风格的处理，就可以实例化子类的对象。由于整个事件的处理都只依赖于父类的方法，所以日后只要维护和调整父类的方法即可，这样还便于扩展程序，降低维护的难度和节省时间。

3.2 类与对象

类与对象是整个面向对象程序中最基础的组成单元，也是比较费解的两个概念。本节将详细介绍Java中的类与对象。

3.2.1 类与对象的关系

类是一种抽象的概念集合，是最基础的组织单位，作为对象的模板、合约或蓝图，表示的是一个共性的产物，类中定义的是属性和行为（方法）。

对象是一种个性的表示，表示一个独立的个体，每个对象拥有自己独立的属性，依靠属性来区分不同对象。对象是类的实例，一个类可以拥有多个实例，创建实例的过程叫作实例化。实例也称为对象，两者说法一致。

可以用一句话来概括类与对象的关系：类是对象的模板，对象是类的实例；类只有通过对象才可以使用，而在开发时应该先产生类，之后再产生对象；类不能直接使用，对象是可以直接使用的。

比如，"人"是一个类，该类有名字、年龄等属性和吃饭、睡觉等行为。而"38岁的小韩"就是"人"这个类的一个对象，该对象的"名字"属性是"小韩"，"年龄"属性是"38"，他具有"吃饭""睡觉"等行为。

类和对象的关系如图3-1所示。

在图3-1中，"人"这个类有4个具体的实例，也就是4个对象。

3.2.2 类的定义

运用面向对象的思维分析问题时，先找出问题中的对象，进而抽象成类。而在编码实现时则相反，先定义类，用类把对象的属性和行为封装起来，再创建对象。类的定义包括属性（也叫成员变量或域）的定义和方法（也叫成员方法）的定义。

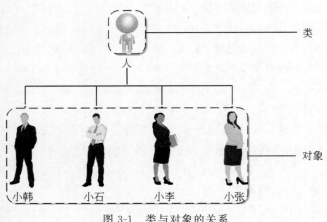

图 3-1　类与对象的关系

1. 类的定义格式

在 Java 中，通过 class 关键字来定义类，其语法格式如下：

```
[修饰符]class 类名 [extends 父类名][implements 接口名]{
    //类体,定义属性和方法
}
```

在上面的语法格式中，class 前面的"修饰符"通常是 public 或省略不写；class 后面的"类名"是一个合法的标识符，且要符合类名的命名习惯；extends 关键字用来说明所定义类的父类，可省略；implements 关键字用来说明所定义类实现了哪些接口，可省略；{ } 是类的类体，其中是类成员的定义，类的成员主要是属性和方法。

2. 定义属性

属性又叫成员变量或域，用于描述对象的特征，定义属性和以前定义变量几乎是一样的，只不过位置发生了改变：在类中且是方法外。属性可以被类中方法和特定类的语句块访问。定义属性的语法格式如下：

```
[修饰符] 数据类型 属性名[=值];
```

在上面的语法格式中，修饰符是可选项，用于指定属性的访问权限，其值可以是 public、protected、private 或省略，将在后面详细介绍；属性名通常就是变量名，必须是合法的标识符；可以给属性赋初值，也可以省略赋初值。例如，定义姓名和年龄属性的代码如下：

```
private String name;
private int age=18;
```

上述代码中定义的姓名属性 name 的数据类型是 String，没有赋初值，这时采用默认初值 null；年龄属性 age 的数据类型是 int，初始值是 18；两个属性都是私有的。

3. 定义方法

方法也叫成员方法或成员函数，类似于前面用过的 main 方法，用来描述对象的行为（功能）。定义方法的语法格式如下：

```
[修饰符1  修饰符2  …]返回值类型  方法名([形式参数列表]){
    //方法体
    …
```

```
    return 返回值;
}
```

上面的语法格式中各部分的说明如下。

(1) 修饰符。方法的修饰符比较多,除了属性中的访问权限修饰符外,还可以有 static、final、abstract 等,将在后续学习中陆续介绍。

(2) 返回值类型。用来说明方法执行后返回数据的类型。如果方法不返回数据,则使用 void 关键字。

(3) 方法名。合法的标识符,且符合命名习惯。

(4) 形式参数列表。在方法被调用时用于接收外界传入的数据。每个形式参数要指定数据类型及参数名。如果有多个形式参数,之间用逗号分隔。也可以没有形式参数,但圆括号不能省。

(5) 方法体。花括号是方法的主体,实现方法功能的语句都放在方法体中。花括号前面的部分,习惯上称为方法的头部。因此,也可以说方法是由方法头部和方法体构成的。

(6) return 返回值。用于结束方法以及返回数据,也可以只有 return 而没有返回数据。

方法定义的例子如下:

```java
public static int add(int a, int b) {
    int sum=a+b;
    return sum;
}
```

上述代码定义了一个公开、静态的 add 方法,该方法有 2 个 int 类型的参数,返回这 2 个参数的和。

定义完整类的代码如下:

```java
class Person{
    String name;
    int age;
    public void printInfo() {
        System.out.println("Name:"+name+",Age:"+age);
    }
}
```

上述代码定义了 Person 类,该类共有 3 个成员:2 个属性 name 和 age,1 个方法 printInfo,printInfo 方法输出 2 个属性的值。

3.2.3 对象的创建与使用

1. 对象的创建

类定义完成后,还无法直接使用。如果要使用类,还需创建对象。在 Java 里使用 new 关键字来创建对象,这称为类的实例化,其语法格式有两种:

格式一:声明对象引用并实例化对象。

类名 对象引用 = new 类名 ();

格式二:先声明对象引用,再实例化对象。

类名 对象引用;

对象引用 = new 类名();

创建 Person 类对象的代码如下：

```
Person p=new Person();
Person p1=new Person();
```

上述代码里，"Person p"声明了一个 Person 类型的变量 p，p 是引用类型的变量；"new Person()"创建了 Person 类的一个对象；赋值运算=将对象在内存中的地址赋给了变量 p，这时，称变量 p 引用对象或指向对象，p 所引用或指向的对象简称 p 对象，也可以理解成 p 是对象的引用或对象的名字。同理，p1 引用另一个对象，两个对象有相同的一组属性，且属性值也相同。在内存中，引用类型的变量(对象引用)和对象之间的关系如图 3-2 所示。

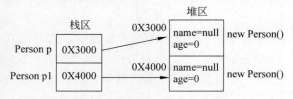

图 3-2　对象引用和对象的关系

说明：图 3-2 中提到了堆内存和栈内存，这是指 JVM 的内存划分。JVM 的内存主要分为 3 个区，即堆区(heap)、栈区(stack)和方法区(method，也叫静态区)。堆区存储的全部是对象；栈区只保存基本数据类型本身和对象的引用；方法区包含所有的 class 和 static 属性，方法区中包含的是在整个程序中永远唯一的元素，如 class、static 属性。

图 3-2 显示的是一个引用类型的变量和一个对象之间的关系，还可以把一个对象的内存地址赋予多个引用类型的变量，形成多个引用都引用或指向同一个对象的情况，如图 3-3 所示。

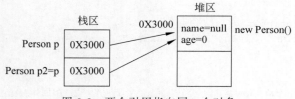

图 3-3　两个引用指向同一个对象

图 3-3 中只创建了一个 Person 类型的对象(只 new 了一次)，p 变量和 p2 变量都保存该对象的地址，从而指向同一个对象，有点类似现实生活中一个人(对象)有多个名字。

2. 对象的使用

从图 3-2 可以看出，根据 Person 类的定义，创建后的对象都有 2 个属性：name 和 age，且这两个属性都具有第 2 章提到过的默认初值。当然，对象属性的值不可能都采用默认初值，这时可以通过"."运算符来修改对象属性的值。例如：

```
Person p=new Person();
Person p1=new Person();
p.age=18;
p.name="Jack";
```

上述代码中有 2 次"new Person()",故创建了 2 个 Person 对象,在堆内存中占 2 段独立的内存。一个对象的引用是 p,另一个对象的引用是 p1。在创建对象之后,修改了 p 所引用对象的两个属性的值。修改后,内存示意图将从图 3-2 所示的情况变成图 3-4 所示的情况,两个对象属性值不相同了。

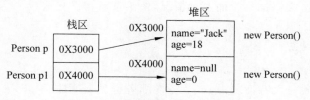

图 3-4 修改 p 对象属性后的示意图

通过"."运算符除了访问对象的属性外,还可以调用类中定义的方法。定义类、创建对象和使用对象的案例如例 3-1 所示。

例 3-1 Demo01.java。

```java
package cn.edu.lsnu.ch03.demo01;

class Person{
    String name;
    int age;
    public void printInfo() {
        System.out.println("Name:"+name+",Age:"+age);
    }
}
public class Demo01 {
    public static void main(String[] args) {
        Person p=new Person();
        Person p1=new Person();
        p.age=18;
        p.name="Jack";
        p.printInfo();
        p1.printInfo();
    }
}
```

例 3-1 的运行结果如图 3-5 所示。

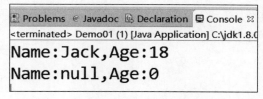

图 3-5 例 3-1 的运行结果

从运行结果可以看出,两个同类型的对象有相同的一组属性,但属性的值可以不同。

说明：Demo01.java 这个源文件中定义了 2 个类,即 Person 和 Demo01,但要注意的是,只有 Demo01 这个类才能用 public 来修饰。这种方式实际上将实体类和主类分开了,主类包含 main 方法,起测试作用。

当然,也可以把 Demo01 类中的 main 方法作为 Person 类的一个成员,这时源文件中就只有 Person 一个类了;还可以把 Person 类和 Demo01 类分别定义在 2 个源文件中,这时 2 个类都可以用 public 来修饰。后面两种情况,留给读者自己去完成。

3.3 类的封装

封装是面向对象三大特性之一,本节将详细讲解封装特性。

3.3.1 封装的好处

例 3-1 中,对象属性可以随意赋值,如 p.age=-18;这是很不合理的。

解决办法就是要让属性不能随意被赋值,并且对所赋的值还要加以判断。这就是封装的好处,简单地讲,封装有以下一些好处。

1. 实现信息隐藏

利用封装,可以有选择性地公开或隐藏某些属性。

2. 提高安全性

对于隐藏的属性,不能在类的外部随意操作,而只能通过公开的方法间接去操作,并且还可以在公开的方法中增加逻辑控制,限制对属性的不合理操作,从而提高安全性。

3. 提高可维护性

对属性的所有操作都集中在类的内部,方便修改和维护。

3.3.2 如何实现封装

封装的实现过程大致如下。

1. 对属性私有化

即用 private 关键字来修饰属性。

2. 对外提供公开的 set/get 方法

set 方法用于设置(修改)属性,get 方法用于获取属性,这些方法都公开(Public)。

3. 安全性控制

如果属性需要安全性的限制,则将相应代码放在 set 方法中。

根据封装的要求,对例 3-1 进行改进,如例 3-2 所示。

例 3-2 Demo02.java。

```
package cn.edu.lsnu.ch03.demo02;

class Person{
    private String name;
    private int age;
    public String getName() {
        return name;
    }
```

```java
    public void setName(String n) {
        name = n;
    }
    public int getAge() {
        return age;
    }
    public void setAge(int a) {
        if(a<0){
            System.out.println("无效的年纪!");
            return;
        }
        age = a;
    }
    public void printInfo() {
        System.out.println("Name:"+name+",Age:"+age);
    }
}
public class Demo02 {
    public static void main(String[] args) {
        Person p=new Person();
        p.setName("小强");
        p.setAge(-10);
        p.printInfo();
    }
}
```

在例 3-2 中,首先将 Person 类的 2 个属性私有化了,这样,主类 Demo02 就不能直接再操作这 2 个属性了。为了解决这一问题,在 Person 类中为每个属性增加了一对 set/get 方法,用于修改和获取属性的值,并且在 set 方法中增加了安全性限制的代码。例 3-2 的运行结果如图 3-6 所示。

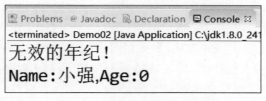

图 3-6　例 3-2 的运行结果

从运行结果不难看出,由于传了一个无效的年龄给 set 方法,故 age 属性未被修改,还是默认初值 0,但 name 属性已相应修改了。

注意:set/get 方法建议采用小驼峰命名法:第一个单词全小写,后面的单词首字母大写。

3.4　方法的重载

方法重载(Overloading)是指在同一个类中,允许存在一个以上的同名方法,只要它们的参数个数或者参数类型不同即可。

方法重载的特点如下。
① 与返回值类型无关,只看形式参数列表。
② 在调用重载的方法时,虚拟机通过实际参数列表的不同来区分重载的方法。
接下来通过一个案例来演示方法的重载,程序如例 3-3 所示。

例 3-3　Demo03.java。

```java
package cn.edu.lsnu.ch03.demo03;

public class Demo03 {
    public int add(int x, int y){
        return x+y;
    }
    public double add(double x, double y){
        return x+y;
    }
    public static void main(String[] args) {
        Demo03 d=new Demo03();
        System.out.println("两个整数相加: "+d.add(23, 45));
        System.out.println("两个小数相加: "+d.add(2.3, 4.5));
    }
}
```

例 3-3 的运行结果如图 3-7 所示。

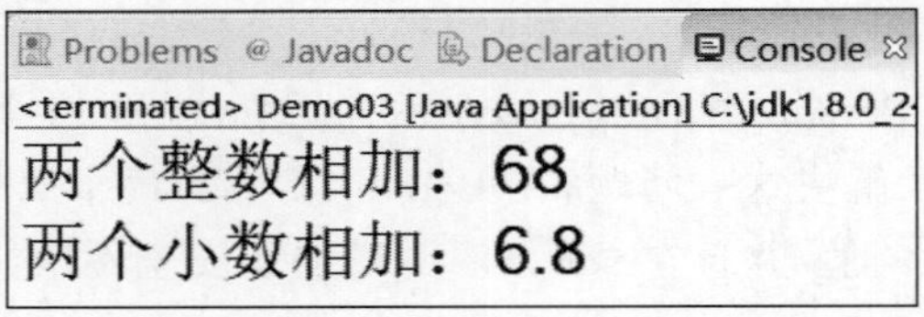

```
两个整数相加: 68
两个小数相加: 6.8
```

图 3-7　例 3-3 的运行结果

说明如下。

(1) 例 3-3 中定义了 2 个 add 方法,名称相同、形参的个数也相同,但形参的类型不同,这就是方法的重载。注意,这 2 个 add 方法的返回类型不同,但这不是必需的,与重载无关。

(2) 调用重载方法时,根据实参匹配方法。

main 方法中有 2 次 add 方法的调用：add(23, 45),这次调用的实参是 2 个整数,因此,虚拟机会匹配到形参是两个整数的 add 方法。同理,add(2.3, 4.5),这次调用的实参是 2 个小数,因此,虚拟机会匹配到形参是两个小数的 add 方法。

3.5　构造方法

从前面的例子可以发现,创建对象后,对象的属性都是默认初值,可以通过调用 set 方法修改属性的值,除了这种方式外,有时还希望在创建对象的同时对属性赋初值,这时就可以通过构造方法来实现。构造方法(也称为构造器)是类的特殊方法,它会在创建对象时被自动调用。

3.5.1 构造方法的定义

构造方法是特殊的成员方法,其主要作用是初始化对象的属性,其特殊性主要表现在以下方面。

① 方法名与类名相同。
② 方法没有返回类型。注意不是 void 类型,而是不能写任何的数据类型。
③ 随着创建对象自动被调用。

根据构造方法的特殊性,其定义的语法格式为:

```
[修饰符]类名([形参列表]){
    //方法体
}
```

接下来的案例对例 3-2 进行改进,为 Person 类增加一个带参数的构造方法,如例 3-4 所示。

例 3-4 Demo04.java。

```java
package cn.edu.lsnu.ch03.demo04;

class Person{
    private String name;
    private int age;
    public Person(String n, int a) {
        name = n;
        age = a;
    }
    public String getName() {
        return name;
    }
    public void setName(String n) {
        name = n;
    }
    public int getAge() {
        return age;
    }
    public void setAge(int a) {
        if(a<0){
            System.out.println("无效的年纪!");
            return;
        }
        age = a;
    }
    public void printInfo() {
        System.out.println("Name:"+name+",Age:"+age);
    }
}
public class Demo04 {
    public static void main(String[] args) {
        Person p=new Person("小张",20);
```

```
            p.printInfo();
            p.setName("小强");
            p.setAge(30);
            p.printInfo();
        }
    }
```

例 3-4 的运行结果如图 3-8 所示。

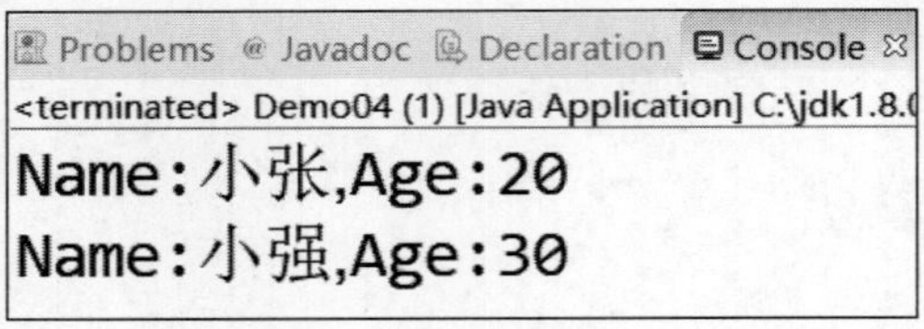

图 3-8　例 3-4 的运行结果

从运行结果可以看出以下几点。

(1) 创建对象的代码变成了"new Person("小张",20)"。这里包含了对构造方法的调用，并且传递了 2 个实参给构造方法。再结合构造方法的方法体可以发现，随着构造方法的调用，这 2 个实参进一步传给了形参，形参用于初始化相应属性。

(2) 除了创建对象时通过构造方法初始化对象属性外，还可以在对象创建之后，通过 set 方法修改属性的值，如 p.setName("小强")；p.setAge(30)；。

3.5.2　构造方法的重载

构造方法也是类的成员方法，因此，也可以重载，而且提倡重载构造方法。

接下来的案例是对例 3-4 继续改进，为 Person 类增加一个无参数的构造方法，如例 3-5 所示。

例 3-5　Demo05.java。

```java
package cn.edu.lsnu.ch03.demo05;

class Person{
    private String name;
    private int age;
    public Person() {

    }
    public Person(String n, int a) {
        name = n;
        age = a;
    }
    public String getName() {
        return name;
    }
    public void setName(String n) {
        name = n;
    }
```

```java
    public int getAge() {
        return age;
    }
    public void setAge(int a) {
        if(a<0){
            System.out.println("无效的年纪!");
            return;
        }
        age = a;
    }
    public void printInfo() {
        System.out.println("Name:"+name+",Age:"+age);
    }
}
public class Demo05 {
    public static void main(String[] args) {
        Person p1=new Person();
        Person p2=new Person();
        p1.setName("小强");
        p2.setName("光头强");
        p1.printInfo();
        p2.printInfo();
    }
}
```

例 3-5 的运行结果如图 3-9 所示。

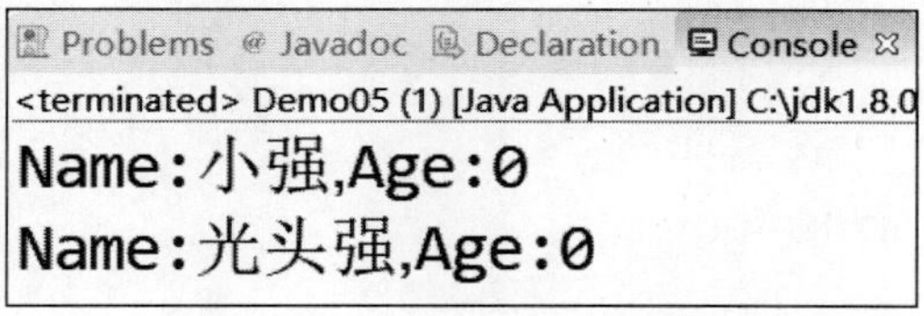

```
Name:小强,Age:0
Name:光头强,Age:0
```

图 3-9　例 3-5 的运行结果

说明如下。

（1）例 3-5 中定义了 2 个构造方法：一个是无参数的，方法体为空；另一个是有 2 个参数的，方法体用形参去初始化属性。这就是构造方法的重载。

（2）例 3-5 创建对象时没有提供实参，会自动调用无参数的构造方法。从运行结果可以看出，由于无参数构造方法的方法体为空，因此，所创建对象的属性都采用默认初值。

注意以下几点。

（1）Java 的每个类都至少有一个构造方法。

（2）如果类中没有显式地定义构造方法，系统会为该类自动增加一个默认的（或称为缺省的）构造方法。这个默认的构造方法没有参数，方法体也没有任何代码，形式上完全就是例 3-5 中的那个无参数的构造方法，但例 3-5 中的无参数构造方法不是默认的，而是自定义的。

关于默认构造方法，一定要特别注意的是，一旦类中显式地定义了构造方法，默认的构造方法将不再提供。

3.6 this 关键字

this 是 Java 中的一个关键字,代表当前对象的引用。当前对象指的是调用类中方法或属性的那个对象。为了解释清楚当前对象,接下来的案例稍微改动一下例 3-5 中的 main 方法,如例 3-6 所示。

例 3-6 Demo06.java。

```java
package cn.edu.lsnu.ch03.demo06;

class Person{
    private String name;
    private int age;
    public Person() {
        
    }
    public Person(String n, int a) {
        name = n;
        age = a;
    }
    public String getName() {
        return name;
    }
    public void setName(String n) {
        name = n;
    }
    public int getAge() {
        return age;
    }
    public void setAge(int a) {
        if(a<0){
            System.out.println("无效的年纪!");
            return;
        }
        age = a;
    }
    public void printInfo() {
        System.out.println("Name:"+name+",Age:"+age);
    }
}
public class Demo06 {
    public static void main(String[] args) {
        Person p1=new Person();
        Person p2=new Person();
        p1.setName("小强");
        p2.setName("光头强");
        p1.printInfo();
        p2.printInfo();
    }
}
```

例 3-6 的运行结果如图 3-10 所示。

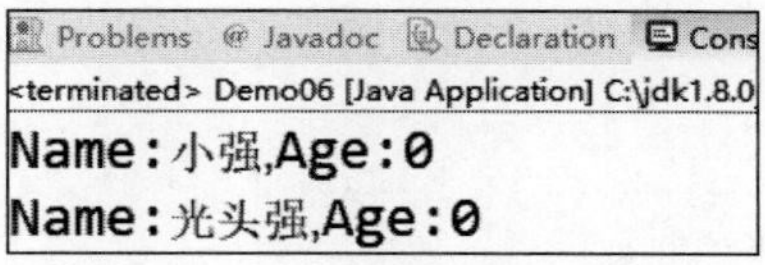

图 3-10　例 3-6 的运行结果

例 3-6 中 2 次调用 setName 方法，即 p1.setName("小强")和 p2.setName("光头强")。尽管 setName 方法的方法体代码都是"name＝n;"，但从运行结果可以看出，两个对象的名字都按预期修改了，这就是 this 所起的作用：当执行"p1.setName("小强")"时，this 对象就是 p1 所引用的对象，因此，修改了 p1 所引用对象的名字；同理，当执行"p2.setName("光头强")"时，this 对象就是 p2 所引用的对象，因此，修改了 p2 所引用对象的名字。

this 关键字有 3 种常见用法。

1. this 调用本类中的属性

形式为：

this.属性名

这种用法可用于区分同名的属性和局部变量。当有属性和局部变量同名时，直接访问的是局部变量，通过 this 访问的是属性。

前面的例子中，为了避免出现属性和形参同名的情况，刻意把形参命名为简单的名字，但达不到见名知意的要求。

下面利用 this 关键字对例 3-2 进行改进，如例 3-7 所示。

例 3-7　Demo07.java。

```java
package cn.edu.lsnu.ch03.demo07;

class Person{
    private String name;
    private int age;
    public String getName() {
        return name;
    }
    public void setName(String name) {
        this.name = name;
    }
    public int getAge() {
        return age;
    }
    public void setAge(int age) {
        if(age<0){
            System.out.println("无效的年纪!");
            return;
        }
        this.age = age;
    }
    public void printInfo() {
```

```
            System.out.println("Name:"+name+",Age:"+age);
        }
    }
    public class Demo07 {
        public static void main(String[] args) {
            Person p=new Person();
            p.setName("小强");
            p.setAge(-10);
            p.printInfo();
        }
    }
```

例 3-7 中，setName 方法和 setAge 方法中都出现了形参名与属性名相同的情况，这 2 个方法的方法体中，直接访问的是形参，通过 this 访问的是属性。其他方法中没有出现局部变量和属性同名时，对属性的访问，既可以直接访问，也可以通过 this 访问。

2. this 调用本类中的其他构造方法

形式为：

```
this([实参列表]);
```

注意：调用语句只能放在构造方法中，而且必须是构造方法的第 1 条语句。

下面对例 3-5 进行改进，在重载的构造方法中增加调用其他构造方法，如例 3-8 所示。

例 3-8 Demo08.java。

```
package cn.edu.lsnu.ch03.demo08;

class Person{
    private String name;
    private int age;
    public Person() {
        this("小张",23);
        System.out.println("无参数的构造方法被调用");
    }
    public Person(String n, int a) {
        name = n;
        age = a;
        System.out.println("带参数的构造方法被调用");
    }
    public String getName() {
        return name;
    }
    public void setName(String n) {
        name = n;
    }
    public int getAge() {
        return age;
    }
    public void setAge(int a) {
        if(a<0){
            System.out.println("无效的年纪！");
            return;
```

```
            age = a;
        }
        public void printInfo() {
            System.out.println("Name:"+name+",Age:"+age);
        }
    }
    public class Demo08 {
        public static void main(String[] args) {
            Person p=new Person();
            p.printInfo();
        }
    }
```

例 3-8 的运行结果如图 3-11 所示。

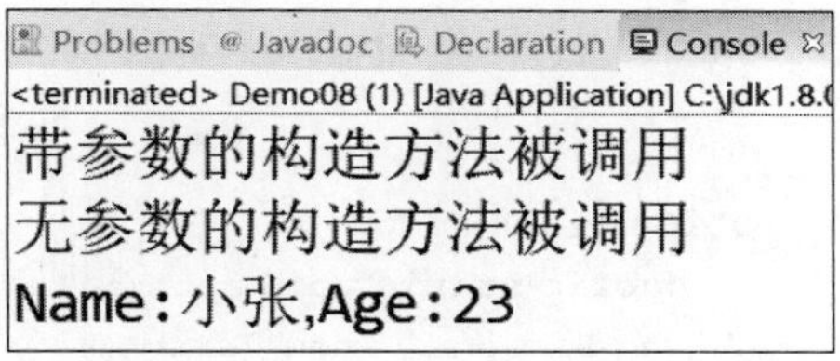

结合运行结果,可以看出例 3-8 的执行过程如下。

随着 main 方法里创建对象,引起无参数构造方法被调用。执行流程跳转到无参数构造方法后,首先执行语句"this("小张",23);",引起带参数构造方法被调用。执行流程跳转到带参数的构

图 3-11 例 3-8 的运行结果

造方法,完成属性初始化后,在控制台输出信息"带参数的构造方法被调用",执行流程再返回到无参数的构造方法,继续执行剩余代码,在控制台输出信息"无参数的构造方法被调用"。

从上述执行过程也能发现,不能每个构造方法里都通过 this 调用本类中的其他构造方法;否则会出现构造方法的递归调用,而且递归没有出口,这是不允许的。

3. this 调用本类中的普通方法

形式为:

```
this.方法名([实参列表])
```

在这种情况下,通常省去 this,直接调用方法。

3.7 static 关键字

前面的各案例,都需要先创建对象,再通过对象去调用方法或属性,但有时希望在没有创建对象的情况下去调用方法或属性,这时可以通过 static 关键字来实现。static 关键字用于修饰类的成员,如修饰属性、方法、代码块等。static 修饰的属性被所有对象共享,不存储在对象中,对象中存储的是非 static 属性。static 修饰的成员多了一种调用方式,可以直接通过类名调用(类名.静态成员)。本节将逐一讲解 static 关键字的用法。

3.7.1 静态属性

在分析问题时,若某个属性被所有对象共享,就可以用 static 修饰。例如,教室里有一台饮水机和 50 名学生,每个学生都自带水杯喝饮水机里的水。在这个问题里,饮水机是共

享信息,水杯是特有信息。因此,饮水机应该定义为静态属性,而水杯则应该定义为普通的非静态属性。

接下来通过案例来演示静态属性,改进例 3-1,为 Person 类增加一个"国籍"属性。显然,所有中国人的国籍都一样,因此,该属性就只需要 1 份。改进后的程序如例 3-9 所示。

例 3-9 Demo09.java。

```java
package cn.edu.lsnu.ch03.demo09;

class Person{
    String name;
    int age;
    static String country="CN";
    public void printInfo() {
        System.out.println("Name:"+name+",Age:"+age+",Country="+country);
    }
}
public class Demo09 {
    public static void main(String[] args) {
        Person p1=new Person();
        Person p2=new Person();
        p1.age=23;
        p1.name="小张";
        p2.age=33;
        p2.name="小李";
        Person.country="China";   //p2.country="China";
        p1.printInfo();
        p2.printInfo();
    }
}
```

例 3-9 的运行结果如图 3-12 所示。

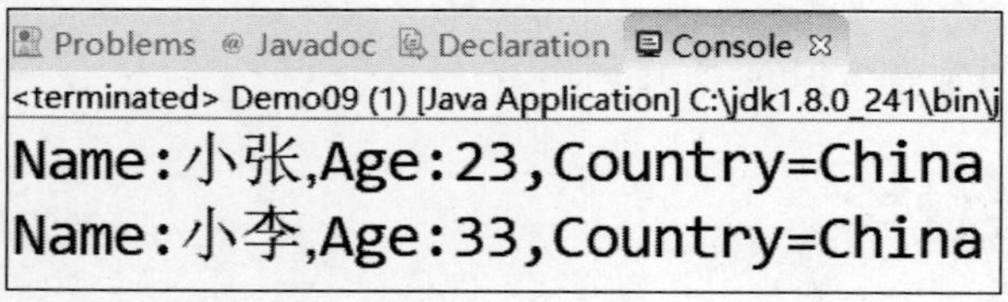

```
Name:小张,Age:23,Country=China
Name:小李,Age:33,Country=China
```

图 3-12 例 3-9 的运行结果

例 3-9 中的 country 属性是静态的,因此,该属性不是对象特有的,即它并不存放在堆区,而是存放在方法区中,由所有对象共享。静态属性在内存中存储的示意图如图 3-13 所示。

在例 3-9 中,创建 2 个对象后,静态属性 country 的初始值为 CN,随着执行语句"Person.country="China";"该属性的值被改为 China,故后面打印 p1 对象和 p2 对象,都输出 China。

静态属性和普通属性有以下区别。

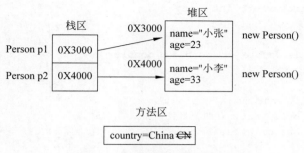

图 3-13 静态属性存储示意图

1. 生命周期不同

普通属性随着对象的创建而存在,随着对象的被回收而释放;静态属性随着类的加载而存在,随着类的消失而消失。

2. 调用方式不同

普通属性只能被对象调用;静态属性既能被对象调用,也能被类名调用。

3. 别名不同

普通属性又称为实例变量;静态属性被称为类变量。

4. 存储位置不同

普通属性存储在堆内存的对象中,所以也叫对象的特有数据;静态属性存储在方法区的静态区,所以也叫对象的共享数据。

3.7.2 静态方法

静态方法的定义类似于静态属性的定义,只需要在方法定义前面加上 static 关键字即可,静态方法也有两种使用方式:

类名.方法

或者

对象引用.方法

注意:静态方法没有 this 引用。

静态方法也是随着类的加载而被装载入内存中,而非静态方法和非静态属性只有在类的对象创建后,在对象的内存中才存在。因此,静态方法只能访问静态成员,而非静态方法既可以访问静态成员,又可以访问非静态成员。

学习了静态方法的特性后,再回过头去看例 3-3 的程序,就能解释为什么要在 main 方法中先创建对象,然后才能调用方法,原因就是 main 方法是静态的。

接下来的案例把例 3-3 进行改进,把重载的方法加上 static 关键字,程序如例 3-10 所示。

例 3-10 Demo10.java。

package cn.edu.lsnu.ch03.demo10;

public class Demo10 {

```java
    public static int add(int x,int y){
        return x+y;
    }
    public static double add(double x,double y){
        return x+y;
    }
    public static void main(String[] args) {
        System.out.println("两个整数相加: "+add(23, 45));
        System.out.println("两个小数相加: "+add(2.3, 4.5));
    }
}
```

由于 3 个方法在同一个类中,main 中调用静态方法 add 时省去了类名。

3.7.3 静态代码块

在 Java 类中,使用 static 关键字和{ }声明的代码块称为静态代码块。若类中的代码块没有 static 关键字,则称为构造代码块。

静态代码块中通常放一些需要在项目启动时就执行的代码,比如一个项目启动需要加载的配置文件等资源,就可以都放入静态代码块中。

注意:静态代码块和构造代码块都位于类中,而不是方法中,并且静态代码块与静态方法类似,只能访问静态成员。

1. 语法格式

```
[static] {
//代码
}
```

有 static 则是静态代码块,没有 static 则是构造代码块。

2. 执行顺序

静态代码块在类被加载时执行,而且只执行一次。如果有对象被创建,则依次执行构造代码块和构造方法。

接下来的案例对例 3-5 进行改进,为其增加静态代码块和构造代码块,程序如例 3-11 所示。

例 3-11   Demo11.java。

```java
package cn.edu.lsnu.ch03.demo11;

class Person{
    private String name;
    private int age;
    static {
        System.out.println("静态代码块.");
    }
    {
        System.out.println("构造代码块.");
    }
    public Person() {
        System.out.println("无参数构造方法.");
```

```java
    }
    public Person(String n, int a) {
        name = n;
        age = a;
        System.out.println("带参数构造方法.");
    }
    public String getName() {
        return name;
    }
    public void setName(String n) {
        name = n;
    }
    public int getAge() {
        return age;
    }
    public void setAge(int a) {
        if(a<0){
            System.out.println("无效的年纪!");
            return;
        }
        age = a;
    }
    public void printInfo() {
        System.out.println("Name:"+name+",Age:"+age);
    }
}
public class Demo11 {
    public static void main(String[] args) {
        Person p1=new Person();
        Person p2=new Person("小胖",12);
        p1.setName("小强");
        p1.setAge(25);
        p1.printInfo();
        p2.printInfo();
    }
}
```

例 3-11 的运行结果如图 3-14 所示。

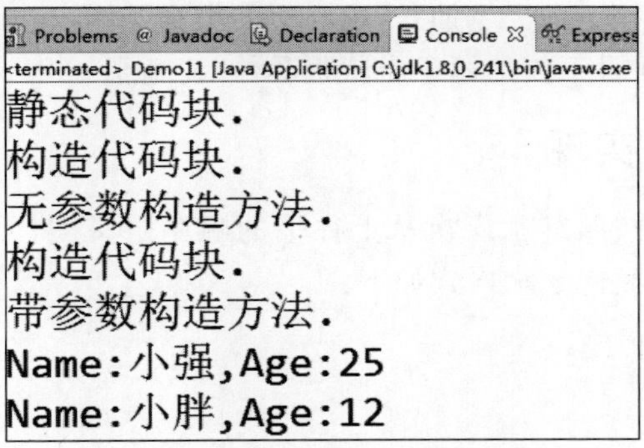

```
静态代码块.
构造代码块.
无参数构造方法.
构造代码块.
带参数构造方法.
Name:小强,Age:25
Name:小胖,Age:12
```

图 3-14　例 3-11 的运行结果

例 3-11 的运行过程如下：

JVM 首先加载类，执行静态代码块。接下来执行"new Person()"，实例化第一个对象，依次执行构造代码块和无参数的构造方法。然后执行"new Person("小胖",12)"，实例化第二个对象，再次执行构造代码块和带参数的构造方法。最后是修改对象的属性和输出对象的信息。

3.8 类的继承

继承是面向对象最显著的一个特性。继承是从已有的类中派生出新的类，新的类能吸收已有类的属性和行为，还能增加新的数据或功能。本节将详细讲解 Java 的继承特性。

3.8.1 继承的概念

在现实生活中，继承一般是指子女继承父辈的财产。在程序中，继承描述的是事物之间的所属关系，通过继承可以使多种事物之间形成层次关系体系。继承需要符合 is-a 关系。例如，在图 3-15 中，食草动物和食肉动物属于动物（符合 is-a 关系），兔子和羊属于食草动物（符合 is-a 关系），狮子和豹属于食肉动物（符合 is-a 关系）。因此，食草动物类和食肉动物类继承自动物类，同理，兔子类和羊类继承自食草动物，狮子类和豹类继承自食肉动物。

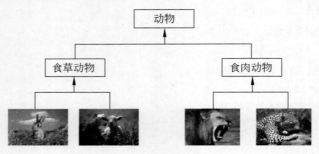

图 3-15 动物继承关系

在继承关系图中，上层的是父类或基类，下层的是子类或派生类，即食草动物类是动物类的子类，又是兔子类和羊类的父类。子类除了继承父类的属性和方法外，还可以增加自己特有的属性和方法。

在继承层次图中，越往上的类越抽象，越往下的类越具体。在图 3-15 中，最上层的动物类是比较抽象、模糊的，而最下面的狮子类就很具体、清晰了。

3.8.2 继承的实现

在编程实现继承时，按照继承层次从上往下的顺序定义类，并且是在定义子类时通过 extends 关键字声明其父类。继承格式如下：

```
class 子类 extends 父类 {
    //子类新增的属性、方法
}
```

接下来的案例对例 3-1 进行改进：在 Person 类的基础上增加 Student 类和 Worker 类。

由于 Student 类和 Worker 类都与 Person 类具有 is-a 的所属关系，因此，Student 类和 Worker 类都是 Person 类的子类。案例程序如例 3-12 所示。

例 3-12 Demo12.java。

```java
package cn.edu.lsnu.ch03.demo12;

class Person{
    String name;
    int age;
    public void printInfo() {
        System.out.println("Name:"+name+",Age:"+age);
    }
}
class Student extends Person{
    public void study() {
        System.out.println("good study");
    }
}
class Worker extends Person{
    public void work() {
        System.out.println("good work");
    }
}
public class Demo012 {
    public static void main(String[] args) {
        Student s=new Student();
        Worker w=new Worker();
        s.age=18;
        w.name="Jack";
        s.printInfo();
        s.study();
        w.printInfo();
        w.work();
    }
}
```

例 3-12 的运行结果如图 3-16 所示。

从运行结果不难看出，2 个子类都继承了父类中的属性和方法，又都新增了自己的成员（本案例只增加了方法）。

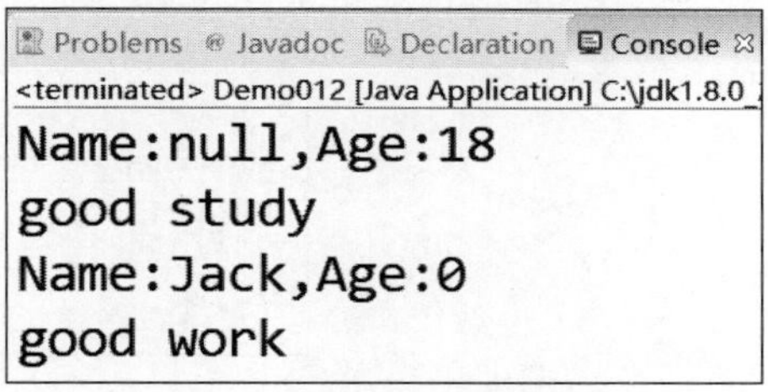

注意以下几点。

(1) Java 只支持单继承，即每个子类只有 1 个父类，但一个父类可以有多个子类。

(2) 子类只继承父类非 private 性质的成员。

```
Problems  Javadoc  Declaration  Console
<terminated> Demo012 [Java Application] C:\jdk1.8.0
Name:null,Age:18
good study
Name:Jack,Age:0
good work
```

图 3-16 例 3-12 的运行结果

3.8.3 方法的重写

在中国有句俗语，叫作"子承父业"，说的就是手艺人的特长，会教给自己的孩子，不仅如此,传承过程中还可以不断发扬光大。把这个思路套用到 Java 的继承中,就是"重写(Overriding)"的行为。这也是子类和父类产生差别的一种方法。

重写是子类对父类允许访问的方法的实现过程(方法体)进行重新编写,但返回类型和形参列表都不能改变,即外壳不变,核心重写。

重写的好处在于子类可以根据需要,定义特定于自己的行为。

子类重写父类方法时,除了返回类型和形成列表不能改变外,还要求访问权限也不能削弱。

接下来的案例仅演示方法的重写,对 Person 类稍作修改,同时增加 Student 子类,重写 Person 类中的 work 方法,案例代码如例 3-13 所示。

例 3-13 Demo13.java。

```java
package cn.edu.lsnu.ch03.demo13;

class Person{
    public void work() {
        System.out.println("工作!");
    }
}
class Student extends Person{
    public void work() {
        System.out.println("学习!");
    }
}
public class Demo13 {

    public static void main(String[] args) {
        Person p=new Person();
        p.work();
        Student s=new Student();
        s.work();
    }
}
```

例 3-13 的运行结果如图 3-17 所示。

```
Problems  @ Javadoc  Declaration  Console
<terminated> Demo13 (1) [Java Application] C:\jdk1.8.0
工作!
学习!
```

图 3-17 例 3-13 的运行结果

从运行结果可以看出,子类 Student 的 work 方法,功能已发生改变了,通过子类对象调用的是子类自己的 work 方法,而父类中 work 方法其实是继承下来了,只是被覆盖了而已,后面会介绍如何访问父类继承下来被覆盖的方法。

3.8.4 初始化顺序

父类和子类都可以有静态代码块、普通代码块、静态属性、普通属性和构造器,这些初始化是有顺序关系的。

初始化原则:父类优先于子类、静态优先于非静态、属性优先于块。

具体讲,初始化顺序为:父类静态属性→父类静态代码块→子类静态属性→子类静态代码块→父类非静态属性→父类非静态代码块→父类构造方法→子类非静态属性→子类非静态代码块→子类构造方法。

接下来的案例比较全面地演示Java类的初始化顺序,案例代码如例3-14所示。

例 3-14　Demo14.java。

```java
package cn.edu.lsnu.ch03.demo14;

class SuperClass {
    //静态属性
    private static String p_StaticField = "父类--静态属性";
    //属性
    private String p_Field = "父类--属性";
    //静态代码块
    static {
        System.out.println(p_StaticField);
        System.out.println("父类--静态代码块");
    }
    //代码块
    {
        System.out.println(p_Field);
        System.out.println("父类--代码块");
    }
    //父类构造器
    public SuperClass()
    {
        System.out.println("父类--构造器");
    }
}
class SubClass extends SuperClass {
    //静态属性
    private static String s_StaticField = "子类--静态属性";
    //属性
    private String s_Field = "子类--属性";
    //静态代码块
    static {
        System.out.println(s_StaticField);
        System.out.println("子类--静态代码块");
    }
    //代码块
    {
        System.out.println(s_Field);
        System.out.println("子类--代码块");
```

```java
        }
        //构造器
        public SubClass()
        {
            System.out.println("子类--构造器");
        }
    }
    public class Demo14 {
        public static void main(String[] args) {
            SubClass sub=new SubClass();
        }
    }
```

父类--静态属性
父类--静态代码块
子类--静态属性
子类--静态代码块
父类--属性
父类--代码块
父类--构造器
子类--属性
子类--代码块
子类--构造器

图 3-18 例 3-14 的运行结果

例 3-14 的运行结果如图 3-18 所示。

总结如下。

(1) 程序执行后先加载类,静态属性和静态代码块会被执行 1 次(加载只有 1 次),并且是按照先父类后子类的顺序。

(2) 创建对象时,将依次执行非静态属性、非静态代码块和构造器,且每创建一个对象,都将依次执行一遍。

(3) 若创建子类对象,父类的非静态属性、非静态代码块和构造器也要依次执行一遍,且先执行父类的,再执行子类的。

3.8.5 super 关键字

如前所述,父类继承到子类的方法被重写后将被覆盖,导致无法在子类中继续访问。为了解决这个问题,Java 引入了 super 关键字,通过该关键字,既可以访问父类被覆盖了的成员,还可以调用父类的构造方法。

super 关键字有 2 种主要用法。

1. 访问父类的属性或方法

这种用法常用于访问被覆盖的成员,其语法格式为:

super.属性名
super.方法名(实参列表)

接下来的案例对例 3-13 进行改进,通过 super 关键字访问父类继承下来但被覆盖了的 work 方法,案例代码如例 3-15 所示。

例 3-15 Demo15.java。

```java
package cn.edu.lsnu.ch03.demo15;

class Person{
    public void work() {
        System.out.println("工作!");
    }
}
class Student extends Person{
```

```
    public void work() {
        super.work();
        System.out.println("学习!");
    }
}
public class Demo15 {
    public static void main(String[] args) {
        Student s=new Student();
        s.work();
    }
}
```

在例 3-15 中,子类的 work 方法中增加了一条语句:super.work(),这就是调用被覆盖了的父类的 work 方法。因此,例 3-15 的运行结果如图 3-19 所示。

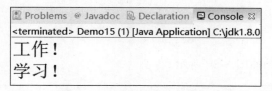

图 3-19 例 3-15 的运行结果

注意:super.work()中的"super."不能省略,若省略,其含义将变为递归调用子类的 work 方法。

2. 调用父类的构造方法

如前所述,创建子类对象时,会先执行父类的构造器,再执行子类的构造器,之前的例子中是隐式地调用父类构造器,其实可以在子类中通过 super 关键字显式调用父类的构造器,其语法格式为:

super(实参列表)

接下来的案例对例 3-15 中的父类和子类增加属性和构造器,并在子类中使用 super 关键字调用父类的构造方法,案例代码如例 3-16 所示。

例 3-16 Demo16.java。

```
package cn.edu.lsnu.ch03.demo16;

class Person{
    private String name;
    public Person() {

    }
    public Person(String name) {
        this.name=name;
    }
    public void work() {
        System.out.print(name+"在工作!");
    }
}
class Student extends Person{
```

```java
    private int score;
    public Student(String name, int score) {
        super(name);
        this.score = score;
    }
    public void work() {
        super.work();
        System.out.println("学习是他目前的工作!"+"他的成绩是: "+score);
    }
}
public class Demo16 {
    public static void main(String[] args) {
        Student s=new Student("李强",95);
        s.work();
    }
}
```

例 3-16 的运行结果如图 3-20 所示。

```
🔴 Problems  @ Javadoc  🔍 Declaration  🖥 Console ⊠
<terminated> Demo16 (1) [Java Application] C:\jdk1.8.0_241\bin\javaw.exe (2020年7月19日 下午
李强在工作! 学习是他目前的工作! 他的成绩是: 95
```

图 3-20　例 3-16 的运行结果

例 3-16 中, 子类构造器里的代码"**super**(name)"就是在调用父类 Person 中带参数的构造器。

注意以下几点。

(1) 调用父类构造器的 super 语句只能放在子类的构造器中, 而且必须是子类构造器的第一条语句。

(2) 调用父类构造器的 super 语句如果没有实参, 可以省略, 这时将调用父类无参数的构造器, 从而要求父类必须有无参数的构造器: 要么是父类自己定义的, 要么使用默认的构造器。读者可以自行验证。

3.8.6　Object 类

在 Java 中, Object 类是所有类的直接或间接父类, 因此, Object 是类继承层次结构的根类。在定义类时, 既可以明确地写出继承 Object 类, 也可以默认继承 Object 类, 即以下两种定义形式完全等效。

```
class Sub extends Object{
    //明确写出继承 Object 类
}
class Sub {
    //默认继承 Object 类
}
```

Object 类提供了一组方法，比较常用的方法有以下几个。

1. equals()方法

该方法的原型为：

public boolean equals(Object obj)

该方法的功能为：Object 中的 equals 方法默认比较的是两个对象是否拥有相同的内存地址（是否为同一个对象），也就是与运算符"=="的作用相同。可以通过重写 equals 方法，实现比较两个对象的内容是否相同。

接下来的案例对例 3-4 进行改进：重写 equals 方法，以判断两个人是否是同龄人，案例代码如例 3-17 所示。

例 3-17 Demo17.java。

```java
package cn.edu.lsnu.ch03.demo17;

class Person{
    private String name;
    private int age;
    public Person(String n, int a) {
        name = n;
        age = a;
    }
    public boolean equals(Object obj) {
        if(this==obj)
            return true;            //两个对象本来就是同一个,则返回 true
        if(!(obj instanceof Person))
            return false;           //如果不是在比较两个"人"实例,则返回 false
        Person p=(Person)obj;
        return this.age==p.age;     //按年龄进行比较
    }
    public void printInfo() {
        System.out.println(name+age+"岁.");
    }
}
public class Demo17 {
    public static void main(String[] args) {
        Person p1=new Person("小张",20);
        Person p2=new Person("小赵",20);
        p1.printInfo();
        p2.printInfo();
        System.out.println("是否是同一个人:"+(p1==p2));
        System.out.println("是否是同龄人:"+p1.equals(p2));
    }
}
```

例 3-17 的运行结果如图 3-21 所示。

从运行结果可以看出，p1 和 p2 是两个不同的实例（内存地址不同），尽管年龄属性的值相等，但直接用"=="比较的结果为 false，用 equals 比较的结果则为 true。

```
┌─────────────────────────────────────────────────────┐
│ 🛇 Problems  @ Javadoc  🔍 Declaration  ▣ Console ⊠ │
│ <terminated> Demo17 (1) [Java Application] C:\jdk1.8.0│
│ 小张20岁.                                            │
│ 小赵20岁.                                            │
│ 是否是同一个人:false                                 │
│ 是否是同龄人:true                                    │
└─────────────────────────────────────────────────────┘
```

图 3-21　例 3-17 的运行结果

2. getClass()方法

该方法的原型为：

```
public final Class<?> getClass()
```

该方法的功能为：返回的是当前实例对应的 Class 类，不管一个类有多少个实例，每个实例的 getClass 返回的 Class 对象是同一个。例如：

```
String s1 = new String("China");
Class i1Class = s1.getClass();
String s2 = new String("中国");
Class i2Class = s2.getClass();
System.out.println(i1Class == i2Class);
```

上面的代码运行结果为 true，也就是说，两个 String 实例的 getClass 方法返回的 Class 对象是同一个。

3. hashCode()方法

该方法的原型为：

```
public int hashCode()
```

该方法的功能为：返回对象的哈希码(int 类型的数值)。通常在重写 equals 方法的同时重写 hashCode，以保证对象的功能兼容于 hash 集合。

重写时通常遵循以下的规则：如果两个对象用 equals 方法比较的结果相同，那么这两个对象调用 hashCode()应该返回相同的整数值。

4. toString()方法

该方法的原型为：

```
public String toString()
```

该方法的功能为：返回对象的字符串表示。有了该方法，可以直接输出对象，等效于输出该方法返回的字符串。

Object 类的 toString 方法返回一个字符串，该字符串由类名、"@"和此对象哈希码的无符号十六进制数形式组成。换句话说，该方法返回一个字符串，它的值等于：

```
getClass().getName() + '@' + Integer.toHexString(hashCode())
```

同样地，如果觉得这种默认的字符串表示不直观，也可以重写 toString 方法。

接下来的案例对例 3-4 进行改进：重写 toString 方法，案例代码如例 3-18 所示。

例 3-18 Demo18.java。

```java
package cn.edu.lsnu.ch03.demo18;

class Person{
    private String name;
    private int age;
    public Person(String n, int a) {
        name = n;
        age = a;
    }
    public String toString() {
        return "[Name="+name+",Age="+age+"]";
    }
}
public class Demo18 {
    public static void main(String[] args) {
        Person p=new Person("强哥",23);
        System.out.println(p);
        //等效于:System.out.println(p.toString())
    }
}
```

例 3-18 的运行结果如图 3-22 所示。

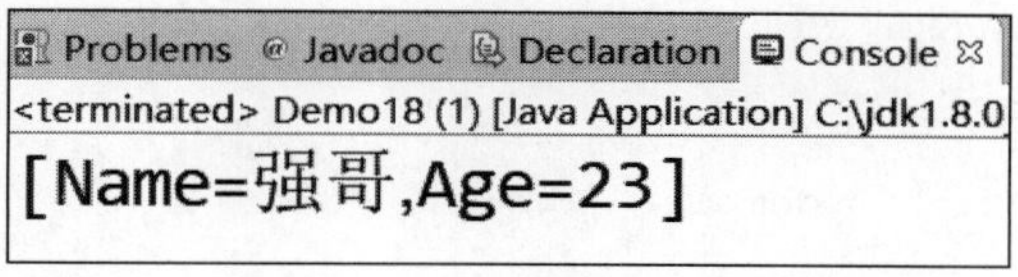

图 3-22 例 3-18 的运行结果

读者可以尝试把例 3-18 中重写的 toString 方法注释起来,程序也能运行,但输出的是类名、"@"和对象哈希码的十六进制字符串,不太直观。

3.9 final 关键字

在 Java 中,final 关键字可以用来修饰类、方法和变量(包括成员变量和局部变量),尽管在不同的场景下有细微的差别,但总体来说,都指的是"不可变的"或者"最终的"。因此,final 修饰的类、方法和变量有以下特性。

(1) final 修饰的类不能被继承,这个类的所有方法都不能被重写。
(2) final 修饰的方法不能被子类重写,但 final 方法所属的类可以有子类。
(3) final 修饰的变量是常量,只能赋值一次。

3.9.1 修饰类

当用 final 修饰一个类时,表明这个类不能被继承,final 类中的所有成员方法都会被隐式地指定为 final 方法。

之前用到的 String 就是一个 final 类,后面将要学到的 Math 类也是 final 类。

在使用 final 修饰类时,要注意谨慎选择,除非这个类真的在以后不会用来继承或者出于安全的考虑,尽量不要将类设计为 final 类。

3.9.2 修饰方法

方法前面加上 final 关键字,代表这个方法不可以被子类重写(但可以有子类),也就是 final 方法的功能不能再被更改了。如果你认为一个方法的功能已经足够完善,子类中不需要改变的话,就可以声明此方法为 final。final 方法比非 final 方法要快,因为在编译时已经静态绑定了,不需要在运行时再动态绑定。

3.9.3 修饰变量

修饰变量是 final 用得最多的地方,也是接下来要重点阐述的内容。

如果 final 修饰基本数据类型变量,该变量的值在初始化后便不能发生修改;如果 final 修饰引用类型变量,则在对其初始化之后便不能再让其指向其他对象了,但该引用所指向的对象内容是可以发生变化的。

final 修饰成员变量和局部变量有些区别:final 修饰成员变量,必须在定义时赋初值,其后不能再做任何修改了;final 修饰局部变量,允许定义时不赋初值,其后只能赋值一次。

接下来的案例是对例 3-18 进行修改,增加一个 final 成员变量和 final 局部变量,以作对比,案例代码如例 3-19 所示。

例 3-19 Demo19.java。

```java
package cn.edu.lsnu.ch03.demo19;

class Person{
    private String name;
    private int age;
    private final String country="cn";
    //final 修饰成员变量,必须在定义时赋初值
    public Person(String n, int a) {
        name = n;
        age = a;
        //country="RUS";
    }
    public void setAge(int age) {
        this.age=age;
    }
    public String toString() {
        return "[Name="+name+",Age="+age+",Country="+country+"]";
    }
}
public class Demo19 {
    public static void main(String[] args) {
        final Person p=new Person("强哥",23);
        System.out.println(p);
        //等效于 System.out.println(p.toString())
```

```
        final int num;
        //final 修饰局部变量,允许定义时不赋初值,其后只能赋值一次
        num=10;
        //num=100;
        //p=new Person("星哥",38);
        p.setAge(num);
        System.out.println(p);
    }
}
```

例 3-19 的运行结果如图 3-23 所示。

```
[Name=强哥,Age=23,Country=cn]
[Name=强哥,Age=10,Country=cn]
```

图 3-23　例 3-19 的运行结果

从运行结果可以看出,用 final 修饰了引用类型的变量 p,只是意味着 p 的值不能改变(不能再引用其他对象),但 p 所引用的对象属性值是可以改变的。另外,例 3-19 中,3 处注释起来的修改 final 变量的代码都不允许。

3.10　抽象类和接口

3.10.1　抽象方法和抽象类

在 Java 继承层次中,越上层的类越模糊,甚至可能出现一个类只知道有哪些方法,而不知道这些方法具体是什么,这时就要用到抽象方法和抽象类。比如,图形类 Shape 的 area 方法,由于图形的形状还不明确,无法计算面积,也就是还无法给出 area 方法的方法体,这时就可以把 area 方法定义为抽象方法,相应地,Shape 类就是抽象类。

抽象方法没有方法体,但必须用 abstract 关键字来声明。抽象类是含有抽象方法的类,抽象类也要用 abstract 关键字来声明。

抽象类是不完整的,其特征有以下几个。

① 不可被实例化。

② 抽象类必须被继承,而且子类要重写抽象类中继承下来的所有抽象方法;否则,子类依然是抽象类。

③ 抽象类也可以有构造器。

④ 抽象方法所在的类一定是抽象类,而抽象类可以没有抽象方法。

接下来通过一个案例来学习抽象方法和抽象类,案例代码如例 3-20 所示。

例 3-20　Demo20.java。

```
package cn.edu.lsnu.ch03.demo20;

abstract class Shape{
```

```java
    public Shape() {
        
    }
    public abstract double area();
}
class Square extends Shape{
    private double weight;
    private double heigth;
    public Square(double x,double y) {
        this.weight=x;
        this.heigth=y;
    }
    public double area() {
        return this.weight * this.heigth;
    }
}
public class Demo20 {
    public static void main(String[] args) {
        Square s=new Square(2.2,3.3);
        System.out.println("圆的面积是："+s.area());
    }
}
```

例 3-20 的运行结果如图 3-24 所示。

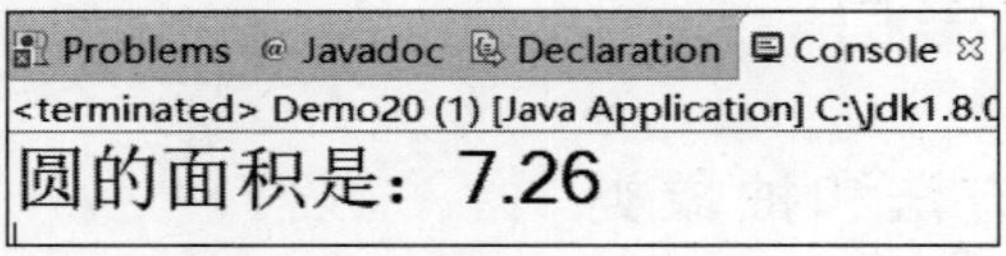

图 3-24　例 3-20 的运行结果

3.10.2　接口

接口是一种特殊的抽象类。早期的 JDK 版本中，接口中的所有方法都是抽象方法，它将抽象进行得更彻底。但从 JDK 1.8 开始，接口中除了抽象方法外，还可以有默认方法和静态方法。默认方法使用 default 修饰，静态方法使用 static 修饰，并且这两种方法都必须有方法体。

1. 接口与类的相似点

（1）一个接口可以有多个方法。

（2）接口文件保存在以 .java 结尾的文件中，文件名使用接口名。

（3）接口的字节码文件保存在以 .class 结尾的文件中。

（4）接口相应的字节码文件必须在与包名称相匹配的目录结构中。

（5）接口也可以派生出子接口，子接口也是通过 extends 关键字来继承父接口。

2. 接口与类的区别

（1）接口不能用于实例化对象。

（2）接口没有构造方法，也没有构造代码块或静态代码块。

（3）接口中的成员变量，都是 public、static 和 final 特性的，因此，定义接口中的成员变量时，可以省去 public、static 和 final 关键字。

（4）接口中的方法，都是 public 特性的，因此，定义接口中的方法时，可以省去 public 关键字。

（5）接口不是被类继承了，而是要被类实现，实现了接口的类通常称为实现类。

（6）接口支持多继承，即实现类可以同时实现多个接口。

定义接口用 interface 关键字，定义接口的实现类用 implements 关键字。

接下来的案例展示接口的定义及实现，案例代码如例 3-21 所示。

例 3-21 Demo21.java。

```java
package cn.edu.lsnu.ch03.demo21;

interface FlyAnimal{
    void fly();
}
class Insect {
    private int legnums;
    public Insect(int leg) {
        this.legnums=leg;
    }
}
abstract class Bird {
    int legnums;
    public Bird(int leg) {
        this.legnums=leg;
    }
    public abstract void egg();
}
class Ant extends Insect implements FlyAnimal {
    public Ant(int leg) {
        super(leg);
    }
    public void fly(){
        System.out.println("Ant can fly");
    }
}
class Pigeon extends Bird implements FlyAnimal {
    public Pigeon(int leg) {
        super(leg);
    }
    public void fly(){
        System.out.println("pigeon can fly");
    }
    public void egg(){
        System.out.println("pigeon can lay eggs");
    }
}
public class Demo21 {
    public static void main(String[] args) {
```

```
            Ant ant=new Ant(6);
            ant.fly();
            Pigeon pigeon=new Pigeon(2);
            pigeon.fly();
            pigeon.egg();
        }
    }
```

例 3-21 的运行结果如图 3-25 所示。

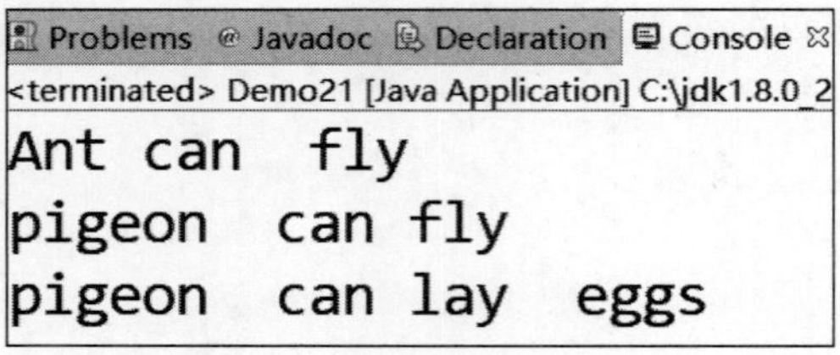

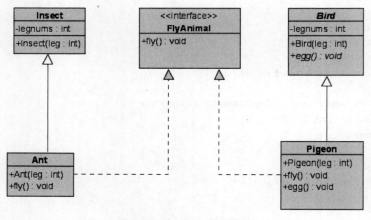

图 3-25　例 3-21 的运行结果

在例 3-21 中，FlyAnimal 是一个接口，其中包含一个抽象方法 fly。该接口有 2 个实现类，即 Ant 和 Pigeon，这 2 个实现类都重写了 fly 方法。同时，这 2 个实现类都还有各自的父类。

例 3-21 中各类、接口之间的关系可以建模为图 3-26 所示的类图。

图 3-26　例 3-21 中的类图

在图 3-26 中，表示子类继承父类和实现类实现接口的符号分别如图 3-27 和图 3-28 所示。

图 3-27　表示继承的符号　　　　　图 3-28　表示实现接口的符号

3.11 多态

前面已学习了面向对象的封装和继承特性,本节将学习面向对象的最后一个特性——多态。

3.11.1 多态概述

多态是同一个行为具有多种不同表现形式或形态的能力。

多态就是同一个接口,使用不同的实例执行不同的操作。如图 3-29 所示,不同打印机的打印功能略有不同。

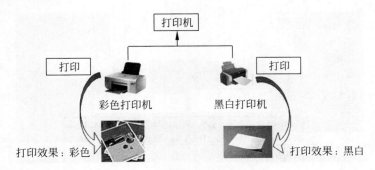

图 3-29 打印机的多态体现

1. 多态的优点

(1) 动态绑定性。执行期间判断所引用对象的实际类型,根据实际的类型调用相应的方法,从而消除类型之间的耦合关系。

(2) 可扩充性。多态对代码具有可扩充性。增加新的子类不影响已存在类的多态性、继承性以及其他特性的运行和操作。

(3) 接口性。多态是超类通过方法签名,向子类提供了一个共同接口,由子类来完善或者覆盖它而实现的。

(4) 灵活性。它在应用中体现了灵活多样的操作,提高了使用效率。

(5) 简化性。多态简化了对应用软件的代码编写和修改过程。

2. 多态存在的 3 个必要条件

(1) 要有继承。

(2) 要有重写。

(3) 父类引用指向子类对象。

接下来通过一个案例来演示多态性,案例代码如例 3-22 所示。

例 3-22 Demo22.java。

```
package cn.edu.lsnu.ch03.demo22;

abstract class Animal{
    public abstract void shout();
}
```

```java
class Cat extends Animal{
    public void shout() {
        System.out.println("喵喵......");
    }
}
class Dog extends Animal{
    public void shout() {
        System.out.println("汪汪......");
    }
}
public class Demo22 {
    public static void main(String[] args) {
        Animal animal=new Cat();
        animal.shout();
        animal=new Dog();
        animal.shout();
    }
}
```

例 3-22 的运行结果如图 3-30 所示。

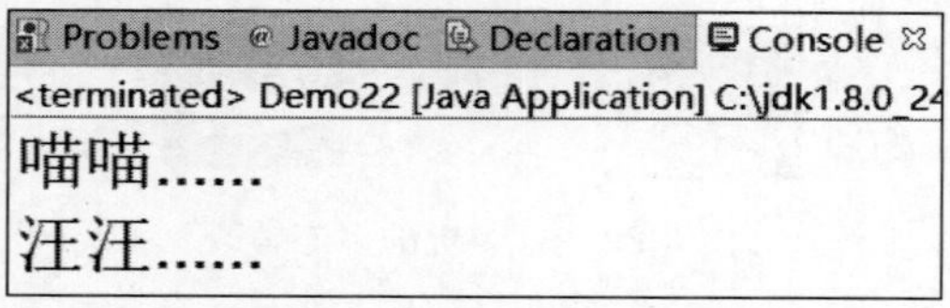

图 3-30　例 3-22 的运行结果

在例 3-22 中，main 函数用 2 次同样的方法调用(animal.shout())，调用的依次是 Cat 类的 shout 方法和 Dog 类的 shout 方法，这就是多态性的体现：执行哪个方法，并不是由引用的类型决定，故不能静态绑定；而是由引用所指向的对象类型决定，所以必须要等到执行时才能确定，这就是动态绑定。

3.11.2　对象的类型转换

在前面的学习中已经知道，基本类型的数据之间有自动类型转换和强制类型转换，有了继承后，父类对象和子类对象之间也可以有自动类型转换和强制类型转换。

1. 自动类型转换

自动类型转换也叫向上转型，本质是父类的引用指向了子类的对象，语法格式：

父类类型 引用名 = new 子类类型();

如例 3-22 中的 Animal animal＝new Cat()。

特点如下。

① 编译看左边，运行看右边。

② 最终运行结果看子类的具体实现。

③ 可以调用父类类型中的所有成员，但不能调用子类类型中的特有成员！

2. 强制类型转换

强制类型转换也叫向下转型,语法格式:

子类类型 引用名 = (子类类型)父类引用;

特点如下。

① 只能强转父类的引用,不能强转父类的对象。
② 要求父类的引用必须指向的是当前目标类型的对象。
③ 可以调用子类类型中所有的成员。

接下来通过一个案例来展示对象之间的类型转换,案例代码如例 3-23 所示。

例 3-23 Demo23.java。

```java
package cn.edu.lsnu.ch03.demo23;

abstract class Animal{
    public abstract void shout();
}
class Cat extends Animal{
    public void shout() {
        System.out.println("喵喵......");
    }
}
class Dog extends Animal{
    public void shout() {
        System.out.println("汪汪......");
    }
}
public class Demo23 {
    public static void main(String[] args) {
        Cat cat;
        Animal animal=new Cat();        //向上转型
        animal.shout();
        cat=(Cat)animal;                //可以这样向下转型

        animal=new Dog();               //向上转型
        animal.shout();
        cat=(Cat)animal;                //不可以这样向下转型!!
    }
}
```

例 3-23 的运行结果如图 3-31 所示。

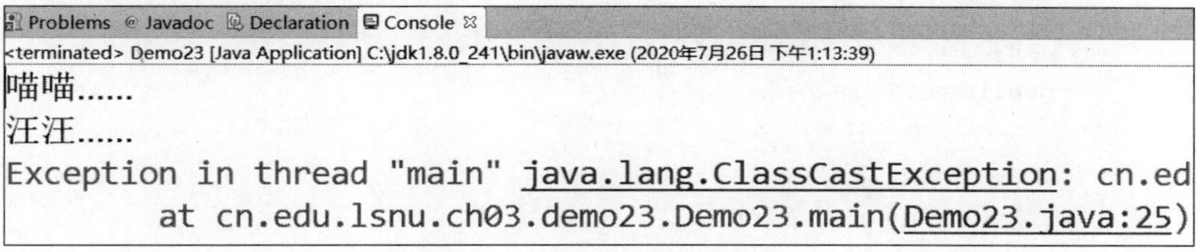

```
Problems  @ Javadoc  Declaration  Console ⊠
<terminated> Demo23 [Java Application] C:\jdk1.8.0_241\bin\javaw.exe (2020年7月26日 下午1:13:39)
喵喵......
汪汪......
Exception in thread "main" java.lang.ClassCastException: cn.ed
        at cn.edu.lsnu.ch03.demo23.Demo23.main(Demo23.java:25)
```

图 3-31 例 3-23 的运行结果

例 3-23 的运行结果中除了有 2 次 shout 方法的输出外,还多了一部分内容,这是后面将要学习的异常。这是程序的第 25 行发生了 ClassCastException 异常,即类型转换不兼容异常,因为第 25 行代码中 animal 引用的是 Dog 类型的对象,向下转型试图将其转换为 Cat 类型,这就发生了类型不兼容异常。

为了避免这种异常的发生,通常在向下转型之前先做一次判断,以确定引用的对象是否是向下转型的目标类型。Java 提供 instanceof 关键字做这样的判断,其语法格式为:

引用类型变量 instanceof 目标类型

如果引用类型变量引用的确实是目标类型的对象,则返回 true;否则,返回 false。

因此,例 3-23 中"cat=(Cat)animal;"代码可改写为:

```
if(animal instanceof Cat) cat=(Cat)animal;
```

这样改写后,判断结果为 false,不再执行向下转型。

3.12　内部类

在前面的学习中,Java 类中的成员要么是变量(属性),要么是函数(方法),此外,还可以将一个类定义在另一个类里面或者一个方法里面,这样的类称为内部类。根据内部类的位置、修饰符和定义方式的不同,内部类可以分为 4 种形式,即成员内部类、局部内部类、静态内部类和匿名内部类。下面逐一讲解这 4 种内部类的用法。

3.12.1　成员内部类

成员内部类是最普通的内部类,它的定义位于另一个类的内部,这时,内部类是外部类的一个成员,故称为成员内部类。成员内部类既可以访问成员内部类自己的属性和方法,也可以访问外部类的属性和方法。成员内部类与属性或方法成员一样,可以有 4 种访问权限修饰符,即 public、protected、private、default。

接下来通过一个案例来学习成员内部类的定义和使用,案例代码如例 3-24 所示。

例 3-24　Demo24.java。

```
package cn.edu.lsnu.ch03.demo24;

class Circle {
    private double radius;
    public Circle(double radius) {
        this.radius = radius;
    }
    class Draw {          //成员内部类
        public void drawShape() {
            System.out.println("画一个半径为 "+radius+" 的圆.");
        }
    }
}
public class Demo24 {
    public static void main(String[] args) {
```

```
        Circle.Draw d=new Circle(2.3).new Draw();
        d.drawShape();
    }
}
```

例 3-24 的运行结果如图 3-32 所示。

在例 3-24 中，内部类直接访问外部类的私有属性。要创建内部类的对象，需要先创建外部类的对象，即创建内部类对象的语法格式如下：

图 3-32　例 3-24 的运行结果

外部类名.内部类名 引用名=new 外部类名(实参列表).new 内部类名(实参列表);

不过要注意的是，当成员内部类拥有和外部类同名的属性或者方法时，会发生隐藏现象，即默认情况下访问的是成员内部类的成员。如果要访问外部类的同名成员，需要以下面的形式进行访问：

外部类.this.成员

这种同名的情况，留给读者去验证。

3.12.2　局部内部类

局部内部类是定义在一个方法或者一个代码块里面的类，它和成员内部类的区别在于局部内部类的访问仅限于方法内或者该代码块内。

局部内部类中既可以访问外部类的成员，也可以访问内部类的成员，而只有在包含局部内部类的代码块中才能访问内部类的成员。

接下来通过一个案例来学习局部内部类的定义和使用，案例代码如例 3-25 所示。

例 3-25　Demo25.java。

```java
package cn.edu.lsnu.ch03.demo25;

public class Demo25 {
    private int n=20;            //外部类的属性
    public void fun() {
        class Inner{             //局部内部类
            private int a=5;     //内部类的属性
            public void show() {
                System.out.println("局部内部类访问自己类的属性："+a);
                System.out.println("局部内部类访问外部类的属性："+n);
            }
        }
        Inner in=new Inner();
        in.show();
        System.out.println("外部类访问外部类的属性："+n);
    }
    public static void main(String[] args) {
        new Demo25().fun();
    }
}
```

例 3-25 的运行结果如图 3-33 所示。

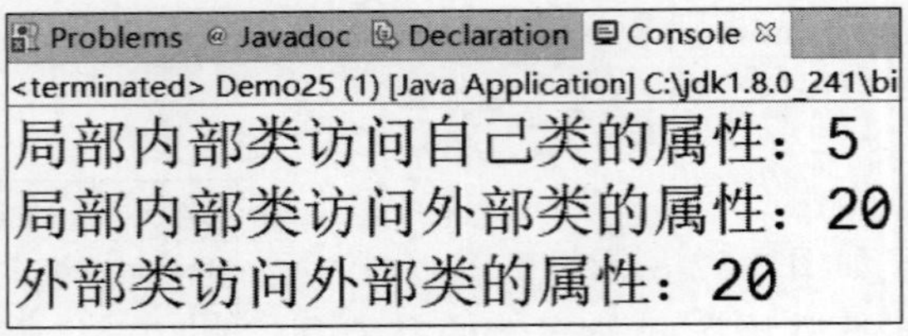

```
局部内部类访问自己类的属性: 5
局部内部类访问外部类的属性: 20
外部类访问外部类的属性: 20
```

图 3-33 例 3-25 的运行结果

注意：局部内部类就像是方法或代码块里的一个局部变量，因此，不能有 public、protected、private 及 static 修饰符，可以有 abstract 和 final 修饰符。

3.12.3 静态内部类

静态内部类就是前面的成员内部类再增加 static 关键字来修饰。静态内部类只能直接访问外部类的 static 成员。另外，与其他静态成员类似，访问静态内部类时，可以不必创建外部类的对象。

接下来的案例把例 3-24 中的内部类增加 static 修饰符，案例代码如例 3-26 所示。

例 3-26 Demo26.java。

```java
package cn.edu.lsnu.ch03.demo26;

class Circle {
    private double radius;
    public Circle(double radius) {
        this.radius = radius;
    }
    static class Draw {   //成员内部类
        public void drawSahpe() {
            System.out.println("画一个圆.");
        }
    }
}
public class Demo26 {
    public static void main(String[] args) {
        Circle.Draw d=new Circle.Draw();
        d.drawSahpe();
    }
}
```

例 3-26 的运行结果如图 3-34 所示。

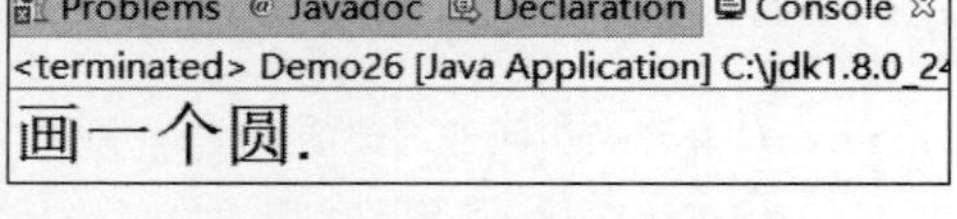

```
画一个圆.
```

图 3-34 例 3-26 的运行结果

创建静态内部类对象的语法格式如下：

外部类名.静态内部类名 引用名=new 外部类名.静态内部类名(实参列表);

3.12.4 匿名内部类

匿名内部类其实就是没有名字的内部类,特别适合于创建那种只需要使用一次的类,可以简化代码。定义匿名内部类的语法格式如下:

```
new 父类名(实参列表) |接口名()
{
    //匿名内部类的类体部分,在类体中重写所有的抽象方法
}
```

从上面的定义可以看出,匿名内部类必须继承一个父类或实现一个接口,但最多只能继承一个父类或实现一个接口。需注意以下两条规则。

① 匿名内部类不能是抽象类。

② 匿名内部类不能定义构造器。由于匿名内部类没有类名,所以无法定义构造器,但匿名内部类可以有初始化块,并通过初始化块来完成构造器需要完成的工作。

接下来通过一个案例来演示匿名内部类的定义和使用,案例代码如例 3-27 所示。

例 3-27 Demo27.java。

```java
package cn.edu.lsnu.ch03.demo27;

interface Product{
    public double getPrice();
    public String getName();
}
public class Demo27 {
    public static void test(Product p){
        System.out.println("购买了一台" + p.getName()
            + ",花掉了" + p.getPrice()+"元.");
    }
    public static void main(String[] args) {
        test(new Product() {
            public double getPrice() {
                return 4899;
            }
            public String getName() {
                return "笔记本电脑";
            }
        });
    }
}
```

例 3-27 的运行结果如图 3-35 所示。

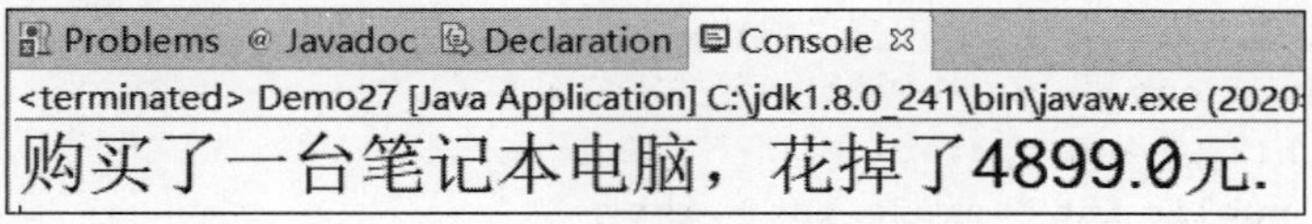

```
购买了一台笔记本电脑,花掉了4899.0元.
```

图 3-35 例 3-27 的运行结果

3.13 JDK 8 的 Lambda 表达式

Lambda 表达式是 JDK 1.8 中增加的一个特性,这种表达式主要用于只有一个抽象方法的接口(又称为函数式接口)的实现,它允许把函数式接口作为一个方法的参数(函数式接口类型的参数),使用 Lambda 表达式可以使代码变得更加简洁、紧凑。

Lambda 表达式的语法格式如下:

([数据类型 参数名1,数据类型 参数名2,…]) -> {表达式主体}

Lambda 表达式的几点说明如下。

① 类型声明可选:不需要声明参数类型,编译器可以统一识别参数值。

② 参数圆括号可选:一个参数无须定义圆括号,但多个参数需要定义圆括号。

③ 大括号可选:如果表达式主体只包含一条语句,就不需要使用大括号。

④ return 关键字可选:如果表达式主体只有一个表达式返回值,则编译器会自动返回值,大括号需要指明表达式返回了一个数值。

下面是 Lambda 表达式的简单例子。

① () -> 5:不需要参数,返回值为 5。

② x-> 2 * x:接收一个参数,返回其 2 倍的值。

③ (int x, int y)-> x+y:接收 2 个 int 型整数,返回它们的和。

④ (x, y)-> x—y:接收 2 个参数,省略类型,并返回它们的差值。

⑤ (String s)-> System.out.print(s):接收一个 String 对象,并在控制台打印,不返回任何值。

接下来通过一个案例来演示 Lambda 表达式,并与匿名内部类进行对比,案例代码如例 3-28 所示。

例 3-28 Demo28.java。

```java
package cn.edu.lsnu.ch03.demo28;

interface Operation{
    //函数式接口:只有 1 个抽象方法
    int operate(int x, int y);
}
public class Demo28 {
    //函数式接口作形参
    public static int fun(int a, int b, Operation op) {
        return op.operate(a, b);
    }
    public static void main(String[] args) {
        //1.匿名内部类对象作实参
        System.out.println("匿名内部类对象作实参: 23 + 8 = "
        + fun(23, 8, new Operation() {
            public int operate(int x, int y) {
                return x+y;
            }
```

```
    }));
    //2.Lambda 表达式作实参
    System.out.println("Lambda 表达式作实参: 23 + 8 = "
    + fun(23,8,(x,y)->x+y));
    }
}
```

例 3-28 的运行结果如图 3-36 所示。

图 3-36　例 3-28 的运行结果

例 3-28 对比了匿名内部类对象和 Lambda 表达式作实参传递给方法,可以发现,用 Lambda 表达式作实参可使代码更简洁。

3.14　异常

在前面的学习中已经接触到异常的现象了,如数组下标越界、不合理的向下转型等。本节将详细介绍 Java 的异常机制。

3.14.1　异常概述

1. 异常的概念

异常是程序运行时发生的错误,如数组下标越界、除数为 0。当异常发生后,程序的运行将被中断。

程序错误分为 3 种,即语法错误、运行时错误和逻辑错误。

(1) 语法错误是因为程序没有遵循 Java 的语法规则,编译器发现并且提示错误的原因和位置,这也是大家在刚接触编程语言时最常遇到的错误。必须改正所有的语法错误,程序才能运行。

(2) 运行时错误是指程序运行时发生错误,也就是异常。异常信息中也包含了发生错误的原因和位置,可根据异常信息对异常进行处理和控制,使程序得以继续运行。Java 以异常类的形式对这些异常信息进行了封装。

(3) 逻辑错误是指程序没有按照预期的逻辑顺序执行或没有得到预期的结果。逻辑错误没有任何提示信息,是最难改正的错误。

接下来通过一个案例来认识异常,案例代码如例 3-29 所示。

例 3-29　Demo29.java。

```
package cn.edu.lsnu.ch03.demo29;

public class Demo29 {
    public static int divide(int x,int y) {
```

```
        return x/y;
    }
    public static void main(String[] args) {
        int a=25,b=0;
        int num=divide(a,b);
        System.out.println(a+"/"+b+"="+num);
    }
}
```

例 3-29 的运行结果如图 3-37 所示。

```
Exception in thread "main" java.lang.ArithmeticException: / by zero
    at cn.edu.lsnu.ch03.demo29.Demo29.divide(Demo29.java:5)
    at cn.edu.lsnu.ch03.demo29.Demo29.main(Demo29.java:9)
```

图 3-37　例 3-29 的运行结果

从图 3-37 中可以看出，程序的执行被中断了，这是因为发生了异常：异常种类是 ArithmeticException(算术异常)；异常的原因是"/by zero"(被 0 除)；异常相关的位置有 2 个，第 5 行和第 9 行，先执行第 9 行，调用 divide()方法，传入实参 25 和 0，在执行 divide()方法时，出现了被 0 除的错误。异常发生后，程序立即终止了。

2. 异常体系结构

例 3-29 发生的是 ArithmeticException 异常，这只是 Java 异常类中的一种，此外，Java 还有大量的异常类，这些类都继承自 java.lang.Throwable 类。异常类的继承体系如图 3-38 所示。

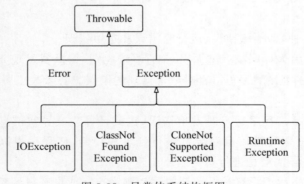

图 3-38　异常体系结构框图

从图 3-38 中可以看出，Throwable 类有 2 个直接子类，即 Error 和 Exception。

(1) Error 类：称为错误类，代表程序运行时产生的错误，这些错误是比较严重的，如系统崩溃、资源耗尽等，这些错误仅靠修改程序已不能恢复。

(2) Exception 类：称为异常类，它表示程序本身可以处理的运行时错误。通常所说的 Java 异常处理，都是针对 Exception 类及其子类。在 Exception 类的众多子类中，

RuntimeException 类与其他子类都不同,这个类及其子类用于表示运行时异常,而其他类都用于表示编译时异常。

3. Throwable 类的常用方法

如前所述,Throwable 类是 Java 语言中所有错误或异常的超类,为了方便后续学习,接下来介绍 Throwable 类的几个常用方法。

(1) printStackTrace 方法。

该方法将此 Throwable 及其追踪输出到显示器,表现为以堆栈的方式报告异常涉及的代码行。该方法的声明为:

```
public void printStackTrace()
```

(2) getMessage 方法。

该方法返回此 Throwable 的详细信息字符串。该方法的声明为:

```
public String getMessage()
```

3.14.2 异常的类型

根据异常产生的时机,可以将异常分为编译时异常和运行时异常两种。接下来分别对这两种异常进行详细讲解。

1. 编译时异常

编译时异常又称为 checked 异常,这些异常产生在编译时期,Java 编译器会发现编译时异常,并要求必须进行处理,这样才能通过编译,进而运行程序。

图 3-38 所示的 Exception 的子类中,除了 RuntimeException 类及其子类外,其他子类都是编译时异常。

处理编译时异常有捕获和声明两种方式,3.14.3 节将详细进行介绍。

2. 运行时异常

运行时异常又称为 unchecked 异常,这些异常产生在运行时期,这些异常即使不处理,也能通过编译运行程序,但程序运行过程中将被中断。

在图 3-38 中,RuntimeException 类及其子类都是运行时异常,运行时异常也建议进行处理。在 Java 中,常见的运行时异常有多种,如表 3-1 所示。

表 3-1 常见的运行时异常类

异常类名称	异常类说明	异常类名称	异常类说明
ArithmeticException	算术运算异常	NumberFormatException	数字格式异常
NullPointerException	空指针引用异常	ClassCastException	类型强制转换异常
IndexOutOfBoundsException	下标越界异常	IllegalArgumentException	传递非法参数异常

3.14.3 异常处理的机制

如前所述,无论是编译时异常还是运行时异常,都需要进行处理:编译时异常必须处理,否则无法通过编译;运行时异常也提倡处理,否则程序的运行将被中断。

Java 引入异常机制来处理这些异常。异常机制是指当程序发生异常后,程序如何处理。具体地说,异常机制以类的形式对异常进行封装,即异常类,同时提供了程序退出的安全通道。当出现异常后,某个异常类的对象被创建,程序执行的流程也发生改变,根据异常的种类,将程序的控制权转移到相应的异常处理器,异常处理器运行完后,程序可以继续运行。

Java 有两种处理异常的方式,即捕获异常和声明异常。

1. 捕获异常

Java 使用 try...catch...finally 结构来捕获异常,其语法格式如下:

```
try{
    //可能发生异常的代码块
}catch(Exception 类或其子类 参数){
    //针对异常进行处理的代码块
}finally{
    //释放资源的代码块
}
```

说明如下。

(1) 完整的语法结构包含 3 个语句块,即 try 块、catch 块、finally 块,但可以省去 catch 块或 finally 块,即 try...catch 或 try...finally。

(2) try...catch...finally 结构的执行流程如图 3-39 所示。

图 3-39 try...catch...finally 结构的执行流程框图

(3) 当 try 块中的代码发生异常时,系统会将所发生异常的信息封装成一个异常对象,并根据异常对象的类型将这个异常对象传递给 catch 块中的参数,因此,catch 块中参数的类型必须与 try 块中抛出的异常对象的类型兼容,最好完全一致。

(4) try 块中的代码可能抛出多种异常,这时需要多个 catch 块进行捕获,即一个 catch 块只能捕获一种异常。

(5) 如果 try 块中的多种异常是同级关系,那么多个 catch 块谁先谁后没有关系。但如果多种异常之间存在继承关系,则上层父类异常需要放在后面。因此,极端情况下可以不管 try 块中异常的种类,简单粗暴地用 RuntimeException 甚至 Exception 去匹配发生的任何运行时异常。

(6) finally 块中的代码无论是否发生异常,都一定会执行,因此,通常是释放资源的代码。

接下来通过一个案例来演示 try...catch...finally 结构,案例代码如例 3-30 所示。

例 3-30 Demo30.java。

```
package cn.edu.lsnu.ch03.demo30;
```

```java
public class Demo30 {
    public static void main(String[] args) {
        int arr[]= new int[5];
        try {
            arr[5]=23;
            System.out.println(23/arr[arr.length - 1]);
        }catch(IndexOutOfBoundsException e) {
            System.out.println("数组下标越界!");
        }catch(ArithmeticException e) {
            e.printStackTrace();
        }finally {
            System.out.println("finally 代码块被执行!");
        }
    }
}
```

例 3-30 的运行结果如图 3-40 所示。

图 3-40　例 3-30 的运行结果

从运行结果可以看出，例 3-30 的第 6 行代码（arr[5]=23）发生了数组下标越界的异常，故执行第一个 catch 块，执行完这个 catch 块后，接着执行 finally 块，而 try 块中剩下的代码和其他 catch 块都被跳过了。

读者也可以尝试把第 6 行代码注释起来，可验证发生算术异常的情况；还可以尝试把 IndexOutOfBoundsException 改成 RuntimeException 或 Exception，验证多个 catch 块时，不能先父类异常，后子类异常。

2. 声明异常

当一个方法可能产生一种或多种它不处理的异常时，可以在该方法的头部声明这些异常。这些声明的异常由上级调用者处理，上级调用者可以进行处理或继续声明更广泛的异常。一直向上传递，如果 main 方法也不知道如何处理异常，还可以继续声明异常，那么该异常就会交给 JVM 处理。JVM 将打印异常的跟踪栈信息，并终止程序运行。

Java 使用 throws 关键字在方法的头部声明异常，其具体格式如下：

```
返回类型 方法名(形参列表) throws Exception1,Exception2,…{
    //方法体
}
```

其中，Exception1,Exception2,… 表示异常类。如果有多个异常类，它们之间用逗号分隔。

接下来通过一个案例来演示 throws 关键字的用法，案例代码如例 3-31 所示。

例 3-31　Demo31.java。

```java
package cn.edu.lsnu.ch03.demo31;

public class Demo31 {
    public static int fun(int a, int b) throws
IndexOutOfBoundsException, ArithmeticException {
        int arr[]=new int[8];
        arr[8]=23;
        return a/b;
    }
    public static void main(String[] args) {
        try {
            int result=fun(5,0);
            System.out.println("Result="+result);
        }catch(IndexOutOfBoundsException e) {
            System.out.println("数组下标越界!");
        }catch(ArithmeticException e) {
            e.printStackTrace();
        }finally {
            System.out.println("finally代码块被执行!");
        }
    }
}
```

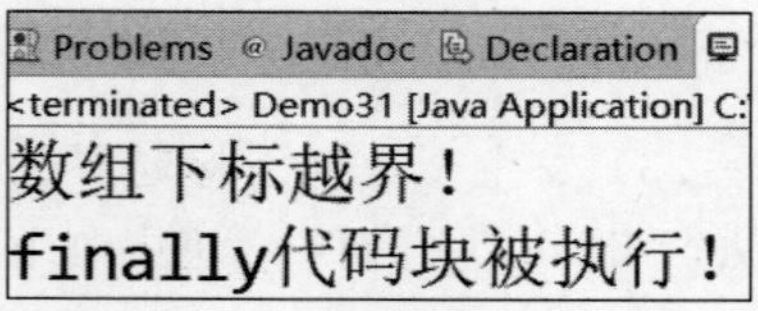

例 3-31 的运行结果如图 3-41 所示。

例 3-31 中，fun 方法声明了 2 种类型的异常，即 IndexOutOfBoundsException 和 ArithmeticException，当前发生了数组下标越界的异常，读者也可以尝试将 fun 方法中的下标改为合法下标，则将发生算术运算异常。另外，读者也可以尝试在 main 方法中不处理异常，继续像 fun 方法一样声明异常，这样程序就都没有处理异常，就只能留给 JVM 去处理了。

图 3-41　例 3-31 的运行结果

注意：例 3-31 中 fun 方法声明的都是运行时异常，因此，在 main 方法中可以不处理或声明。如果改为声明 Exception 或其他编译时异常，则会要求 main 方法必须处理或声明，方能通过编译。

3.14.4　抛出异常

除了可以通过 throws 关键字声明异常外，还可以使用 throw 关键字抛出异常。throws 和 throw 的区别如下。

1. throws

用在方法声明后面，跟的是异常类名；可以跟多个异常类名，用逗号隔开；表示声明异常，由该方法的调用者来处理；throws 表示出现异常的一种可能性，并不一定会发生这些异常。

2. throw

用在方法体内，跟的是异常对象，实实在在抛出了一个异常对象；只能抛出一个异常对象。

接下来通过一个案例来演示 throw 的用法,案例代码如例 3-32 所示。

例 3-32　Demo32.java。

```java
package cn.edu.lsnu.ch03.demo32;

public class Demo32 {
    public static int divide(int x, int y) {
        if(y==0) throw new ArithmeticException("除数为 0!");
        return x/y;
    }
    public static void main(String[] args) {
        int a=5,b=0;
        try {
            System.out.println(a+"/"+b+"="+divide(a,b));
        }catch(Exception e) {
            System.out.println(e.getMessage());
        }
    }
}
```

在例 3-32 中,当传递给 divide 方法 y 参数的值为 0 时,通过 throw 关键字抛出了一个算术异常对象,该对象封装了特有的提示信息,同时,该对象通过异常处理机制传递给 main 方法的 catch 块。

图 3-42　例 3-32 的运行结果

3.14.5　自定义异常

虽然 Java 语言已经定义了大量的异常类,但这些异常类还是难以满足程序开发中特有的需求,为此,允许用户自定义异常类。自定义的异常类必须继承自 Exception 或其子类,建议继承自运行时异常类,即 RuntimeException 或其子类。

接下来通过一个案例来演示自定义异常的用法,案例代码如例 3-33 所示。

例 3-33　Demo33.java。

```java
package cn.edu.lsnu.ch03.demo33;

class BankException extends RuntimeException {
    private String message;
    public BankException(int m, int n) {              //构造方法,给 message 赋值
        super();
        message="收支信息异常: 收入:"+m+",支出:"+n;
    }
    public String getMessage() {                      //重写 getMessage 方法
        return message;
    }
}
class Bank {
    private int balance=0;
    public void income(int in, int out) throws BankException{
```

```java
        if(in<0||out>0||in+out<0) {
            throw new BankException(in,out);    //使用throw抛出异常类的对象
        }
        int money=in+out;
        System.out.println("收入:"+in+",支出: "+out+"。余额: "+money);
        balance+=money;
    }
    public int getbalance() {
        return balance;
    }
}
public class Demo33 {
    public static void main(String[] args) {
        Bank bank=new Bank();
        try {
            bank.income(300, -200);
            bank.income(100, 300);
        }catch(BankException e) {
            System.out.println(e.getMessage());
        }
    }
}
```

例 3-33 的运行结果如图 3-43 所示。

图 3-43 例 3-33 的运行结果

在例 3-33 中，BankException 是自定义的异常类，该类通过重写的 getMessage 方法返回不正常的收支信息。Bank 类监测到不正常的收支数据时，抛出自定义的异常对象。

本章小结

本章详细讲解了面向对象的基础知识。首先讲解了面向对象的思想，然后讲解了类与对象之间的关系，接着讲解了方法的重载、构造方法、this 关键字的使用、static 关键字的使用。在此基础上，讲解了面向对象的继承、多态特性以及 final 关键字的使用、抽象类和接口、内部类，最后讲解了 Java 的异常机制。

习题 3

3-1 设计一个学生类，其属性有学号、姓名、性别、班级，按照封装要求，将这些属性都定义为私有并为这些属性设计读/写方法。重载无参数的构造方法和可以初始化 4 个属性的带参数的构造方法。增加 show 方法，打印学生信息并计算已经创建学生对象的数

目。编写一个程序测试这个类。

3-2 实现一个名为 Person 的类及其子类 Employee，Employee 有两个子类，即 Faculty 和 Staff。具体要求如下：

(1) Person 类中的属性有：姓名 name(String 类型)、地址 address(String 类型)、电话号码 telephone(String 类型)和电子邮件地址 email(String 类型)。

(2) Employee 类中的属性有：办公室 office(String 类型)、工资 wage(double 类型)、受雇日期 hiredate(String 类型)。

(3) Faculty 类中的属性有：学位 degree(String 类型)、级别 level(String 类型)。

(4) Staff 类中的属性有：职务称号 duty(String 类型)。

3-3 可以移动的有生命的实体都称为动物(Animal)，动物有属性：生命值(healthPoint)和名称(name)；人(Person)、鱼(Fish)和鸟(Bird)都是动物，人有属性：职业(Profession)，鱼有属性是否淡水鱼(isFreshWater)，鸟有属性是否候鸟(isVisitant)；船(Ship)有属性是否货船(isCargo)，飞机(Plane)有属性是否无人机(isDrone)；鱼和船都是可以在水上游行的(Swimmable)，有共同的方法 swim()，表明其游行或航行的速度；鸟和飞机都是可以在天上飞的(Flyable)，有共同的方法 fly()，表明其飞行的高度。请使用面向对象的思想和方法，设计出相应的 Java 类和接口来表示前面的世界，并编写相应的主方法 main()来完成代码测试。

3-4 自定义异常类(NoThisSongException)，表示播放时找不到所需歌曲。自定义播放器类(Player)，播放器有一个接收歌曲编号的播放方法：void play(int)。该方法只能播放不超过 10 首歌曲；否则将抛出找不到歌曲的异常。在测试类中测试正常播放歌曲和找不到歌曲两种情况。

第 4 章

Java 提供了丰富的基础类库,通过这些类库可以提高软件开发的效率,降低开发难度。本章将详细介绍处理字符串、数学运算以及时间和日期功能的类。

4.1 字符串类

字符串是指一连串的字符,这些字符必须包含在一对英文双引号("")中,例如"Hello World"。Java 基础类库中有 3 个类封装了字符串,并提供一系列处理字符串的方法。这 3 个类是 String、StringBuilder 和 StringBuffer。字符串中每个字符有其索引,索引从 0 开始,最后一个字符的索引为字符串长度−1。

4.1.1 String 类的初始化

一个字符串也是一个对象,在操作字符串之前,也需要先进行初始化。Java 中有两种初始化字符串的方式。

1. 使用字符串常量直接初始化

语法格式:

String 引用名=字符串;

例如:

```
String str1=null;           //初始化为空
String str2="";             //初始化为空字符串
String str3="Java";         //初始化为"Java","Java"是字符串常量
```

2. 使用 String 类的构造方法初始化

语法格式:

String 引用名=new String(实参列表);

String 类中包含了 10 多个构造方法,比较常用的几个如表 4-1 所示。

表 4-1 String 类常用的构造方法

方 法 声 明	功 能 描 述
String()	创建一个内容为空的字符串
String(String s)	根据指定的字符串内容创建字符串
String(char [] s)	根据指定的字符数组创建字符串

例如：

```
String s1=new String();              //创建一个空的字符串
String s2=new String("构造方法");    //创建一个内容为"构造方法"的字符串
char ch[]=new char[]{'c','o','n','s','t' };
String s3=new String(ch);            //创建一个内容为字符数组的字符串
```

4.1.2 String 类的常用操作

1. 获取

String 类中提供了一组获取方法，如获取字符串的长度、获取特定索引处的字符、获取部分子串等，这些方法如表 4-2 所示。

表 4-2 String 类中的获取方法

方法声明	功能描述
int length()	获取字符串的长度
char charAt(int index)	获取指定索引处的字符
String substring(int beginIndex)	获取从指定索引处开始到结尾的子字符串
String substring(int beginIndex, int endIndex)	获取从索引 beginIndex 处开始，直到索引 endIndex－1 处之间的子字符串

接下来通过一个案例来学习这些获取方法的使用，案例代码如例 4-1 所示。

例 4-1 Demo01.java。

```java
package cn.edu.lsnu.ch04.demo01;

public class Demo01 {
    public static void main(String[] args) {
        String s = "javascriptjavascript";
        int len=s.length();
        System.out.println("字符串"+s+"的长度为："+len);
        System.out.println("字符串中索引为 6 的字符："+s.charAt(6));
        System.out.println("从索引 5 开始的子串为："+s.substring(5));
        System.out.println("从索引 5 开始到索引 10 的子串为："+s.substring(5,10));
    }
}
```

例 4-1 的运行结果如图 4-1 所示。

```
Problems @ Javadoc  Declaration  Console
<terminated> Demo01 (2) [Java Application] C:\jdk1.8.0_241\bin\javaw.exe (2020年
字符串javascriptjavascript的长度为：20
字符串中索引为6的字符：r
从索引5开始的子串为：criptjavascript
从索引5开始到索引10的子串为：cript
```

图 4-1 例 4-1 的运行结果

2. 查找

String 类中提供了一组查找字符或子串的方法,若找到则返回相应索引;否则返回-1。这些方法如表 4-3 所示。

表 4-3 String 类中的查找方法

方 法 声 明	功 能 描 述
int indexOf(int ch)	返回指定字符在此字符串中第一次出现处的索引
int indexOf(int ch, int fromIndex)	返回指定字符在此字符串中从指定索引处开始第一次出现处的索引
int indexOf(String str)	返回指定子字符串在此字符串中第一次出现处的索引
int indexOf(String str, int fromIndex)	返回指定子字符串在此字符串中从指定位置开始第一次出现处的索引
int lastIndexOf(int ch)	返回指定字符在此字符串中最后一次出现处的索引
int lastIndexOf(int ch, int fromIndex)	返回指定字符在此字符串中最后一次出现处的索引,从指定的索引处开始反向搜索
int lastIndexOf(String str)	返回指定子字符串在此字符串中最后一次出现处的索引
int lastIndexOf(String str, int fromIndex)	返回指定子字符串在此字符串中最后一次出现处的索引,从指定的索引开始反向搜索

接下来通过一个案例来学习这些查找方法的使用,案例代码如例 4-2 所示。

例 4-2 Demo02.java。

```java
package cn.edu.lsnu.ch04.demo02;

public class Demo02 {
    public static void main(String[] args) {
        String s = "javascriptjavascript";
        int []index=new int[8];
        index[0] = s.indexOf('s');
        index[1] = s.indexOf('a',2);
        index[2] = s.indexOf("script");
        index[3] = s.indexOf("script",5);
        index[4] = s.lastIndexOf('s');
        index[5] = s.lastIndexOf('a',12);
        index[6] = s.lastIndexOf("script");
        index[7] = s.lastIndexOf("script",5);
        System.out.println("字符 s 首次出现的索引:"+index[0]);
        System.out.println("字符 a 从索引 2 开始首次出现的索引:"+index[1]);
        System.out.println("字符串 script 首次出现的索引:"+index[2]);
        System.out.println("字符串 script 从索引 5 开始首次出现的索引:"+index[3]);
        System.out.println("字符 s 最后一次出现的索引:"+index[4]);
        System.out.println("字符 a 从索引 12 开始往前首次出现的索引:"+index[5]);
        System.out.println("字符串 script 最后一次出现的索引:"+index[6]);
        System.out.println("字符串 script 从索引 5 开始往前首次出现的索引:"+index[7]);
    }
}
```

例 4-2 的运行结果如图 4-2 所示。

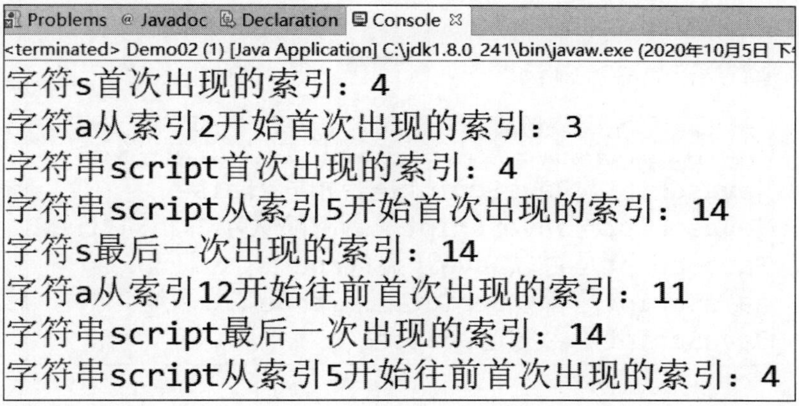

图 4-2　例 4-2 的运行结果

3. 判断

String 类中提供了一组判断方法，如判断是否包含指定字符串、是否以指定字符串开头/结束、判断字符串是否为空、判断两个字符串是否相同等，这些方法如表 4-4 所示。

表 4-4　String 类中的判断方法

方 法 声 明	功 能 描 述
boolean equals(Object anObject)	比较字符串的内容是否相同，区分大小写
boolean equalsIgnoreCase(String anotherString)	比较字符串的内容是否相同，忽略大小写
boolean contains(String str)	判断字符串中是否包含参数字符串
boolean startsWith(String str)	判断字符串是否以参数字符串开头
boolean endsWith(String str)	判断字符串是否以参数字符串结尾
boolean isEmpty()	判断字符串的内容是否为空串

接下来通过一个案例来学习这些判断方法的使用，案例代码如例 4-3 所示。

例 4-3　Demo03.java。

```java
package cn.edu.lsnu.ch04.demo03;

public class Demo03 {
    public static void main(String[] args) {
        String s = "JavaScript";
        System.out.println("javascript与JavaScript是否相同?"+s.equals
            ("javascript"));
        System.out.println("javascript与JavaScript是否忽略大小写相同?"+
            s.equalsIgnoreCase("javascript"));
        System.out.println("JavaScript是否以Java开头?"+s.startsWith
            ("Java"));
        System.out.println("JavaScript是否以Script结束?"+s.endsWith
            ("Script"));
```

```
            System.out.println("JavaScript是否为空?"+s.isEmpty());
    }
}
```

例 4-3 的运行结果如图 4-3 所示。

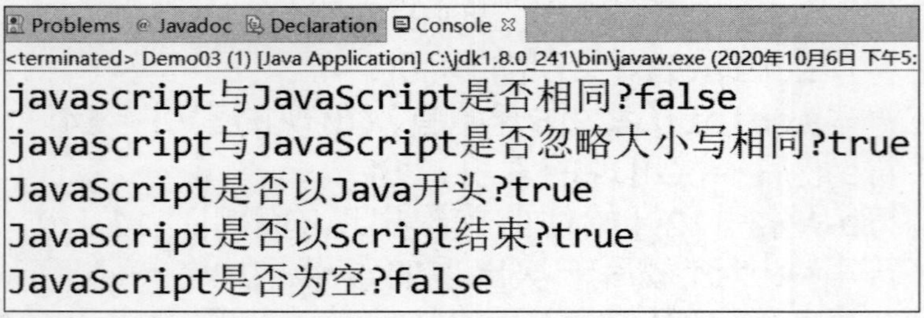

```
javascript与JavaScript是否相同?false
javascript与JavaScript是否忽略大小写相同?true
JavaScript是否以Java开头?true
JavaScript是否以Script结束?true
JavaScript是否为空?false
```

图 4-3 例 4-3 的运行结果

4. 转换

String 类中提供了一组转换方法，如将字符串转换成字符数组、将字符串中的字符进行大小写转换等，这些方法如表 4-5 所示。

表 4-5 String 类中的转换方法

方 法 声 明	功 能 描 述
byte[] getBytes()	把字符串转换为字节数组
char[] toCharArray()	把字符串转换为字符数组
static String valueOf(char[] chs)	把字符数组转换为字符串
static String valueOf(int i)	把 int 类型的数据转换为字符串，还有其他重载的 valueOf 方法
String toLowerCase()	把字符串转换为小写
String toUpperCase()	把字符串转换为大写
String concat(String str)	拼接字符串（可由"+"实现）

接下来通过一个案例来学习这些转换方法的使用，案例代码如例 4-4 所示。

例 4-4 Demo04.java。

```
package cn.edu.lsnu.ch04.demo04;

public class Demo04 {
    public static void main(String[] args) {
        String s = "JavaScript";
        char []arr=s.toCharArray();
        System.out.println("JavaScript 转换为字符数组：");
        for(int i=0;i<arr.length;i++) {
            System.out.print(arr[i]+" ");
        }
        System.out.println();
        System.out.println("JavaScript 转换为大写字母："+s.toUpperCase());
        System.out.println("JavaScript 转换为小写字母："+s.toLowerCase());
```

```
        System.out.println("Java 和 Script 拼接："+"Java".concat("Script"));
    }
}
```

例 4-4 的运行结果如图 4-4 所示。

图 4-4　例 4-4 的运行结果

5. 其他

除了上述方法外，字符串还有一些常用的方法，如替换、去除两端空格、比较大小、切割等，这些方法如表 4-6 所示。

表 4-6　String 类中的其他方法

方法声明	功能描述
String replace(char old, char new)	新字符替换旧字符
String replace(String old, String new)	新子串替换旧子串
String trim()	去除两端空格
int compareTo(String str)	按字典顺序比较两个字符串
String[] split(String regex)	根据给定的正则表达式切割字符串

接下来通过一个案例来学习这些方法的使用，案例代码如例 4-5 所示。

例 4-5　Demo05.java。

```
package cn.edu.lsnu.ch04.demo05;

public class Demo05 {
    public static void main(String[] args) {
        String s = " I love Java! ";
        System.out.println("原来的字符串："+s);
        System.out.println("J 替换成 j:"+s.replace('J', 'j'));
        System.out.println("Java 替换成 C++:"+s.replace("Java", "C++"));
        System.out.println("去除两端空格："+s.trim());
        String []arr="boo:and:foo".split(":");
        System.out.print("boo:and:foo"+"根据:切割: ");
        for(int i=0;i<arr.length;i++){
            System.out.print(arr[i]+" ");
        }
        System.out.println();
        String s1="abcd";
```

```
        String s2="aba";
        int res=s1.compareTo(s2);
        if(res>0) {
            System.out.println(s1+">"+s2);
        }else {
            System.out.println(s1+"<"+s2);
        }
    }
}
```

例 4-5 的运行结果如图 4-5 所示。

```
🔍 Problems  @ Javadoc  🔍 Declaration  🖳 Console ⌧
<terminated> Demo05 (2) [Java Application] C:\jdk1.8.0_241\bin\javaw.exe
J替换成j: I love java!
Java替换成C++: I love C++!
去除两端空格: I love Java!
boo:and:foo根据: 切割: boo and foo
abcd>aba
```

图 4-5 例 4-5 的运行结果

注意：字符串是常量，一旦创建，长度和内容都不能改变！因此，上述所有返回类型是 String 的方法，都是生成了新的字符串。例如，例 4-5 中输出的其实是替换和去除两端空格后的新串，原来的字符串是没有改变的，读者可以自行在执行 replace 和 trim 后再次输出字符串 s 去验证。

4.1.3 StringBuffer 类

如前所述，String 不能被修改，为此，JDK 提供了 StringBuffer 类来处理需要修改的字符串。StringBuffer 类，也称字符串缓冲区，它与 String 的最大区别是内容和长度都是可以改变的。StringBuffer 类似一个字符容器，可以添加、删除、更改字符，而不会产生新的 StringBuffer 对象。

StringBuffer 类提供了一系列增、删、改的方法，具体见表 4-7。

表 4-7 **StringBuffer 类常用方法**

方 法 声 明	功 能 描 述
StringBuffer append(String str)	添加字符串到 StringBuffer 对象末尾
StringBuffer delete(int start,int end)	删除从 start 处开始到 end －1 处的字符
StringBuffer replace(int start,int end,String str)	用给定子串替换 start 到 end（不包含）之间的子串
void setCharAt(int index,char ch)	指定索引处的字符设置为 ch
String toString()	返回缓冲区中的字符串对象
StringBuffer reverse()	将此字符序列用其反转形式取代

接下来通过一个案例来学习这些方法的使用，案例代码如例 4-6 所示。

例 4-6 Demo06.java。

```java
package cn.edu.lsnu.ch04.demo06;

public class Demo06 {
    public static void main(String[] args) {
        StringBuffer sb=new StringBuffer();        //缓冲区无内容
        System.out.println("缓冲区中当前的内容: "+sb);
        sb.append("Java");
        System.out.println("缓冲区中当前的内容: "+sb);
        sb.append("Script");
        System.out.println("缓冲区中当前的内容: "+sb);
        sb.delete(4, 8);
        System.out.println("缓冲区中当前的内容: "+sb);
        sb.replace(4, 6, " Application");
        System.out.println("缓冲区中当前的内容: "+sb);
        sb.reverse();
        System.out.println("缓冲区中当前的内容: "+sb);
    }
}
```

例 4-6 的运行结果如图 4-6 所示。

图 4-6 例 4-6 的运行结果

从图 4-6 中不难看出，随着增、删、改等操作的执行，缓冲区中的内容在随之改变。

说明如下。

（1）StringBuffer 类没有重写 Object 类的 equals()方法，因此，不能比较两个 StringBuffer 缓冲区中的内容是否相同。

（2）JDK 1.5 之后，还提供了一个 StringBuilder 类，它与 StringBuffer 类的功能相似，且效率更高，但不保证线程安全。简言之，多线程的情况下，建议使用 StringBuffer；单线程的情况下，建议使用 StringBuilder。

4.2　System 类与 Runtime 类

4.2.1　System 类

System 类，即系统类，可通过该类获取系统的属性数据。这个类没有构造方法，即不能被实例化。该类所提供的属性和方法都是静态的。

1. 3个静态属性

（1）in："标准"输入流。

（2）out："标准"输出流。

（3）err："标准"错误输出流。

2. arraycopy()方法

方法声明：

```
static void arraycopy(Object src, int srcPos, Object dest, int destPos, int length)
```

该方法的作用是数组复制，也就是将一个数组中的内容复制到另一个数组中的指定位置，性能上比使用循环高效。

例如：

```
int[] a = {1,2,3,4};
int[] b = new int[5];
System.arraycopy(a,1,b,3,2);
```

上述代码执行后，数组b中的值将变成{0,0,0,2,3}。

3. currentTimeMillis()方法

方法声明：

```
static long currentTimeMillis()
```

该方法的作用是返回当前的计算机时间，时间的表达格式为当前计算机时间和GMT时间（格林尼治时间）1970年1月1号0时0分0秒所差的毫秒数，通常也将该值称为时间戳。

单独一次使用该方法获得的时间不够直观，但是两个时间戳的差值就很有意义了，可以用于衡量算法的执行效率。例如，计算文件操作的时间可以使用以下的代码：

```
long start = System.currentTimeMillis();
//文件操作的代码
long end = System.currentTimeMillis();
long time = end - start;
```

4. exit()方法

方法声明：

```
static void exit(int status)
```

该方法的作用是退出程序。其中status的值为0代表正常退出，为非零代表异常退出。使用该方法可以在图形界面编程中实现程序的退出功能等。

5. gc()方法

声明：

```
static void gc()
```

该方法的作用是请求系统启动垃圾回收器，即对内存中的垃圾对象进行回收。至于系统是否立刻回收，则取决于系统中垃圾回收算法的实现以及系统执行时的情况。

6. getProperties()方法

声明：

```
static Properties getProperties()
```

该方法的作用是获取所有的系统属性。

7. getProperty()方法

声明：

```
static String getProperty(String key)
```

该方法的作用是获取指定键指示的系统属性。

4.2.2 Runtime 类

Runtime 类用于表示 JVM 运行时的状态，每一个 JVM 进程里面都会存在一个运行时对象，它代表了应用程序的运行环境，可以通过它取得一些与运行时有关的环境属性。

Runtime 类采用单例模式设计，它的构造方法已经被私有化了，以此保证在整个运行过程中只有唯一一个 Runtime 类的对象。

1. getRuntime()方法

方法声明：

```
static Runtime getRuntime()
```

该方法返回与当前应用程序相关的运行时对象。

2. 获取当前虚拟机的相关信息

通过运行时对象，可以获取当前虚拟机的相关信息，如处理器个数、空闲内存数、最大可用内存数等。

接下来通过一个案例来学习这些方法的使用，案例代码如例 4-7 所示。

例 4-7 Demo07.java。

```java
package cn.edu.lsnu.ch04.demo07;

public class Demo07 {
    public static void main(String[] args) {
        Runtime rt = Runtime.getRuntime();
        System.out.println("处理器个数："+rt.availableProcessors());
        System.out.println("空闲内存数："+rt.freeMemory()/1024/1024+"M");
        System.out.println("最大可用内存数： "+rt.maxMemory()/1024/1024+"M");
    }
}
```

例 4-7 的运行结果如图 4-7 所示。

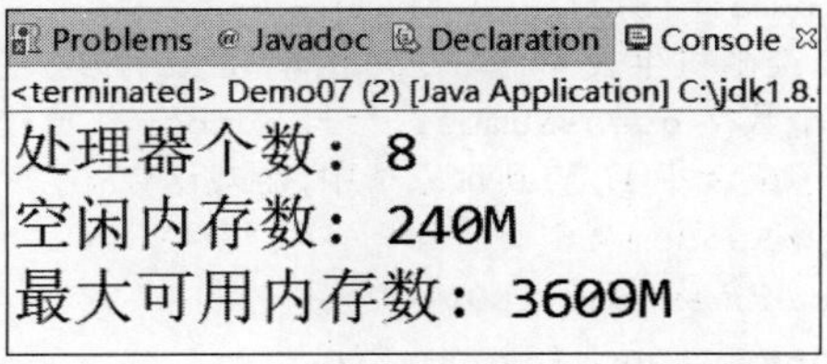

```
处理器个数：8
空闲内存数：240M
最大可用内存数：3609M
```

图 4-7 例 4-7 的运行结果

3. exec()方法

方法声明:

```
Process exec(String command) throws IOException
```

该方法用于执行一个DOS命令,与在命令行窗口输入DOS命令等效。例如:

```
Runtime.getRuntime().exec("notepad");      //打开记事本
Runtime.getRuntime().exec("calc");         //打开计算器
```

注意:这个方法有编译时异常,需要捕获或声明异常。

4.3 Math类与Random类

4.3.1 Math类

Java的Math类包含了用于执行基本数学运算的属性和方法,如初等指数、对数、平方根和三角函数。Math类的属性和方法都被定义为static形式,可以通过类名直接调用。Math类的方法都比较简单,读者可以通过查看API文档来使用这些方法。

4.3.2 Random类

在JDK的java.util包中有一个Random类,该类的实例用于生成随机数流。如果用相同的种子创建两个Random实例,则生成相同的随机数序列。

1. 构造方法

Random类中有两种构造方法。

(1) Random():以当前时间戳为种子创建随机数生成器。

(2) Random(long seed):以long类型的seed种子创建随机数生成器。

2. 获取随机数的方法

(1) nextInt():随机生成并返回一个int数。

(2) nextInt(int n):随机生成并返回一个[0,n−1]的int数。

接下来通过一个猜数的案例来学习随机数的使用,案例代码如例4-8所示。

例4-8 Demo08.java。

```java
package cn.edu.lsnu.ch04.demo08;

import java.util.Random;
import java.util.Scanner;
public class Demo08 {
    public static void main(String[] args) {
        /* 游戏开始时,会随机生成一个 1~100 的整数 number
         * 玩家猜测一个数字 guessNumber,会与 number 作比较,
         * 系统提示大了或者小了,直到玩家猜中,游戏结束 */
        Random ran=new Random();
        int number = ran.nextInt(100) + 1;
        Scanner sc = new Scanner(System.in);
        System.out.print("请输入你要猜的数字(1~100): ");
```

```java
        while(true){
            //键盘录入玩家猜测的数字
            int input = sc.nextInt();
            //然后把猜测的数字和随机数进行比较
            if(input > number){
                System.out.println("你猜测的数字太大了,兄弟再来猜一次吧!");
            }else if(input < number){
                System.out.println("你猜测的数字太小了,你离成功只差一点了!");
            }else{
                System.out.println("哇!你好厉害!被你猜中了,你可以去买彩票了!");
                break;
            }
        }
    }
}
```

例 4-8 的运行结果如图 4-8 所示。

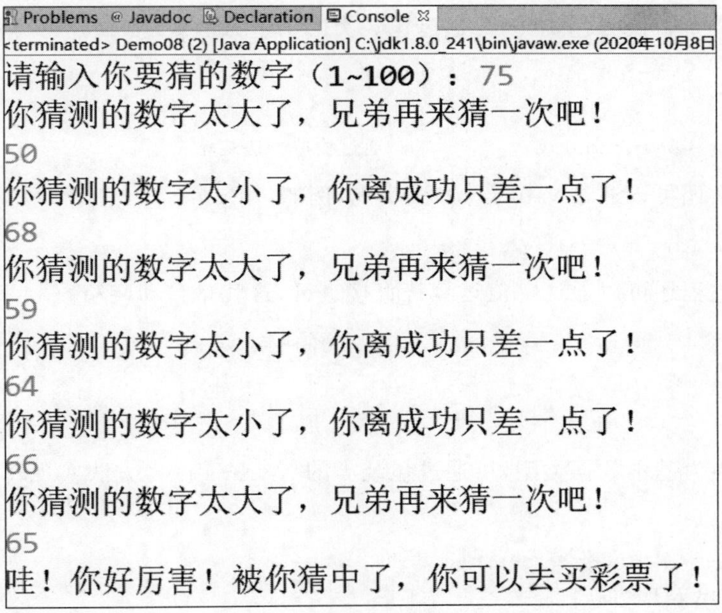

图 4-8　例 4-8 的运行结果

4.4　包装类

4.4.1　包装类的概念

在第 2 章已经学到,Java 语言有 8 种基本数据类型,即 byte、short、int、long、float、double、boolean 和 char,这 8 种基本数据类型不支持面向对象的编程机制(没有属性和方法),但编程中经常需要将基本数据类型转换为对象。为了解决这个问题,JDK 提供了一系列的包装类,通过这些包装类,可以将基本类型的数据包装为引用类型的对象。

在 Java 中，每种基本数据类型都有与之对应的包装类，具体如表 4-8 所示。

表 4-8 Java 的包装类

基本数据类型	对应的包装类	基本数据类型	对应的包装类
byte	Byte	long	Long
char	Character	float	Float
int	Integer	double	Double
short	Short	boolean	Boolean

4.4.2 自动装箱和自动拆箱

由于 8 个包装类的使用比较类似，下面以最常用的 Integer 类为例介绍包装类的实际使用。

1. 装箱

基本数据类型转换为包装类，可通过包装类的构造方法或 valueOf() 方法实现转换。
例如：

```
int a=10;
Integer in=new Integer(a);        //通过构造方法装箱
```

上面的转换还可以通过 valueOf 方法实现，例如：

```
Integer in=Integer.valueOf(10);
```

上述转换过程还可以通过赋值运算符直接进行，这就是自动装箱。
例如：

```
Integer in=10;
```

2. 拆箱

包装类转换为基本数据类型，可通过包装类的 XXXValue() 方法实现转换。
例如：

```
Integer in=new Integer(100);
int b=in.intValue();
```

上述转换过程还可以通过赋值运算符直接进行，这就是自动拆箱。
例如：

```
Integer in=new Integer(100);
int b=in;
```

4.4.3 Integer 和 String 的转换

1. String 转换为 Integer

利用 Integer 的构造方法，可以把内容是整数的字符串转换成 Integer 对象。
例如：

```
Integer obj=new Integer("23");
```

2. Integer 转换为 String

利用 Integer 的 toString()方法。

例如：

```
Integer obj=100;
String s=obj.toString();
```

4.4.4　int 和 String 的转换

1. int 转换为 String

转换的方法比较多，例如：

```
String s1= String.valueOf(10);
String s2=""+10;
```

2. String 转换为 int

利用 Integer 类的 parseInt()方法，可以把内容是整数的字符串转换为整数。

例如：

```
int a=Integer.parseInt("23");
```

4.5　日期与时间类

4.5.1　Date 类

JDK 提供了一个 Date 类用于表示日期和时间，该类位于 java.util 包中。

Date 类只有 2 个构造方法可以使用，具体如下。

(1) Date()：创建当前日期时间的 Date 对象。

(2) Date(long)：用参数代表的时间戳创建 Date 对象。

读者如果查看 API 帮助文档，会发现 Date 类的大多数构造方法和一般方法都过时了，事实上，从 JDK 1.1 开始，Date 类的功能已被 Calendar 取代。

Date 类提供了 toString()方法，可以把 Date 对象转换为以下形式的 String：

dow mon dd hh:mm:ss zzz yyyy

其中：

dow 是一周中的某一天（Sun、Mon、Tue、Wed、Thu、Fri、Sat）。

mon 是月份（Jan、Feb、Mar、Apr、May、Jun、Jul、Aug、Sep、Oct、Nov、Dec）。

dd 是一月中的某一天(01～31)，显示为两位十进制数。

hh 是一天中的小时(00～23)，显示为两位十进制数。

mm 是小时中的分钟(00～59)，显示为两位十进制数。

ss 是分钟中的秒数(00～59)，显示为两位十进制数。

zzz 是时区(并可以反映夏令时)。CST 代表中国标准时间。

yyyy 是年份，显示为 4 位十进制数。

4.5.2 Calendar 类

Calendar 是 java.util 包下的一个工具类,它是一个抽象类,封装了所有的日期和时间字段值,可通过统一的方法修改或获取特定日期、时间字段的值,如年、月、日、时、分、秒等。

Calendar 是一个抽象类,不能被实例化,但可以通过静态方法 getInstance() 来得到一个 Calendar 对象,然后就能调用其他方法了。此外,也可以通过 Calendar 类的子类 GregorianCalendar 来构造日历对象。

Calendar 类为操作日期和时间提供了大量的方法,表 4-9 列举了一些常用的方法。

表 4-9 Calendar 类的常用方法

方 法 声 明	功 能 描 述
int **get**(int field)	返回指定日历字段的值
void **add**(int field, int amount)	根据日历的规则,为指定的日历字段添加或减去指定的时间量
void **set**(int field, int value)	将指定的日历字段设置为指定值
void **set**(int year, int month, int date)	设置日历对象年、月、日字段的值
void **set**(int year, int month, int date, int hourOfDay, int minute, int second)	设置日历对象年、月、日、时、分、秒字段的值

接下来通过一个案例来学习 Calendar 类的使用,案例代码如例 4-9 所示。

例 4-9 Demo09.java。

```java
package cn.edu.lsnu.ch04.demo09;

import java.util.Calendar;
public class Demo09 {
    public static void main(String[] args) {
        Calendar c = Calendar.getInstance();

        System.out.println("当前日期: ");
        int year = c.get(Calendar.YEAR);
        int month = c.get(Calendar.MONTH);
        int date = c.get(Calendar.DATE);
        System.out.println(year+"年"+(month+1)+"月"+date+"日");
        System.out.println("---------------");

        System.out.println("5 年后的 10 天前:");
        c.add(Calendar.YEAR, 5);
        c.add(Calendar.DATE, -10);
        year = c.get(Calendar.YEAR);
        month = c.get(Calendar.MONTH);
        date = c.get(Calendar.DATE);
        System.out.println(year + "年" + (month + 1) + "月" + date + "日");
        System.out.println("---------------");

        System.out.println("2011 年双 11: ");
```

```
        c.set(2011, 10, 11);
        year = c.get(Calendar.YEAR);
        month = c.get(Calendar.MONTH);
        date = c.get(Calendar.DATE);
        System.out.println(year + "年" + (month + 1) + "月" + date + "日");
    }
}
```

例 4-9 的运行结果如图 4-9 所示。

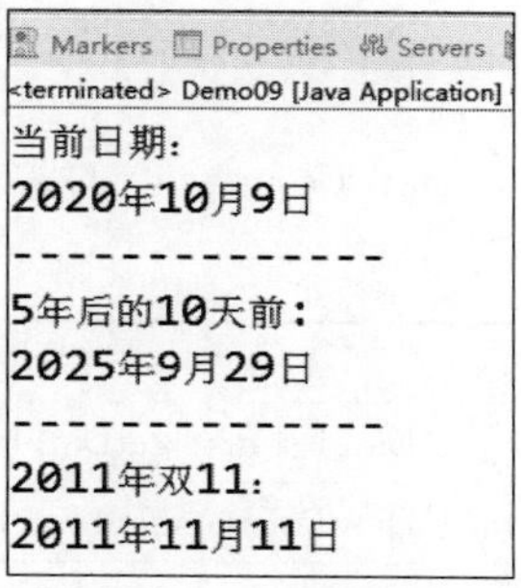

说明如下。

（1）Calendar.MONTH 字段是从 0 开始的，因此，实际月份需在 Calendar.MONTH 字段的基础上加 1。

（2）若修改年、月、日、时、分、秒字段增加到相应最大值或减少到相应最小值后，会引起类似算术运算中的进位或借位。

例如：

set(Calendar.MONTH,12)

此操作会导致年份字段加 1，月份字段改为 0。

图 4-9　例 4-9 的运行结果

（3）日历有两种模式。宽松模式和非宽松（严格）模式，默认是宽松模式。在宽松模式下，月、日、时、分、秒等字段允许设置为非法值；在非宽松（严格）模式下，若月、日、时、分、秒等字段设置非法值，会引发异常。

Calendar 类的 setLenient()方法可用于设置宽松模式或非宽松（严格）模式，该方法的声明如下：

void setLenient(boolean lenient)

若 lenient 传参数 true，则设置为宽松模式；若 lenient 传参数 false，则设置为非宽松（严格）模式。

4.5.3　格式化类

如前所述，Date 类 toString()方法输出的日期/时间是固定的格式，难以满足程序员的需求。为此，JDK 中提供了对日期/时间进行格式化操作的类，使用这些类，既可以将一个 Date 对象转换为一个符合指定格式的字符串，也可以将一个符合指定格式的字符串转换为一个 Date 对象，如将日期"Fri May 18 15:46:24 CST2016" 格式转换为"2016-5-18 15:46:24 星期五"的格式。

JDK 中对日期进行格式化的类主要有 DateFormat 类和 SimpleDateFormat 类，这两个类都位于 java.text 包中。DateFormat 的作用是格式化并解析日期/时间。实际上，它是 Date 的格式化工具，帮助我们格式化 Date，进而将 Date 转换成想要的 String 字符串，不过，DateFormat 格式化 Date 的功能有限，没有 SimpleDateFormat 功能强大，但 DateFormat 是 SimpleDateFormat 的父类。所以，先对 DateFormat 有个整体了解，然后再学习 SimpleDateFormat。

1．DateFormat 类

DateFormat 类的作用是格式化 Date，它支持的格式化风格包括 FULL、LONG、

MEDIUM 和 SHORT 共 4 种,分别是完整格式、长格式、普通格式和短格式,默认格式为 MEDIUM。这 4 种风格既可以格式化日期,也可以格式化时间,它们都是 DateFormat 类的静态字段。

以 2020 年 11 月 11 日为例,这 4 种风格格式化后的字符串分别为:

SHORT:20-10-11
MEDIUM:2020-10-11
LONG:2020 年 10 月 11 日
FULL:2020 年 10 月 11 日 星期日

DateFormat 类的常用方法如表 4-10 所示。

表 4-10 DateFormat 类的常用方法

方法声明	功能描述
static DateFormat getDateInstance(int style)	获取具有指定格式化风格和默认语言环境的日期格式
static DateFormat getTimeInstance(int style)	获取具有指定格式化风格和默认语言环境的时间格式
static DateFormat getDateTimeInstance(int dateStyle,int timeStyle)	获取具有指定日期/时间格式化风格和默认语言环境的日期/时间格式
String format(Date date)	将 Date 格式化为日期/时间字符串
Date parse(String source)	将给定的字符串解析成日期/时间

接下来通过一个案例来学习 DateFormat 类的使用,案例代码如例 4-10 所示。

例 4-10 Demo10.java。

```java
package cn.edu.lsnu.ch04.demo10;

import java.text.DateFormat;
import java.text.ParseException;
import java.util.Date;
public class Demo10 {
    public static void main(String[] args) throws ParseException {
        Date now=new Date();
        DateFormat df1 = DateFormat.getDateInstance(DateFormat.MEDIUM);
        DateFormat df2 = DateFormat.getTimeInstance(DateFormat.MEDIUM);
        DateFormat df3 = DateFormat.getDateTimeInstance(DateFormat.MEDIUM,
        DateFormat.MEDIUM);

        System.out.println("MEDIUM(分别获取日期、时间): " +df1.format(now)+ " "+
        df2.format(now));
        System.out.println("MEDIUM(直接获取日期、时间): " + df3.format(now));

        Date d=df3.parse("2020-10-01 10:00:00");
        System.out.println("2020-10-01 10:00:00"+"解析为日期/时间: \n"+d);
    }
}
```

例 4-10 的运行结果如图 4-10 所示。

2. SimpleDateFormat 类

SimpleDateFormat 类是 DateFormat 类的子类,它不再是抽象类,因此,还可以直接由

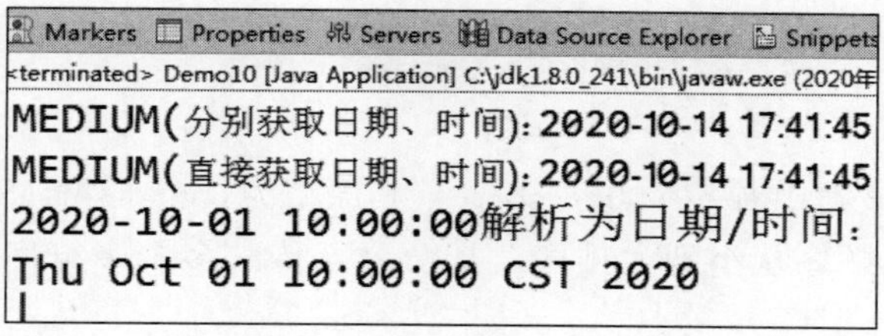

图 4-10　例 4-10 的运行结果

构造方法创建对象。在创建对象时,可通过字符串参数定义日期的格式模板,这样,就会按照模板格式进行格式化/解析日期。

接下来通过一个案例来学习 SimpleDateFormat 类,案例代码如例 4-11 所示。

例 4-11　Demo11.java。

```java
package cn.edu.lsnu.ch04.demo11;

import java.text.SimpleDateFormat;
import java.text.ParseException;
import java.util.Date;
public class Demo11 {
    public static void main(String[] args) throws ParseException {
        Date now=new Date();
        //格式模板为：YYYY-MM-dd HH-mm-ss
        SimpleDateFormat df1 = new SimpleDateFormat("YYYY-MM-dd HH:mm:ss");
        System.out.println("当前日期时间为: "+df1.format(now));
        Date d=df1.parse("2020-10-01 10:00:00");
        System.out.println("2020-10-01 10:00:00"+"解析为日期/时间: \n"+d);
    }
}
```

例 4-11 的运行结果如图 4-11 所示。

图 4-11　例 4-11 的运行结果

本章小结

本章主要讲解了 Java 中常用的一些类的使用。首先讲解了处理字符串的 String 类和 StringBuffer 类的使用;然后讲解了系统相关的 System 类和 Runtime 类的使用,以及 Math 类和 Random 类、Java 中包装类的相关知识;最后讲解了 Java 中的日期、时间类以及格式化类的使用。

习题 4

4-1 编写应用程序,该类中有一个方法 sort()(其原型为:void sort(String str[])),对该字符串数组按字典顺序从小到大排序。从命令行传入多个字符串,调用方法 sort(),对这些字符串排序。

4-2 编写应用程序,生成 2000 个 50~99 的随机数,并统计每个数出现的概率。

4-3 编写应用程序,输入一个子串和一个整串,求该子串在整个字符串中出现的次数。

4-4 编写应用程序,求 2 个字符串中最大相同的子串。比如,s1="qwerabcdtyuioabcnbacba123",s2="nbaabcd233"。求出的最大相同子串为"abcd"。

第 5 章 集 合

5.1 集合概述

在前面的章节中学习了数组,数组可以存储同一种类型的对象,并且数组的长度是不可变的。为了使程序能够方便地存储和操作不定数量、不同类型的对象,JDK 中提供了 Java 集合类来存储对象(实际上是对象的引用),这些集合类位于 java.util 包中。

Java 中集合类可以分为两大类,分别是单列集合 Collection 和双列集合 Map。

(1) Collection。Collection 为单列集合的根接口,用来存储一组集合元素。Collection 有两个重要的子接口,即 List 和 Set。List 是一个元素排列有序、可重复的集合,List 中的每个元素都有索引,类似于 Java 的数组。List 接口有 3 个主要的实现类,分别为 ArrayList、LinkedList 和 Vector。Set 集合的特点是元素排列无序、不可重复,该接口主要有两个实现类,即 HashSet 和 TreeSet。

(2) Map。Map 为双列集合的根接口,用来存储具有键(key)、值(value)映射关系的一对元素。一个 Map 中 key 唯一不可重复,每个 key 只能映射一个 value。Map 有两个主要的实现类,即 HashMap 和 TreeMap。

接下来通过一张图来描述集合的继承关系,如图 5-1 所示。

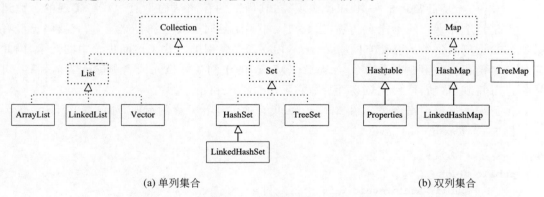

图 5-1 集合的继承关系

图 5-1 中列举出了 Java 中常用的集合类。其中,虚线框表示的是接口类型,实线框表示的是具体的实现类。

5.2 List 集合

5.2.1 List 接口介绍

List 接口是一个有序的 Collection,使用此接口可以控制每个元素插入的位置,也可以通过索引来访问 List 中指定的元素。List 集合中第一个元素的索引为 0,并且允许存储相同的元素。List 接口常用方法如表 5-1 所示。

表 5-1 List 接口常用方法

方 法 声 明	功 能 描 述
boolean add(Object element)	将指定元素 element 追加到 List 集合的末尾
void add(int index,Object element)	将指定元素 element 插入到 List 集合中指定位置
Object get(int index)	返回集合中指定位置的元素
Object remove(int index)	删除指定位置的元素
Object set(int index,Object element)	将指定位置 index 处元素替换成 element 元素,并返回替换后的元素
int indexOf(Object o)	返回对象 o 在 List 集合中首次出现的位置索引
int lastIndexOf(Object o)	返回对象 o 在 List 集合中最后一次出现的位置索引
List<E> subList(int fromIndex,int toIndex)	返回此集合中指定的 fromIndex(含)到 toIndex 之间所有元素的集合
Object[] toArray()	返回一个包含此集合中所有元素的数组

5.2.2 ArrayList 集合

ArrayList 是最常用的一种 List 实现类,其内部的存储结构是通过数组实现的。数组的缺点是每个元素之间不能有间隔,当数组大小不满足时需要增加存储能力,就要将已经有数组的数据复制到新的存储空间中。ArrayList 通过索引的方式来访问集合中的元素,因此它适合做随机查找和遍历操作。当从 ArrayList 的中间位置插入或者删除元素时,需要对数组进行复制、移动,代价比较高,因此,它不适合插入和删除。

接下来通过一个案例来介绍 ArrayList 集合的创建和元素的存取,如例 5-1 所示。

例 5-1 Example01.java。

```java
import java.util.ArrayList;
public class Example01 {
    public static void main(String[] args) {
        //创建一个 ArrayList 集合
        ArrayList arrayList = new ArrayList();
        //集合中可以存储不同类型的对象和相同的元素
        arrayList.add(new Integer(10));
        arrayList.add("element1");
        arrayList.add("element1");
```

```
            System.out.println("集合中的元素有: " + arrayList);
            System.out.println("集合的长度: " + arrayList.size());
            System.out.println("第 1 个元素是: " + arrayList.get(0));
        }
    }
```

例 5-1 的运行结果如图 5-2 所示。

```
集合中的元素有: [10, element1, element1]
集合的长度: 3
第1个元素是: 10
```

图 5-2　例 5-1 的运行结果

在例 5-1 中，首先创建了 ArrayList 集合，然后调用 add(Object element)方法向集合中添加了 3 个元素，最后通过使用 ArrayList 的引用变量名、size()方法和 get(int index)方法分别打印出了集合中存放的元素、集合的长度和指定位置的元素。

从运行结果（图 5-2）可以看出，一个 ArrayList 集合中可以存储不同类型的对象和相同的元素，并且集合中第一个元素的索引为 0。

5.2.3　LinkedList 集合

LinkedList 是一种用链表结构存储数据的双向循环链表。LinkedList 类每一个节点用内部类 Node 表示，每一个节点都使用引用的方式来指向它的前一个节点和后一个节点，当向链表中插入或者删除元素时，只要修改元素之间的引用关系即可。此外，在 LinkedList 中也定义了两个 Node 类型的 first 和 last 属性分别指向链表的第一个元素和最后一个元素，当链表为空时，first 和 last 都为 null 值。链表中的 LinkedList 很适合数据的动态插入和删除，随机访问和遍历速度比较慢。LinkedList 集合添加元素的过程如图 5-3 所示。

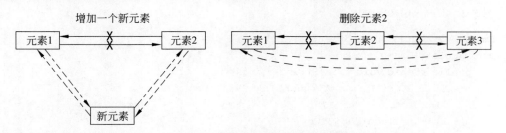

图 5-3　LinkedList 向链表中添加元素和删除元素

当向元素 1 和元素 2 之间新增一个元素时，只需要将新增元素的前后引用分别指向元素 1 和元素 2，同时让元素 1 的后引用及元素 2 的前引用指向新元素即可；当删除位于元素 1 和元素 3 之间的元素 2 时，需要分别删除元素 1 和元素 2 之间的引用以及元素 2 和元素 3 之间的引用，并且建立元素 1 和元素 3 之间的引用即可。

另外，它还提供了 List 接口中没有定义的方法，专门用于操作表头元素和表尾元素，可以当作堆栈、队列和双向队列使用，如表 5-2 所示。

表 5-2　LinkedList 特有方法

方 法 声 明	功 能 描 述
void add(int index,element)	将指定的元素插入到集合中指定的位置
void addFirst(Object o)	将指定元素插入到集合的开头
void addLast(Object o)	将指定元素添加到集合的结尾
Object get(int index)	返回集合中指定位置的元素
Object getFirst()	返回集合中的第一个元素
Object getLast()	返回集合中的最后一个元素
Object removeFirst()	移除并返回集合中的第一个元素
Object removeLast()	移除并返回集合中的最后一个元素
boolean offer(Object o)	将指定元素添加到集合的结尾
boolean offerFirst(Object o)	将指定元素添加到集合的开头
boolean offerLast(Object o)	将指定元素添加到集合的结尾
Object peek()	获取集合中的顶部元素
Object peekFirst()	获取集合中的第一个元素
Object peekLast()	获取集合中的最后一个元素
Object poll()	移除并返回集合中的顶部元素
Object pollFirst()	移除并返回集合中的第一个元素
Object pollLast()	移除并返回集合中的最后一个元素
void push(Object o)	将指定元素添加到集合的开头
Object pop()	移除并返回集合中的第一个元素

下面通过一个案例来学习 LinkedList 中元素的增加、获取和删除的操作，如例 5-2 所示。

例 5-2　Example02.java。

```java
import java.util.LinkedList;
public class Example02 {
    public static void main(String[] args) {
        LinkedList linkList = new LinkedList();
        linkList.add("obj1");
        linkList.add("obj2");
        System.out.println(linkList);
        linkList.push("push");              //向集合头部添加元素
        linkList.offer("offer");            //向集合尾部追加元素
        System.out.println(linkList);
        System.out.println(linkList.peek()); //获取集合顶部元素
        linkList.poll();                    //删除集合顶部元素
        linkList.removeLast();              //删除集合最后一个元素
        System.out.println(linkList);
    }
}
```

例 5-2 的运行结果如图 5-4 所示。

```
[obj1, obj2]
[push, obj1, obj2, offer]
push
[obj1, obj2]
```

图 5-4　例 5-2 的运行结果

例 5-2 中，首先使用 void add(int index, element) 方法向集合中添加了两个元素，接着分别使用 push(Object o) 和 offer(Object o) 方法向集合的头部和尾部各添加了一个元素，然后使用 peek() 方法获取了集合中的顶部元素，最后使用 poll() 和 removeLast() 删除了集合中顶部元素和最后一个元素。

5.3　Collection 集合遍历

Collection 集合框架提供了 3 种遍历集合的方法，分别是 Iterator 遍历集合、for-each 遍历集合和 forEach 遍历集合，接下来分别对这 3 种方法进行介绍。

5.3.1　Iterator 遍历集合

Iterator 接口又称为迭代器，是 Java 集合框架中的一员，主要用来遍历集合中的元素，可以使用 Collection 接口中的 iterator() 方法获取集合的迭代器。接下来通过一个案例来学习 Iterator 遍历集合的使用，如例 5-3 所示。

例 5-3　Example03.java。

```java
import java.util.ArrayList;
import java.util.Iterator;
public class Example03 {
    public static void main(String[] args) {
        //创建 ArrayList 集合
        ArrayList list = new ArrayList();
        list.add("obj1");
        list.add("obj2");
        list.add("obj3");
        //获取迭代器
        Iterator iterator = list.iterator();
        //迭代集合中所有的元素
        while(iterator.hasNext()) {
          //取出集合中的下一个元素
          Object obj = iterator.next();
          System.out.println(obj);
        }
    }
}
```

例 5-3 的运行结果如图 5-5 所示。

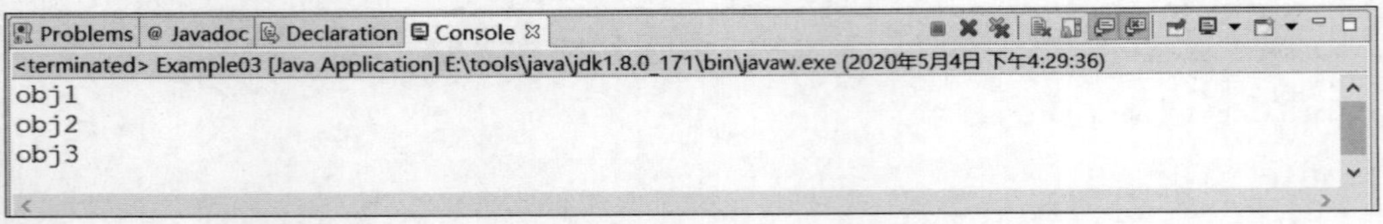

```
obj1
obj2
obj3
```

图 5-5　例 5-3 的运行结果

如例 5-3 所示，遍历 ArrayList 集合中的元素时，首先调用 ArrayList 的 iterator()方法获取集合的迭代器；然后调用迭代器的 hasNext()方法判断集合中是否存在下一个元素，如果返回 true，则证明集合中存在下一个元素，否则返回 false；最后调用迭代器的 next()方法返回集合中的下一个元素。值得注意的是，在调用 next()方法之前需要调用 hasNext()方法；否则会抛出 NoSuchElementException 异常。

5.3.2　for-each 遍历集合

for-each 循环也称为增强 for 循环，也可以使用 for-each 循环遍历集合的元素。for-each 循环的一般语法如下：

```
for(集合中元素的类型 临时变量：集合变量) {
}
```

接下来通过一个案例来学习 for-each 循环遍历集合中元素的使用，如例 5-4 所示。

例 5-4　Example04.java。

```java
import java.util.ArrayList;
public class Example04 {
    public static void main(String[] args) {
        //创建 ArrayList 集合
        ArrayList list = new ArrayList();
        list.add("obj1");
        list.add("obj2");
        list.add("obj3");
        for(Object obj: list) {
            System.out.println(obj);
        }
    }
}
```

例 5-4 的运行结果如图 5-6 所示。

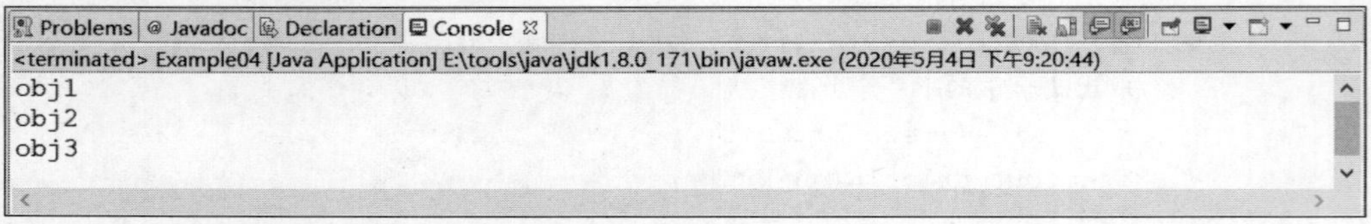

```
obj1
obj2
obj3
```

图 5-6　例 5-4 的运行结果

从例 5-4 可以看出，for-each 循环遍历集合的语法非常简洁，没有循环条件，不必担心在遍历的过程中会超出集合的长度。

需要注意的是，在使用 for-each 循环时，不能从集合中删除元素，否则会抛出 ConcurrentModificationException 异常，如例 5-5 所示。

例 5-5　Example05.java。

```java
import java.util.ArrayList;
public class Example05 {
    public static void main(String[] args) {
        //创建 ArrayList 集合
        ArrayList list = new ArrayList();
        list.add("obj1");
        list.add("obj2");
        list.add("obj3");
        for(Object obj: list) {
            list.remove(obj);
        }
    }
}
```

例 5-5 的运行结果如图 5-7 所示。

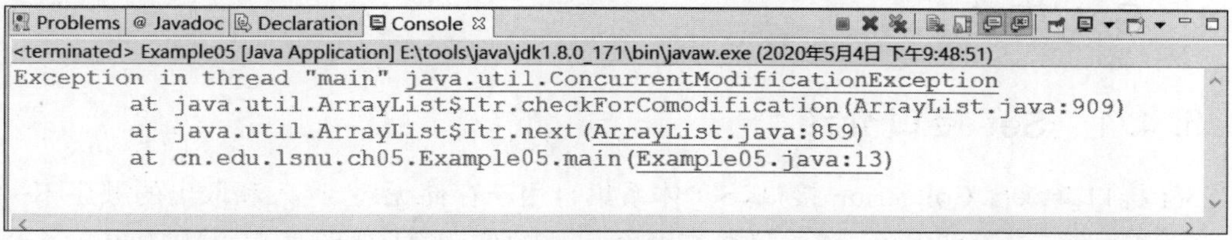

图 5-7　例 5-5 的运行结果

在例 5-5 中，使用了 ArrayList 的 remove(Object o)方法来删除集合中的元素，结果抛出了 ConcurrentModificationException 异常，实际上 Java 的 for-each 循环就是将 List 对象的遍历托管给了迭代器 Iterator，从集合中删除元素导致迭代器预期的迭代次数发生改变，导致迭代器的结果不准确。

5.3.3　forEach 遍历集合

在 JDK 8 中，可以使用 Iterable 接口的 forEach(Consumer action)方法来遍历 Collection 集合中的元素，该方法的入参是一个函数式接口，Iterable 是 Collection 的父接口。接下来通过一个案例来介绍如何使用 forEach(Consumer action)方法来遍历集合中的元素，如例 5-6 所示。

例 5-6　Example06.java。

```java
import java.util.ArrayList;
public class Example06 {
    public static void main(String[] args) {
        //创建 ArrayList 集合
```

```
            ArrayList list = new ArrayList();
            list.add("obj1");
            list.add("obj2");
            list.add("obj3");
            //使用 forEach(Consumer action)方法遍历集合
            list.forEach(System.out::println);
    }
}
```

例 5-6 的运行结果如图 5-8 所示。

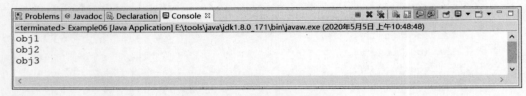

图 5-8　例 5-6 的运行结果

在例 5-6 中，使用 forEach(Consumer action)方法来遍历集合中的元素，方法的入参是一个 Lambda 表达式形式的函数式接口，代码非常简洁。

5.4　Set 集合

5.4.1　Set 接口介绍

Set 接口继承自 Collection 接口，Set 体系集合用于存储无序（存入和取出的顺序不一定相同）元素，并且值不可重复。Set 接口有两个主要的实现类，分别是 HashSet 和 TreeSet。HashSet 根据对象的哈希值来确定元素在集合中的存储位置，具有良好的存取和查找性能。TreeSet 以二叉树结构来存储元素，能够对集合中的元素进行排序。

5.4.2　HashSet 集合

HashSet 是 Set 接口的一个实现类，其内部封装了 HashMap。HashSet 中存储的元素无序并且不可重复，元素存放的位置根据元素的哈希值来确定。当向 HashSet 中添加一个元素时，首先会调用该元素的 hashCode()方法来获取对象的哈希值，如果该哈希值对应的存储位置上没有元素，则直接将该元素存入；如果该位置已存有元素，则接着调用元素的 equals()方法，如果 equals 结果为 true，HashSet 则认为该元素已重复，将该元素舍弃；如果 equals 结果为 false，则将该元素存入集合。整个存储流程如图 5-9 所示。

接下来通过一个案例来演示 HashSet 的使用方法，如例 5-7 所示。

例 5-7　Example07.java。

```
import java.util.HashSet;
public class Example07 {
    public static void main(String[] args) {
        HashSet set = new HashSet();
```

```
        set.add("obj1");
        set.add("obj2");
        set.add("obj3");
        set.add("obj3");//相同的元素不会被添加到 Set 集合中
        //输出集合中的元素
        set.forEach(System.out::println);
    }
}
```

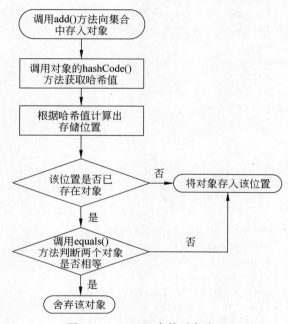

图 5-9　HashSet 存储对象流程

例 5-7 的运行结果如图 5-10 所示。

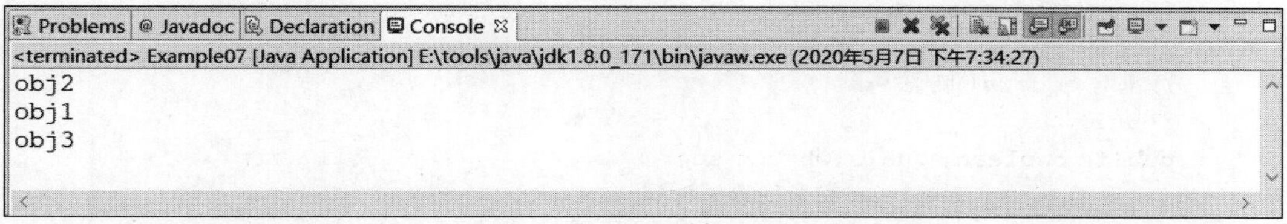

```
obj2
obj1
obj3
```

图 5-10　例 5-7 的运行结果

在例 5-7 中，向 HashSet 集合中添加了 4 个元素，其中添加了一个重复的元素 obj3，从运行结果可以看出，重复的元素 obj3 没有被添加到 Set 集合中，并且存入和取出元素的顺序并不相同。

我们知道为了保证 HashSet 中的元素不可重复，在向 HashSet 中存入对象时，需要重写 Object 类中的 hashCode() 和 equals() 方法。在 Java 中，一些基本数据包装类、String 类等都已经默认重写了 hashCode() 和 equals() 方法。但是如果开发者向 HashSet 集合中添加自定义的数据类型，必须增加重写的 hashCode() 和 equals() 方法，才能保证数据的唯一性,如例 5-8 所示。

例 5-8　Example08.java。

```java
import java.util.HashSet;
public class Example08 {
    public static void main(String[] args) {
        HashSet set = new HashSet();
        Order order1 = new Order("1", "fruit");
        Order order2 = new Order("2", "book");
        Order order3 = new Order("2", "book1");
        Order order4 = new Order("3", "book");
        set.add(order1);
        set.add(order2);
        set.add(order3);
        set.add(order4);
        System.out.println(set);
    }
}

class Order {
    String orderId;
    String goods;
    //构造方法
    public Order(String orderId,String goods) {
        this.orderId=orderId;
        this.goods = goods;
    }
    public String toString() {
        return orderId + ":" + goods;
    }
    //重写 hashCode()方法
    @Override
    public int hashCode() {
        return orderId.hashCode();              //返回 orderId 的哈希值
    }
    //重写 equals()方法
    @Override
    public boolean equals(Object obj) {
        //定义一个 boolean 类型的返回标识
        boolean flag = false;
        if(this == obj) {                        //判断是否是同一个对象
            flag = true;
        }else if (!(obj instanceof Order)) {     //判断对象是否为 Order 类型
            flag = false;
        }else {
            Order order = (Order) obj;           //将对象强制转换为 Order 类型
            flag = this.orderId.equals(order.orderId);        //判断 id 值是否相同
        }
        return flag;                             //返回判断结果
    }
}
```

例 5-8 的运行结果如图 5-11 所示。

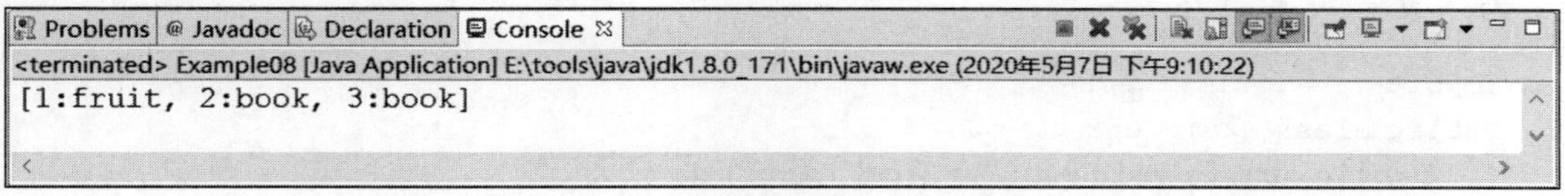

```
[1:fruit, 2:book, 3:book]
```

图 5-11　例 5-8 的运行结果

在例 5-8 中，重写了 Order 类的 hashCode() 和 equals() 方法，在 hashCode() 方法中返回 orderId 属性的哈希值，在 equals() 方法中比较对象的 orderId 是否相等来作为判断是否是同一对象的依据，并返回比较结果。所以，当向 HashSet 集合中添加 order3 对象时，发现它的哈希值与 order2 对象的相同，并且调用 equals() 方法结果返回 true，HashSet 则判定两个对象相同，因此将重复的 order3 对象舍弃了。

5.4.3　TreeSet 集合

TreeSet 集合是通过采用平衡二叉树结构来存储元素的，这种结构可以保证 TreeSet 集合中的元素不可重复，并且可以对元素进行排序。二叉树就是每个节点最多有两个子树的树结构，二叉树的子树有左右之分，其中每个节点左侧的子树称为"左子树"，右侧的子树称为"右子树"，并且左子树上的元素小于它的根节点，而右子树上的元素大于它的根节点。二叉树存储结构如图 5-12 所示。

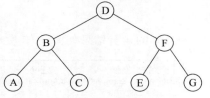

图 5-12　二叉树存储结构

TreeSet 集合使用二叉树原理来对元素进行排序，当向集合中增加一个元素时，该元素首先会与根节点进行比较，如果新增元素小于根节点，则会继续与左分支的元素进行比较；如果新增元素大于根节点元素，则会继续与右分支的元素进行比较。如此反复，直至比较到最后一个元素，如果新增元素小于最后一个元素，则将新增元素放在其左子树上；如果新增元素大于最后一个元素，则将新增元素放在其右子树上。

针对 TreeSet 集合特殊的存储结构，TreeSet 在继承 Set 接口的基础上又增加了一些特有的方法，如表 5-3 所示。

表 5-3　TreeSet 特有方法

方 法 声 明	功 能 描 述
Object first()	返回集合中当前的第一个元素
Object last()	返回集合中当前的最后一个元素
Object lower(Object o)	返回集合中小于给定元素的最大元素，如果没有返回 null
Object higher(Object o)	返回集合中大于给定元素的最小元素，如果没有返回 null
Object floor(Object o)	返回集合中小于或等于给定元素的最大元素，如果没有返回 null
Object ceiling(Object o)	返回集合中大于或等于给定元素的最小元素，如果没有返回 null
Object pollFirst()	删除并返回集合的第一个元素，若集合为空，则返回 null
Object pollLast()	删除并返回集合的最后一个元素，若集合为空，则返回 null

接下来通过一个案例来介绍 TreeSet 集合的常用方法，如例 5-9 所示。

例 5-9　Example09.java。

```java
import java.util.TreeSet;
public class Example09 {
    public static void main(String[] args) {
        TreeSet set = new TreeSet();
        //向 TreeSet 集合中添加元素
        set.add(13);
        set.add(5);
        set.add(2);
        set.add(3);
        System.out.println("TreeSet 集合中的元素有: " + set);
        //获取集合中第一个元素
        System.out.println("TreeSet 集合中第一个元素为: " + set.first());
        //返回集合中小于或等于 7 的最大元素
        System.out.println("集合中小于或等于 7 的最大的一个元素为: " + set.floor(7));
        //删除并返回集合中第一个元素
        System.out.println("删除的第一个元素是: "+set.pollFirst());
    }
}
```

例 5-9 的运行结果如图 5-13 所示。

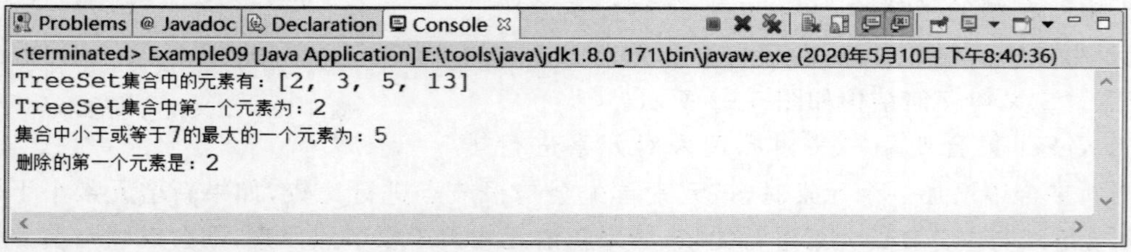

```
TreeSet集合中的元素有：[2, 3, 5, 13]
TreeSet集合中第一个元素为：2
集合中小于或等于7的最大的一个元素为：5
删除的第一个元素是：2
```

图 5-13　例 5-9 的运行结果

在例 5-9 中，演示了 TreeSet 集合的一些常用方法，从运行结果可以看出，无论向 TreeSet 集合中添加整型元素的顺序如何，最终 TreeSet 都会以自然顺序将这些元素进行排序。

TreeSet 根据二叉树存储原理可以对存入集合中的元素进行排序，在 Java 中，一些基本数据包装类、String 类等可以进行默认的 TreeSet 排序。开发者向 TreeSet 集合中添加自定义的数据类型时，如果要求 TreetSet 集合中的元素排列有序，就必须对自定义类型进行处理，如实现 Comparable 接口并重写 compareTo()方法。

TreeSet 支持两种排序方式，即自然排序和比较器排序。默认情况下，TreeSet 采用自然排序。自然排序需要存储的对象类实现 Comparable 接口，并重写 compareTo()方法。比较器排序需要自定义一个比较器，该比较器需实现 Comparator 接口，重写 compare()方法，并且在创建 TreeSet 集合对象时传入自定义的比较器对象，以此来实现定制的排序规则。在重写 compareTo()方法或 compare()方法时，需要将当前将要添加的对象与指定对象进行比较，如果当前对象小于指定对象，则返回负整数，那么 TreeSet 会将当前对象存放在树的左侧；如果当前对象大于指定对象，则返回正整数，那么 TreeSet 会将当前对象存放在树的右侧；如果当前对象等于指定对象，则返回零，那么 TreeSet 会舍弃当前将要添加的对象。

接下来通过一个案例来演示自然排序的实现，如例 5-10 所示。

例 5-10　Example10.java。

```java
import java.util.TreeSet;
public class Example10 {
    public static void main(String[] args) {
        TreeSet ts = new TreeSet();
        ts.add(new Order(1001, "book"));
        ts.add(new Order(1002, "hat"));
        ts.add(new Order(1001, "book"));
        ts.add(new Order(1004, "shoes"));
        System.out.println(ts);
    }
}

class Order implements Comparable {
    int id;
    String goods;
    public Order(int id, String goods) {
        this.id = id;
        this.goods = goods;
    }
    public String toString() {
        return id + ":" + goods;
    }
    //重写 compareTo()方法
    @Override
    public int compareTo(Object obj) {
        Order order = (Order) obj;
        //比较订单 id
        if(this.id - order.id > 0) {
            return 1;
        }
        //如果 id 相同，则比较 goods
        if(this.id - order.id == 0) {
            return this.goods.compareTo(order.goods);
        }
        return -1;
    }
}
```

例 5-10 的运行结果如图 5-14 所示。

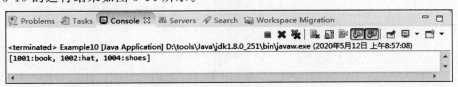

图 5-14　例 5-10 的运行结果

在例 5-10 中定义了一个 Order 类，该类实现了 Comparable 接口，并重写了 compareTo() 方法。在 compareTo() 方法中，首先对 id 进行比较，如果当前 id 大于指定的 id 则返回正整数 1；如果当前 id 等于指定 id，则按字典顺序比较 goods，并返回比较结果；最后，如果前两个条件不满足，则返回负整数 －1。从图 5-14 可以看出，在向 TreeSet 集合添加自定义的 Order 对象时，首先按属性 id 进行排序，其次再按照 goods 的字典顺序进行排序，如果 Order 对象的 id 和 goods 均相同，则舍弃该对象。

在演示完自然排序的实现之后，接下来通过一个案例来演示比较器排序的实现，如例 5-11 所示。

例 5-11 Example11.java。

```java
import java.util.Comparator;
import java.util.TreeSet;
//自定义比较器
class MyComparator implements Comparator {
    @Override
    public int compare(Object obj1, Object obj2) {
        String str1 = (String) obj1;
        String str2 = (String) obj2;
        //比较字符串长度
        int val1 = str1.length() - str2.length();
        //比较字符串字典顺序
        int val2 = val1 == 0 ? str1.compareTo(str2) : val1;
        return val2;
    }
}

public class Example11 {
    public static void main(String[] args) {
        //创建 TreeSet 集合时,传入自定义的比较器对象实现定制的排序规则
        TreeSet ts = new TreeSet(new MyComparator());
        ts.add("book");
        ts.add("cook");
        ts.add("shoes");
        ts.add("hat");
        System.out.println(ts);
    }
}
```

例 5-11 的运行结果如图 5-15 所示。

```
<terminated> Example11 [Java Application] D:\tools\Java\jdk1.8.0_251\bin\javaw.exe (2020年5月12日 上午11:19:36)
[hat, book, cook, shoes]
```

图 5-15　例 5-11 的运行结果

例 5-11 中自定义了一个比较器 MyComparator,该比较器实现了 Comparator 接口,并重写了 compare(Object obj1,Object obj2)方法。在 compare(Object obj1,Object obj2)方法中定制了排序规则,首先以字符串的长度进行排序,然后再以字符串的字典顺序进行排序。在 main 方法中,创建 TreeSet 集合时,传入自定义的 MyComparator 比较器,以此来实现 TreeSet 集合中对象的排序。从运行结果可以看出,TreeSet 集合中的元素首先按照字符串的长度进行排序,如果字符串长度相等,则按照字典顺序进行排序。

5.5 Map 集合

5.5.1 Map 接口介绍

Map 为双列集合的根接口,用来存储具有键(key)、值(value)映射关系的一对元素。一个 Map 中 key 唯一且不可重复,每个 key 只能映射一个 value,在 Map 集合中,可以根据指定的 key 找到对应的 value,Map 集合常用方法如表 5-4 所示。

表 5-4 Map 集合常用方法

方法声明	功能描述
void clear()	清空集合中所有的键值映射
void put(Object key,Object value)	向集合中添加一对键值元素
int size()	返回集合中键值对的数量
Object get(Object key)	返回指定键所映射的值,如果集合中不包含该键的映射关系,则返回 null
Object remove(Object key)	删除并返回集合中指定键的映射
Set keySet()	以 Set 集合的形式返回 Map 集合中所有的键对象
Collection values()	以 Collection 集合的形式返回 Map 集合中所有的值对象
Set<Map.Entry<Key,Value>> entrySet()	将 Map 集合转换为存储元素类型为 Map 的 Set 集合
void forEach(BiConsumer action)	通过传入一个函数式接口对 Map 集合元素进行遍历
boolean replace(Object key,Object value)	将集合中指定键的映射修改为指定的值

5.5.2 HashMap 集合

HashMap 是 Map 接口的一个实现类,它的底层是由哈希表结构实现的,哈希表的主体结构是数组,当向 HashMap 集合中新增或查找某个元素时,首先把当前元素的关键字通过哈希函数映射到数组中的某个位置,然后通过数组下标即可完成新增或查找操作。然而哈希函数产生的哈希值是有限的,这样有可能会发生哈希冲突。哈希冲突就是当某个元素通过哈希运算得到一个存储地址,要进行插入时发现该存储位置已经被其他元素占用了。解决哈希冲突的方法有很多种,而 HashMap 则采用的是链地址法,所以 HashMap 实际是一种"数组+链表"结构,如图 5-16 所示。

如图 5-16 所示,水平方向的数组结构为 HashMap 的主体,依附于数组竖直方向的结构

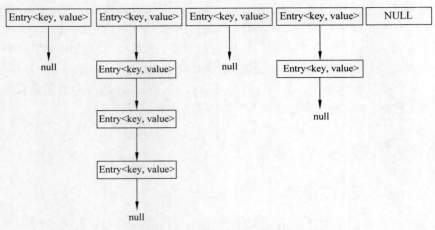

图 5-16　HashMap 存储结构

为链表。在哈希表结构中,水平方向数组的长度称为 HashMap 集合的容量,竖直方向每个元素位置对应的链表结构称为一个桶。链表主要是为了解决哈希冲突而存在的,如果定位到的桶位置不含链表,那么查找、添加等操作很快,仅需一次寻址即可;如果定位到的桶位置包含链表,对于添加操作,其时间复杂度为 O(n),首先遍历链表,如果链表中存在重复键 key,则替换掉原有元素,否则在该桶的顶部新增一个新元素;对于查找操作来讲,仍需遍历链表,然后通过键对象 key 的 equals()方法逐一比对查找。所以,从性能上考虑,HashMap 中的链表出现越少性能越好,这就要求 HashMap 中的桶越多越好。

HashMap 根据实际情况,内部实现了动态分配桶数量的策略。HashMap 所能容纳的最大桶数量的阈值为 capacity * loadFactor,capacity 为集合的容量,默认为 16,loadFactor 是加载因子,默认为 0.75,那么此时该集合的桶阈值就为 12,如果向 HashMap 集合中不断添加键值对,当超过 12 个存储元素时,HashMap 集合就会重新扩容,扩容后的容量是之前容量的 2 倍,即 32。

接下来通过一个案例来演示 HashMap 的基本用法,如例 5-12 所示。

例 5-12　Example12.java。

```java
import java.util.HashMap;
import java.util.Map;
public class Example12 {
    public static void main(String[] args) {
        //创建 HashMap 对象
        Map map = new HashMap();
        //向集合中添加元素
        map.put("1001", "book");
        map.put("1002", "hat");
        map.put("1003", "shoes");
        map.put("1002", "flower");          //增加一对重复键的键值元素
        System.out.println("集合中的元素有: " + map);
        //获取指定键映射的值
```

```java
            System.out.println("键 1001 映射的值为: " + map.get("1001"));
            //获取集合中的键对象
            System.out.println("获取集合中的键对象: " + map.keySet());
            //获取集合中的值对象
            System.out.println("获取集合中的值对象: " + map.values());
            //替换指定键所映射的值
            map.replace("1001", "cat");
            System.out.println("集合中的元素有: " + map);
            //删除指定键对象映射的键值对元素
            System.out.println("删除的元素为: " + map.remove("1001"));
            System.out.println("集合中的元素有: " + map);
        }
    }
```

例 5-12 的运行结果如图 5-17 所示。

```
集合中的元素有: {1003=shoes, 1002=flower, 1001=book}
键1001映射的值为: book
获取集合中的键对象: [1003, 1002, 1001]
获取集合中的值对象: [shoes, flower, book]
集合中的元素有: {1003=shoes, 1002=flower, 1001=cat}
删除的元素为: cat
集合中的元素有: {1003=shoes, 1002=flower}
```

图 5-17 例 5-12 的运行结果

在例 5-12 中，首先创建了一个 HashMap 集合，然后向集合中添加了 4 个元素，通过 HashMap 的相关方法对集合中元素进行查询、修改、删除等操作。从运行结果可以看出，HashMap 集合中的键具有唯一性，当向集合中添加一对重复键的键值元素时，会覆盖之前已存在的键值元素。

5.5.3 Map 集合遍历

遍历 Map 集合中的键值对元素有 5 种方法：第一种是通过 Map.keySet 遍历集合中的 key 和 value；第二种是通过 Map.keySet 使用 iterator 遍历集合中的 key 和 value；第三种通过 Map.entrySet 遍历集合中的 key 和 value；第四种通过 Map.entrySet 使用 iterator 遍历集合中的 key 和 value；第五种通过 Map.values() 遍历集合中的 value，但无法遍历 key。接下来通过一个案例来演示上述 5 种方法遍历 Map 集合，如例 5-13 所示。

例 5-13 Example13.java。

```java
import java.util.*;
public class Example13 {
    public static void main(String[] args) {
        Map map = new HashMap();
        map.put("1001", "obj1");
        map.put("1002", "obj2");
```

```java
            map.put("1003", "obj3");
            //第一种：通过 Map.keySet 遍历 key 和 value
            System.out.println("通过 Map.keySet 遍历 key 和 value: ");
            for(Object key: map.keySet()) {
                Object value = map.get(key);
                System.out.println("key=" + key + ",value=" + value);
            }
            //第二种：是通过 Map.keySet 使用 iterator 遍历 key 和 value
            System.out.println("通过 Map.keySet 使用 iterator 遍历 key 和 value: ");
            Set keySet = map.keySet();
            Iterator it1 = keySet.iterator();
            while(it1.hasNext()) {
                Object key = it1.next();
                Object value = map.get(key);
                System.out.println("key=" + key + ",value=" + value);
            }
            //第三种：通过 Map.entrySet 遍历 key 和 value
            System.out.println("通过 Map.entrySet 遍历 key 和 value: ");
            for(Object entry: map.entrySet()) {
                Map.Entry mapEntry = (Map.Entry) entry;
                Object key = mapEntry.getKey();
                Object value = mapEntry.getValue();
                System.out.println("key=" + key + ",value=" + value);
            }
            //第四种：通过 Map.entrySet 使用 iterator 遍历 key 和 value
            System.out.println("通过 Map.entrySet 使用 iterator 遍历 key 和 value: ");
            Set entrySet = map.entrySet();
            Iterator it2 = entrySet.iterator();
            while(it2.hasNext()) {
                Map.Entry entry = (Map.Entry) it2.next();
                Object key = entry.getKey();
                Object value = entry.getValue();
                System.out.println("key=" + key + ",value=" + value);
            }
            //第五种：通过 Map.values() 遍历所有的 value
            System.out.println("通过 Map.values() 遍历所有的 value: ");
            for(Object value: map.values()) {
                System.out.println("value=" + value);
            }
        }
    }
```

例 5-13 的运行结果如图 5-18 所示。

在例 5-13 中，第一种方法是通过 Map.keySet 遍历集合中的 key 和 value，该方法首先通过 Map 集合的 keySet() 方法获取集合中的 key，然后通过 Map 的 get(Object key) 方法

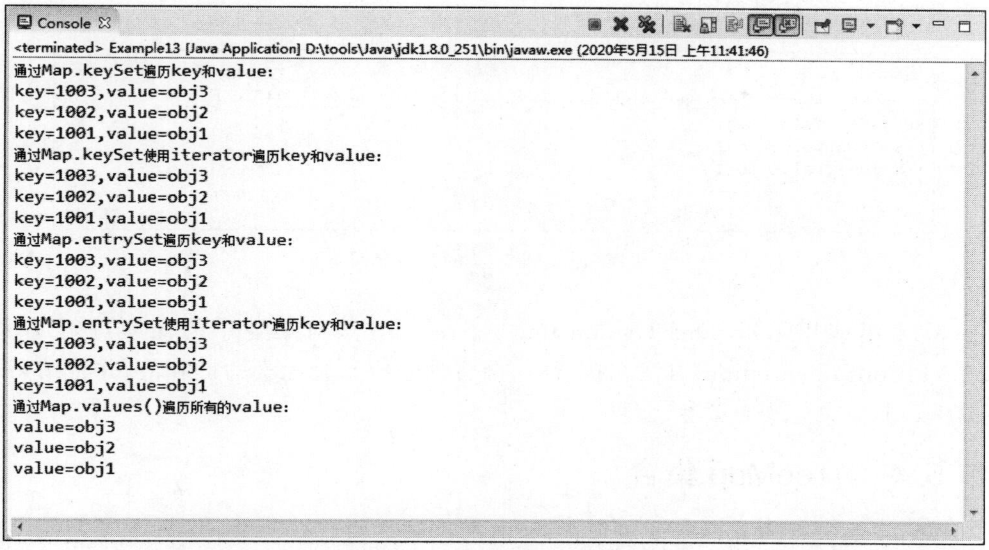

```
Console ⊠
<terminated> Example13 [Java Application] D:\tools\Java\jdk1.8.0_251\bin\javaw.exe (2020年5月15日 上午11:41:46)
通过Map.keySet遍历key和value:
key=1003,value=obj3
key=1002,value=obj2
key=1001,value=obj1
通过Map.keySet使用iterator遍历key和value:
key=1003,value=obj3
key=1002,value=obj2
key=1001,value=obj1
通过Map.entrySet遍历key和value:
key=1003,value=obj3
key=1002,value=obj2
key=1001,value=obj1
通过Map.entrySet使用iterator遍历key和value:
key=1003,value=obj3
key=1002,value=obj2
key=1001,value=obj1
通过Map.values()遍历所有的value:
value=obj3
value=obj2
value=obj1
```

图 5-18　例 5-13 的运行结果

获取对应的 value。第二种方法是通过 Map.keySet 使用 iterator 遍历集合中的 key 和 value，该方法首先通过 Map 的 keySet() 方法获取集合中所有 key 的 Set 集合，然后通过 Iterator 迭代 Set 集合中的 key，最后通过 get(Object key) 方法获取对应的 value。第三种方法通过 Map.entrySet 遍历 key 和 value，该方法首先通过 Map 的 entrySet() 方法获取 Map.entrySet 对象，然后分别调用 Map.entrySet 对象的 getKey() 方法和 getValue() 方法获取 key 和 value。第四种方法通过 Map.entrySet 使用 iterator 遍历 key 和 value，该方法首先调用 Map 的 entrySet() 方法获取集合中键值映射的 Set 集合，然后迭代 Set 集合获取每一个映射对象，最后调用映射对象的 getKey() 方法和 getValue() 方法来获取 key 和 value。第五种方法通过 Map.values() 遍历所有的 value，但该方法无法遍历 key。

遍历 Map 集合除了上述 5 种方法外，JDK 8 中提供了一个 forEach(BiConsumer action) 方法来遍历 Map 集合，该方法需要一个函数式接口作为方法的入参，所以可以使用 Lambda 表达式的形式来遍历集合，如例 5-14 所示。

例 5-14　Example14.java。

```java
import java.util.*;
public class Example14 {
    public static void main(String[] args) {
        Map map = new HashMap();
        map.put("1001", "obj1");
        map.put("1002", "obj2");
        map.put("1003", "obj3");
        //使用 forEach(BiConsumer action)方法遍历集合
        map.forEach((key,value) -> System.out.println("key=" + key + ",value=" +
            value));
    }
}
```

例 5-14 的运行结果如图 5-19 所示。

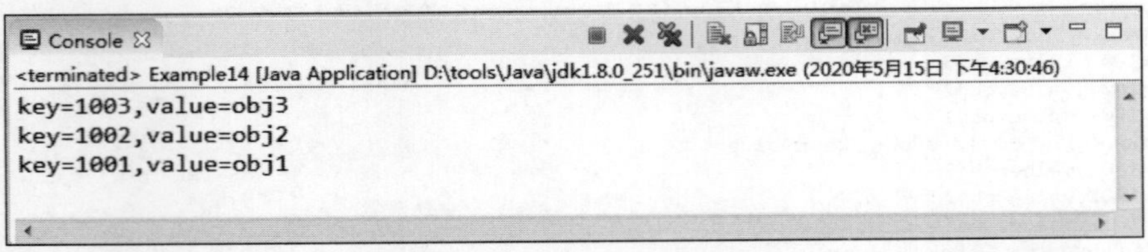

图 5-19　例 5-14 的运行结果

例 5-14 中使用了 forEach(BiConsumer action)方法对集合中的元素进行了遍历，forEach(BiConsumer action)方法在执行时，会自动遍历集合元素的键和值，并将结果逐个传递给 Lambda 表达式的形参。

5.5.4　TreeMap 集合

TreeMap 是一个有序的键值对集合，其内部存储结构与 TreeSet 一样都是通过采用平衡二叉树存储元素的，这种结构可以保证 TreeMap 集合中的键唯一，并且集合中的元素默认按照键的自然顺序排序。需要注意的是，在使用 TreeMap 时，键对象需要实现 Comparable 接口或者在创建 TreeMap 时传入自定义的比较器 Comparator。接下来通过一个案例来学习 TreeMap 的基本用法，如例 5-15 所示。

例 5-15　Example15.java。

```java
import java.util.Map;
import java.util.TreeMap;
public class Example15 {
    public static void main(String[] args) {
        Map map = new TreeMap();
        map.put("1001", "obj1");
        map.put("1002", "obj2");
        map.put("1003", "obj3");
        System.out.println("集合中的元素有：" + map);
        System.out.println("键 1001 映射的值为：" + map.get("1001"));
    }
}
```

例 5-15 的运行结果如图 5-20 所示。

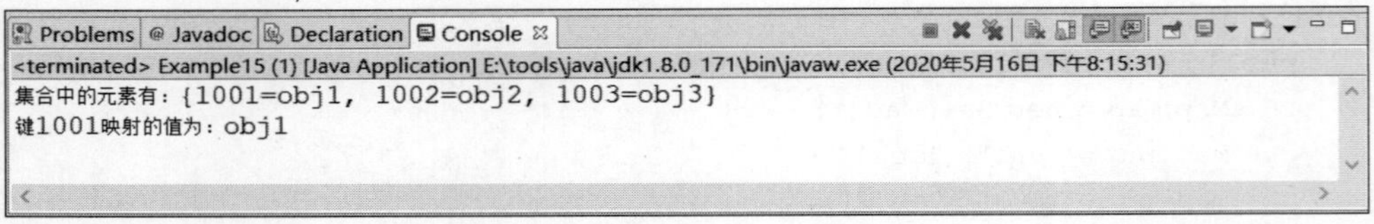

图 5-20　例 5-15 的运行结果

例 5-15 中使用 TreeMap 的 put(Object key,Object value)方法向集合中添加了 3 个元素，使用 get(Object key)方法可以取得指定键对应的值，从运行结果可以看出，TreeMap 集合中的元素默认是按照键的自然顺序排序的，这是因为 String 类的键已经实现了 Comparable 接口。

5.5.5　Properties 集合

Map 接口有一个比较重要的实现类 Properties，该类继承于 Hashtable，Hashtable 与 HashMap 用法类似，主要区别是 Hashtable 是线程安全的，同一时间只能有一个线程写 Hashtable。Properties 主要用来存储字符串类型的键值对，在实际开发中，主要用于读取 Java 中的配置文件。Properties 集合的常用方法如表 5-5 所示。

表 5-5　Properties 集合常用方法

方 法 声 明	功 能 描 述
String getProperty(String key)	获取此属性列表中指定键的属性值
void list(PrintStream out)	将属性列表输出到指定的输出流
void list(PrintWriter out)	将属性列表输出到指定的输出流
void load(InputStream in) throws IOException	读取输入流中的属性列表（键值对）
Object setProperty(String key, String value)	向属性列表中增加一个键值对
void store(OutputStream out, String comments)	将此属性列表（键值对）写入此 Properties 表中，以适合于使用 load(InputStream) 方法加载到 Properties 表中的格式输出流

接下来通过一个案例来介绍 Properties 的使用，如例 5-16 所示。

例 5-16　Example16.java。

```java
import java.io.*;
import java.util.Properties;
public class Example16 {
    public static void main(String[] args) throws IOException {
        Properties info = new Properties();
        //读取输入流中的属性列表
        info.load(new FileInputStream("info.properties"));
        //向 info 列表中增加键值对元素
        info.put("username","root");
        info.put("password", "123456");
        info.setProperty("charset", "UTF-8");
        FileOutputStream out = new FileOutputStream("info.properties");
        //将 info 列表中的属性写入到 info.properties 文件中
        info.store(out, "user info");
        //遍历 info 列表中的属性
        info.forEach((k, v) -> System.out.println(k + "=" + v));
        //根据指定的键获取对应的值
        String username = info.getProperty("username");
        System.out.println("username=" + username);
    }
}
```

在运行程序之前需要在工程目录下新建一个 info.properties 文件，控制台输出结果如图 5-21 所示。

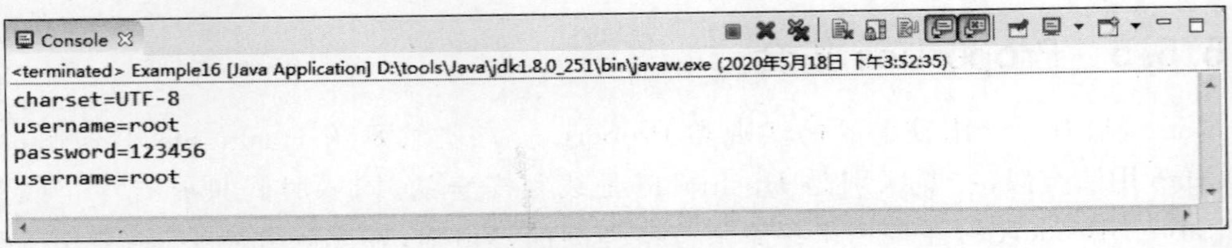

图 5-21 例 5-16 的运行结果

程序运行成功后，info 列表中添加的属性将会写入到 info.properties 文件中，文件内容如图 5-22 所示。

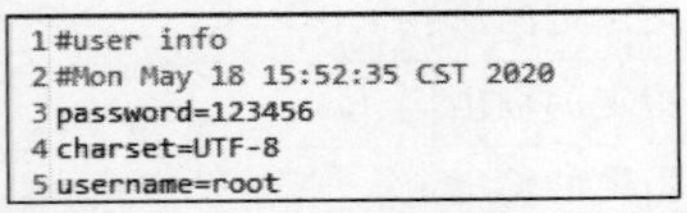

图 5-22 info.properties 文件内容

在例 5-16 中，首先创建了一个 Properties 集合对象，然后使用 I/O 输入流形式读取 info.properties 文件中的内容，接着调用 Properties 集合的 put(Object key,Object value)方法和 setProperty(String key,String value)方法向 Properties 集合中添加了 3 个元素，并使用 store()方法将新增信息写入到 info.properties 配置文件中，最后对 Properties 集合进行遍历，并调用 getProperty(String key)方法获取指定键对应的值。该例中有关 I/O 流的内容将会在以后的章节中进行讲解。

5.6 泛型

Java 集合存储的对象都是 Object 类型的实例，当一个对象存入集合后，它的类信息将会丢失，即集合中存储的对象都变为 Object 类型。在开发人员无法预知集合中对象的实际类型情况下，如果进行强制类型转换，在程序的运行期间可能会发生类型转换异常错误，如例 5-17 所示。

例 5-17 Example17.java。

```java
import java.util.ArrayList;
public class Example17 {
    public static void main(String[] args) {
        ArrayList list = new ArrayList();
        list.add("book");
        list.add(100);
        for(Object obj: list) {
            String item = (String) obj;        //强制转换为 String 类型
            System.out.println(item);
        }
    }
}
```

例 5-17 的运行结果如图 5-23 所示。

例 5-17 中向 ArrayList 集合中存入了一个字符串和一个整数。在取出这些元素时将元素的类型全部强制转换为了 String 类型，然而 Integer 类型无法转换成 String 类型，所以会报出"ClassCastException（类型转换异常）"的错误，但是在编译期间并没有检测出这个异常。

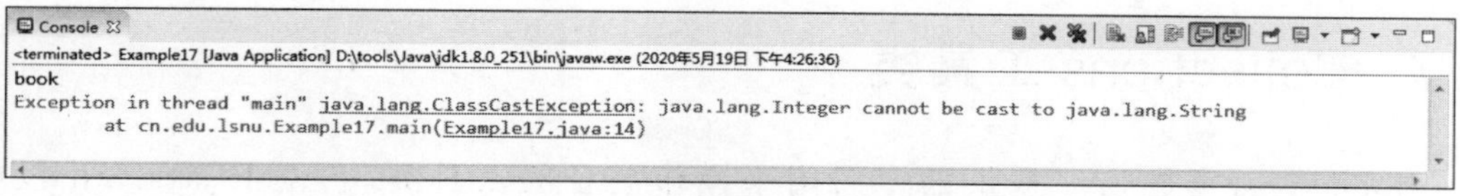

图 5-23 例 5-17 的运行结果

为了解决这种问题，在 JDK5 中引入了泛型这一特性。泛型提供了编译时类型安全检测机制，该机制允许程序员在编译时检测到非法的类型。泛型的本质是参数化类型，也就是说所操作的数据类型被指定为一个参数。在定义一个集合类时，可以使用"＜参数化类型＞"的方式指定该集合中存储的数据类型。以 ArrayList 集合为例，声明一个泛型类的语法如下：

ArrayList<参数化类型> list = new ArrayList<参数化类型>();

接下来对例 5-17 中的代码稍作修改，在创建 ArrayList 集合时就指定集合中存储的数据类型为 String，修改后的代码如 5-18 所示。

例 5-18 Example18.java。

```java
import java.util.ArrayList;
public class Example18 {
    public static void main(String[] args) {
        ArrayList<String> list = new ArrayList<String>();
                                            //创建集合时指定存储类型为 String
        list.add("book");
        list.add(100);
        for(Object obj: list) {
            String item = (String) obj;      //强制转换为 String 类型
            System.out.println(item);
        }
    }
}
```

ArrayList 引入泛型后，向集合中添加一个整数类型的数据，程序在编译期间就会提示错误信息，如图 5-24 所示。程序编译不通过，这样就避免了程序在运行期间发生错误。根据错误提示，按实际需要修改为正确的代码即可。

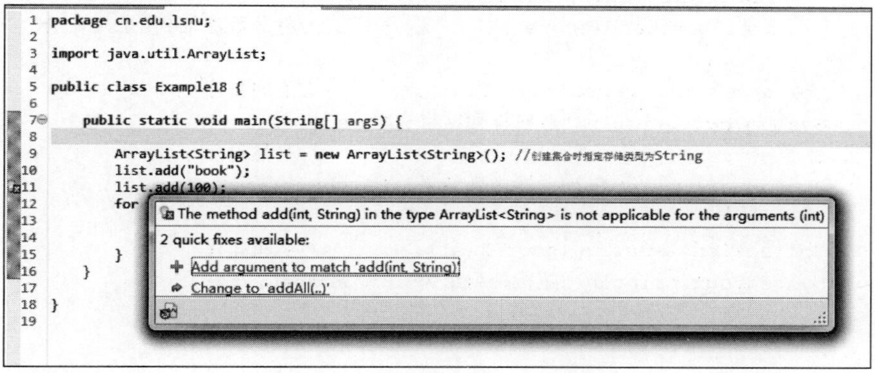

图 5-24 编译期间提示错误信息

5.7 Collections 工具类

Collections 类是 Java 提供的专门用来操作集合的工具类，它位于 java.util 包中。Collections 类提供了许多操作集合的静态方法，用来实现集合中元素的排序、查询、替换和复制等操作，还提供了对集合对象实现同步控制等方法。

1. 元素排序

Collections 提供了一些方法用于对 List 集合中的元素进行排序，如表 5-6 所示。

表 5-6 Collections 常用的排序方法

方 法 声 明	功 能 描 述
static void reverse(List list)	对 List 集合中的元素进行逆向排序
static void shuffle(List list)	对 List 集合中的元素进行随机排序
static void sort(List list)	根据元素的自然顺序对 List 集合中的元素进行升序排序
static void sort(List list, Comparator c)	根据 Comparator 定制的排序方式对 List 集合中的元素进行排序
static void swap(List list, int i, int j)	将指定 List 集合中的 i 处元素和 j 处元素进行交换

接下来通过一个案例来演示 Collections 类中排序方法的使用，如例 5-19 所示。

例 5-19 Example19.java。

```java
import java.util.ArrayList;
import java.util.Collections;
import java.util.List;
import java.util.Scanner;
public class Example19 {
    public static void main(String[] args) {
        Scanner in = new Scanner(System.in);
        List scoreList = new ArrayList();
        for(int i = 0; i < 5; i++) {
            System.out.println("请输入第 " + (i + 1) + " 个学生的分数: ");
            int score = in.nextInt();
            scoreList.add(score);              //将分数添加到 List 集合
        }
        Collections.reverse(scoreList);        //逆向排序
        System.out.println("逆向排列结果: " + scoreList);
        Collections.sort(scoreList);           //自然排序
        System.out.println("自然排列结果: " + scoreList);

        Collections.shuffle(scoreList);        //随机排序
        System.out.println("随机排列结果: " + scoreList);
    }
}
```

例 5-19 的运行结果如图 5-25 所示。

在例 5-19 中，首先循环输入 5 个分数，并添加到 ArrayList 集合，然后调用 Collections

```
Console
<terminated> Example19 [Java Application] D:\tools\Java\jdk1.8.0_251\bin\javaw.exe (2020年5月20日 上午11:28:43)
请输入第 1 个学生的分数:
80
请输入第 2 个学生的分数:
60
请输入第 3 个学生的分数:
70
请输入第 4 个学生的分数:
100
请输入第 5 个学生的分数:
90
逆向排列结果: [90, 100, 70, 60, 80]
自然排列结果: [60, 70, 80, 90, 100]
随机排列结果: [100, 80, 60, 90, 70]
```

图 5-25　例 5-19 的运行结果

类的 reverse(List list)方法、sort(List list)方法和 shuffle(List list)方法分别对集合中的元素进行逆向排序、自然排序和随机排序。

2. 元素查找、替换

Collections 还提供了一些方法用于查找、替换集合中的元素，如表 5-7 所示。

表 5-7　Collections 常用的查找替换方法

方 法 声 明	功 能 描 述
static int binarySearch(List list, Object key)	使用二分搜索法搜索指定对象在 List 集合中的索引，前提必须保证 List 集合中的元素是有序的
static Object max(Collection col)	返回集合中自然顺序最大的元素
static Object min(Collection col)	返回集合中自然顺序最小的元素
static boolean replaceAll(List list, Object oldVal, Object newVal)	使用一个新值 newVal 替换 List 集合中所有的旧值 oldVal

接下来通过一个案例来演示 Collections 类中查找、替换方法的使用，如例 5-20 所示。

例 5-20　Example20.java。

```java
import java.util.ArrayList;
import java.util.Collections;
import java.util.List;
import java.util.Scanner;
public class Example20 {
    public static void main(String[] args) {

        Scanner in = new Scanner(System.in);
        List list = new ArrayList();
        for(int i = 0; i < 5; i++) {
            System.out.println("请输入第 " + (i + 1) + " 个元素: ");
            int item = in.nextInt();
            list.add(item);              //将元素添加到 List 集合
        }
```

```java
            System.out.println("集合中的元素有: " + list);
            System.out.println("集合中的最大元素为: " + Collections.max(list));
            System.out.println("集合中的最小元素为: " + Collections.min(list));
            Collections.sort(list);         //使用二分查找前,需要保证元素是有序的
            System.out.println("集合排序后为: " + list);
            System.out.println("请输入要查找的元素: ");
            int val = in.nextInt();
            int index = Collections.binarySearch(list, val);
            System.out.println("通过二分查找法查找元素" + val
                            + "在集合中的索引为: " + index);
            System.out.println("请输入要替换的元素: ");
            int oldVal = in.nextInt();
            System.out.println("请输入替换值: ");
            int newVal = in.nextInt();
            Collections.replaceAll(list, oldVal, newVal);       //oldVal 替换为 newVal
            System.out.println("替换后的集合: " + list);
    }
}
```

例 5-20 的运行结果如图 5-26 所示。

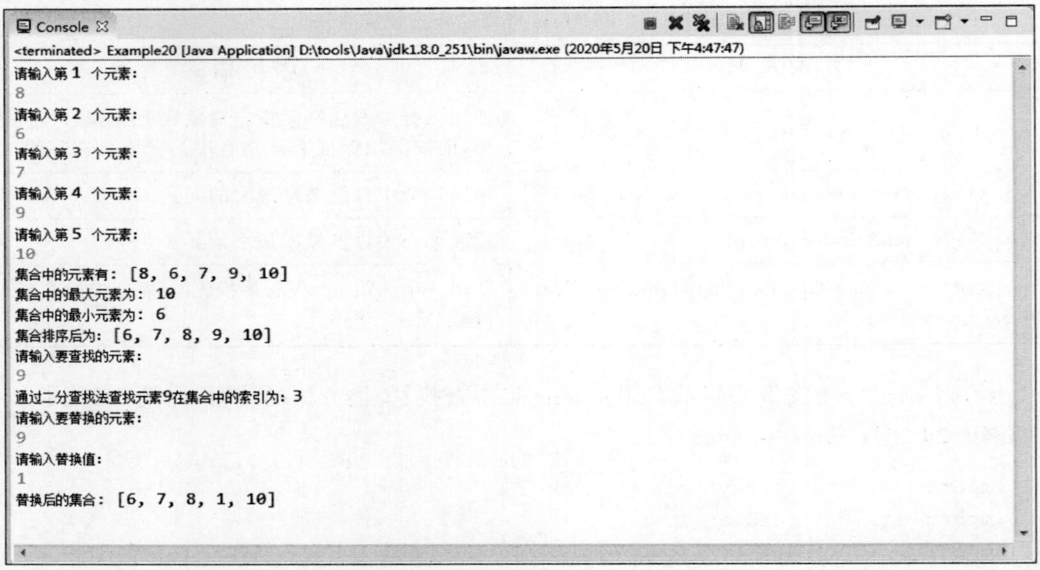

```
请输入第 1 个元素:
8
请输入第 2 个元素:
6
请输入第 3 个元素:
7
请输入第 4 个元素:
9
请输入第 5 个元素:
10
集合中的元素有: [8, 6, 7, 9, 10]
集合中的最大元素为: 10
集合中的最小元素为: 6
集合排序后为: [6, 7, 8, 9, 10]
请输入要查找的元素:
9
通过二分查找法查找元素9在集合中的索引为: 3
请输入要替换的元素:
9
请输入替换值:
1
替换后的集合: [6, 7, 8, 1, 10]
```

图 5-26 例 5-20 的运行结果

在例 5-20 中,首先循环输入 5 个整数 8、6、7、9、10,并添加到 ArrayList 集合中;然后调用 Collections 类的 max(Collection col)方法和 min(Collection col)方法查找到集合中自然排序的最大元素和最小元素,使用二分查找法 binarySearch(List list,Object key)查找元素 9 在集合中的索引为 3,需要注意的是,在使用 binarySearch()方法前,需要对集合中的元素进行排序;最后调用 replaceAll(List list,Object oldVal,Object newVal)方法将集合中的元素 9 全部替换为元素 1。

3. 同步控制

前面所介绍的几种集合实现类 ArrayList、LinkedList、HashSet、TreeSet、HashMap 和 TreeMap 都是线程不安全的。如果有多个线程访问它们时，可能会出现错误数据。Collections 类提供了一些 synchronizedXXX() 方法，该方法可以把集合包装成线程同步的集合，从而可以解决多线程并发访问集合时的线程安全问题。

下面演示 Collections 类中 synchronizedXXX() 方法的使用，如例 5-21 所示。

例 5-21 Example21.java。

```java
import java.util.ArrayList;
import java.util.Collections;
import java.util.HashMap;
import java.util.List;
import java.util.Map;
import java.util.Set;
import java.util.TreeSet;
public class Example21 {
    public static void main(String[] args) {
        List list = Collections.synchronizedList(new ArrayList());
        Map map = Collections.synchronizedMap(new HashMap());
        Set set = Collections.synchronizedSet(new TreeSet());
    }
}
```

本章小结

本章详细讲解了 Java 集合框架的相关知识，重点讲解了 List、Set、Map 集合的常用方法以及它们之间的区别与特点，深入分析了各种实现类的实现机制。另外，重点介绍了泛型的使用，最后介绍了 Collections 工具类的基本用法。

习题 5

5-1 填空题

(1) Collection 集合包含两个重要的子接口 _____ 和 _____，Map 集合提供 _____ 到 _____ 的映射。

(2) Iterator 遍历集合中的元素时，首先调用 _____ 方法判断下一个元素是否存在，若存在下一个元素，则调用 _____ 方法取出该元素。

(3) TreeSet 排序方式有自然排序和比较器排序，自然排序需要存储的对象类实现 _____ 接口，并重写 _____ 方法；比较器排序需要自定义一个比较器，该比较器需要实现 _____ 接口，并重写 _____ 方法。

(4) HashMap 是 Map 接口的一个实现类，它的底层是由 _____ 结构实现的。

(5) Collection 集合的遍历方式有 3 种，它们分别是 _____、_____、_____。

5-2 判断题

(1) Map 集合中 key 唯一且不可重复,每个 key 只能映射一个 value。（   ）

(2) 在使用 for-each 循环遍历集合时,可以从集合中删除元素。（   ）

(3) 在插入或删除数据时,LinkedList 集合的效率高于 ArrayList 集合。（   ）

(4) 数组中的元素可以为基本数据类型和对象的引用,集合中的元素只能为对象的引用。（   ）

(5) 如果两个对象的 hashcode 值相同,那么这两个对象调用 equals()方法得到的值也一定相同。（   ）

5-3 选择题

(1) 下列（   ）说法是正确的。

    A. LinkedList 集合在增删元素时效率较高

    B. ArrayList 集合在查询元素时效率较高

    C. HashMap 不允许出现一对 null 键 null 值

    D. HashSet 集合中元素可重复并且无序

(2) 使用 HashSet 存储自定义的对象,需要重写（   ）方法。

    A. toString()   B. hashCode()   C. equals()   D. add()

(3) ArrayList 底层是由（   ）结构实现的。

    A. 哈希表   B. 数组   C. 链表   D. 二叉树

(4) 要想集合中存储的元素没有重复并且有序,可以使用（   ）集合。

    A. ArrayList   B. LinkedList   C. HashMap   D. TreeSet

(5) 以下关于泛型的描述正确的是（   ）。

    A. 泛型的本质是参数化类型

    B. 泛型提供了编译时类型安全检测机制

    C. 泛型不能使用在静态属性或静态方法上

    D. 泛型不能使用在基本数据类型上

(6) 下列（   ）类继承自 Collection 接口。

    A. ArrayList   B. HashMap   C. HashSet   D. Collections

(7) 在遍历 List 集合时想要删除集合中的元素,可以使用以下（   ）遍历方式。

    A. for 循环   B. for-each 循环

    C. Iterator 迭代器   D. Map.values()遍历

(8) 在程序开发中,经常会使用以下（   ）类来存储程序中所需的配置信息。

    A. HashMap   B. TreeMap   C. Properties   D. TreeSet

(9) HashMap map = new HashMap(30);中的 map 扩容了（   ）次。

    A. 0   B. 1   C. 2   D. 3

(10) 下列结构中,（   ）最适合当作栈使用。

    A. LinkedList   B. HashSet   C. HashMap   D. TreeSet

5-4 简答题

(1) Java 主要集合实现类有哪些?请说出各自的特点。

(2) 请阐述 HashSet 集合存储元素的过程。

（3）Collection 和 Collections 有什么区别？

5-5 编程题

请按照题目的要求编写程序并给出运行结果。

（1）栈是一种先进后出的数据结构，请使用 ArrayList 实现一个简单的栈结构，栈中提供 3 个方法：判断栈是否为空、入栈、出栈，并编写主函数测试。

（2）定义一个 Student 类，该类包含学号 sid 和姓名 name 两个字段，向 HashSet 集合中添加 3 个 Student 对象，不允许学号重复添加。

提示：重写 Student 类 hashCode()方法和 equals()方法，针对 Student 类的 sid 属性进行比较，如果 sid 相同，hashCode()方法的返回值相同，equals()方法返回 true。

第6章 文件与数据流

6.1 概述

在 Java 语言中提供了专门用于文件操作的包,即 java.io,这个包中提供了所有与文件的读写相关的类。本章将详细讲解文件与数据流的知识。输入输出是我们进行程序开发的重要功能,我们编写程序的主要任务就是对输入的数据进行处理,输出结果。图 6-1 是一个数据输入输出的模型。

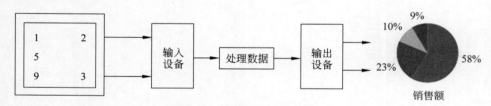

图 6-1 数据输入输出模型

在 Java 语言中,可以将数据的传输看成数据从一个地方流向另一个地方,因此称之为数据流。根据操作的类型,把数据流又分为了输入流和输出流。数据流中输入流指向了数据源,程序中通过输入流从数据源中读取数据。数据流中输出流指向了数据传输的目的地,程序通过输出流将数据写入目的地。通常输入流连接的设备是键盘、网络、磁盘等,输出流连接的设备往往是显示器、网络、物理磁盘等。

如果数据流中操作的数据为字节,称之为字节流;如果数据流中操作的数据为字符,则称之为字符流。因此,Java 语言中按照数据流中数据的类型可分为字节流和字符流两种。在 java.io 包中,java.io.InputStream 和 java.io.OutputStream 这两个抽象类提供操作字节流的方法,而 java.io.Reader 和 java.io.Writer 则提供了操作字符流的方法。

6.2 字节流

字节流是 I/O 流中用来读写二进制数据的数据流,其中 java.io.InputStream 是字节输入流,java.io.OutputStream 是字节输出流,Java 中是通过创建这两个抽象父类派生出的具体子类对象来进行数据读写的。

6.2.1 字节输入流类

(1) 字节输入流类的层次结构如图 6-2 所示。

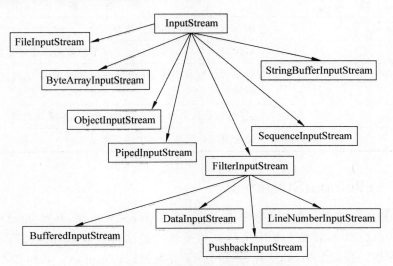

图 6-2 字节输入流类的层次结构框图

(2) 字节输入流类常用函数见表 6-1。

表 6-1 字节输入流类常用函数

函 数 名	功 能
int read()	从输入流中读取 1 字节的数据
int read(byte[] b)	从输入流中读取多字节数据,并将这些数据保存到数组 b
int read(byte[] b, int off, int len)	从输入流中读取多字节数据保存到数据 b 中,且每次最多读取 len 字节,保存的数据是从数组的 off 位置开始的
void close()	关闭输入流,并释放与该输入流相关的系统资源

6.2.2 字节输出流类

(1) 字节输出流类的层次结构如图 6-3 所示。

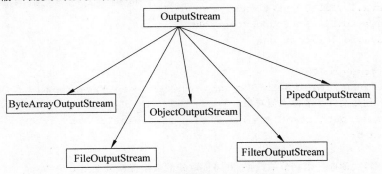

图 6-3 字节输出流类的层次结构框图

(2) 字节输出流类常用函数见表 6-2。

表 6-2　字节输出流类常用函数

函 数 名	功　　能
void write（int b）	向输出流中写入指定的数据
void write(byte[] b)	向输出流中写入 b.length 个字节的数组 b 中的数据
void write(byte[] b,int off,int len)	将字节数组 b 中从 off 位置开始的长度为 len 的字节数据写入到输出流中
void close()	关闭输出流，并释放与该输出流相关的系统资源
void flush()	让输出流中的数据一次性全部输出

6.2.3　FileInputStream 类

FileInputStream 类是文件输入字节流，它继承了 InputStream 类，具有 InputStream 类的所有方法。FileInputStream 类主要用来从文件系统中的文件中获取数据。FileInputStream 类通常用来读取二进制数据，如图片、视频、声音等数据。FileInputStream 类的构造函数如表 6-3 所示。

表 6-3　FileInputStream 类的构造函数

函 数 名	功　　能
void FileInputStream(File file)	通过建立与一个具体文件的联系来创建一个文件字节输入流对象
void FileInputStream(String name)	通过建立与一个具体文件的联系来创建一个文件字节输入流对象，该文件在文件系统中的路径名由参数 name 来指定
void FileInputStream(FileDescriptor fdObj)	通过对一个文件的描述来创建一个文件字节输入流对象

接下来通过一个案例来学习这些构造函数的使用，案例代码如例 6-1 所示。

例 6-1　FileInputStream 类的对象读取文件中的数据。

```
package cn.edu.lsnu.ch06.demo01;
import java.io.FileInputStream;
import java.io.FileNotFoundException;
import java.io.IOException;

public class Demo01 {
    public static void main(String[] args) throws IOException {
        //创建文件字节输入流对象
        FileInputStream fis = new FileInputStream("c:\\abc.txt");
        int b;

        //每次读取一个字节的数据,并将读取到的数据保存到变量 b 中
        while((b = fis.read()) != -1) {
```

```
            //将读取到的数据打印到控制台
            System.out.print((char) b);
        }
        
        //关闭字节输入流,释放系统资源
        fis.close();
    }
}
```

例 6-1 的运行结果如图 6-4 所示。

说明：本案例程序实现了通过 FileInputStream 类的对象来读取 C 盘下 abc.txt 文件中内容并显示到控制台的功能。注意在使用输入流进行读取数据后，需要使用 close()函数来关闭该输入流。同时还需要在运行以上程序之前，保证 C 盘下有 abc.txt 文件；否则会报文件未找到错误。

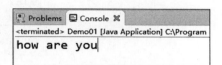

图 6-4　例 6-1 的运行结果

6.2.4　BufferedInputStream 类

BufferedInputStream 类是进行文件读写的常用类，它间接继承自 InputStream 类，因此它包含了 InputStream 类的所有功能。BufferedInputStream 类的特点主要是为了引入了缓存机制，加快了文件的读取速度。表 6-4 是 BufferedInputStream 类的构造函数。

表 6-4　BufferedInputStream 类的构造函数

函 数 名	功 能
void BufferedInputStream(InputStream in)	通过对字节流类的对象 in 的包装来创建一个缓冲字节流
void BufferedInputStream（InputStream in,int size）	通过对字节流类的对象 in 的包装来创建一个缓冲字节流，该缓冲字节流的缓冲区大小为 size

接下来通过一个案例来学习这些构造函数的使用，案例代码如例 6-2 所示。

例 6-2　使用 BufferedInputStream 读取图片，并输出该图片的大小。

```
package cn.edu.lsnu.ch06.demo02;

import java.io.BufferedInputStream;
import java.io.FileInputStream;
import java.io.FileNotFoundException;
import java.io.IOException;

public class Demo02 {
    public static void main(String[] args) throws IOException {
        //创建一个字节缓冲流对象
        BufferedInputStream bis = new BufferedInputStream(new FileInputStream
        ("D:\\abc.jpg"));
        byte[] buf = new byte[1024];          //创建字节数组,大小为 1024 字节
        int n, x = 0;
        while ((n = bis.read(buf)) != -1) {   //从输入流中读取数据,并将读取到的数据大
                                              //小保存到 n
            x = x + n;                        //将每次读取到的字节数据大小求和
        }
```

```
            bis.close();                          //关闭缓冲字节输入流
            System.out.println(x);                //输出读取到的图片数据的字节大小
    }
}
```

例 6-2 的运行结果如图 6-5 所示。

图 6-5　例 6-2 的运行结果

6.2.5　FileOutputStream 类

FileOutputStream 类是文件输出字节流，它是 OutputStream 抽象类的子类，具有 OutputStream 类的所有方法。FileOutputStream 类主要用来将程序中的数据写入文件中。FileOutputStream 类通常用来输出二进制数据，如图片、视频、声音等数据。FileOutputStream 类的构造函数如表 6-5 所示。

表 6-5　FileOutputStream 类的构造函数

函 数 名	功　　能
void FileOutputStream(File file)	创建一个文件字节输出流对象来向 file 参数表示的文件中写入数据
void FileOutputStream(File file，Boolean append)	创建一个文件字节输出流对象来向 file 参数表示的文件中写入数据，当参数 append 值为 true 时表示在文件末尾追加数据，当参数 append 值为 false 时表示在文件的开始位置写入数据
void FileOutputStream(String name)	创建一个文件字节输出流对象来向以 name 参数所表示路径的文件中写入数据
void FileOutputStream(String name，boolean append)	创建一个文件字节输出流对象来向以 name 参数所表示路径的文件中写入数据。当参数 append 值为 true 时表示在文件末尾追加数据，当参数 append 值为 false 时表示在文件的开始位置写入数据
void FileOutputStream(FileDescriptor fdObj)	通过文件描述符类的实例来创建一个文件字节输出流对象

接下来通过一个案例来学习这些构造函数的使用，案例代码如例 6-3 所示。

例 6-3　使用 FileOutputStream 类实现向文件中写入数据，执行效果如图 6-6 所示。

```
package cn.edu.lsnu.ch06.demo03;

import java.io.BufferedInputStream;
```

```
import java.io.FileInputStream;
import java.io.FileNotFoundException;
import java.io.FileOutputStream;
import java.io.IOException;

public class Demo03 {
    public static void main(String[] args) throws IOException {
        //创建文件字节输出流
        FileOutputStream fos=new FileOutputStream("D:\\test.txt");

        //向文件中写入字符串数据
        fos.write("欢迎光临".getBytes());

        //关闭文件字节输出流
        fos.close();
    }

}
```

例 6-3 的运行结果如图 6-6 所示。

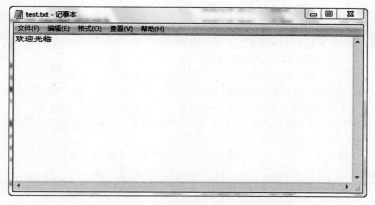

图 6-6　例 6-3 的运行结果

6.2.6　BufferedOutputStream 类

BufferedOutputStream 类是 FileOutputStream 类的包装类，它提供了对字节输出流的缓冲，默认缓冲区是 8192 字节，每当缓冲区中的数据达到 8192 字节时，会一次性地将数据写入存储位置，减少了数据的写入次数，提高了数据的传输速率。表 6-6 是 BufferedOutputStream 类的构造函数。

表 6-6　BufferedOutputStream 类的构造函数

函　数　名	功　　能
void BufferedOutputStream(OutputStream out)	创建一个新的缓冲输出流用来写入数据到被包装的字节输出流中
void BufferedOutputStream(OutputStream out, int size)	创建一个新的缓冲输出流用来写入数据到被包装的字节输出流中，该缓冲输出流的大小为 size

接下来通过一个案例来学习这些构造函数的使用，案例代码如例 6-4 所示。

例 6-4 使用 BufferedOutputStream 类实现复制文件的功能。

本例的功能是实现将 D 盘下的文件 VC6.0.rar 复制到 E 盘下的 VC6.0.rar 文件中。

```java
package cn.edu.lsnu.ch06.demo04;

import java.io.BufferedInputStream;
import java.io.BufferedOutputStream;
import java.io.FileInputStream;
import java.io.FileNotFoundException;
import java.io.FileOutputStream;
import java.io.IOException;

public class Demo04 {
    public static void main(String[] args) throws IOException {

        //创建缓冲字节输入流
        BufferedInputStream bis = new BufferedInputStream(new FileInputStream("D:\\VC6.0.rar"));
        //创建缓冲字节输出流
        BufferedOutputStream bos = new BufferedOutputStream(new FileOutputStream("E:\\VC6.0.rar"));
        int n;
        byte[] buf = new byte[1024];
        while ((n = bis.read(buf)) != -1) {
            bos.write(buf, 0, n);          //向输出流指向的文件中写入数据
        }
        bos.close();                        //关闭缓冲字节输出流
        bis.close();                        //关闭缓冲字节输入流
    }
}
```

图 6-7 例 6-4 的运行结果

例 6-4 的运行结果如图 6-7 所示。

说明：例 6-4 程序运行后，会在 E 盘根目录下生成一个 VC6.0.rar 文件。

6.3 字符流

在 Java 语言中，有时程序中需要经常进行字符和字符串的读写操作，因此 Java 语言中提供了字符流类来方便进行字符和字符串的读取。字符流类是用 Reader 和 Writer 类来实现的，字符输入流类 Reader 是所有字符输入流类的基类，字符输出流类 Writer 是所有字符输出流类的基类。

6.3.1 字符输入流类

Reader 类是所有字符输入流类的父类，它提供了字符输入流类的基本属性和方法。

(1) 字符输入流类的层次结构如图 6-8 所示。

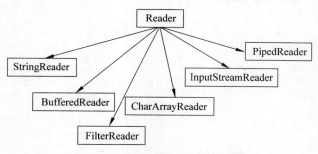

图 6-8 字符输入流类的层次关系框图

(2) 字符输入流类常用函数见表 6-7。

表 6-7 字符输入流类常用函数

函 数 名	功 能
int read()	从字符输入流中读取一个字符
int read(char[] cbuf)	从字符输入流中读取多个字符存入字符数组中
int read(byte[] b, int off, int len)	从输入流中读取多字节数据保存到数据 b 中,且每次最多读取 len 字节,保存的数据是从数组的 off 位置开始的
long skip(long n)	将指向字符输入流的指针向后略过 n 个长度
void reset()	让指向字符输入流的指针重新指向数据的开始位置
void close()	关闭字符输入流,并释放与该输入流相关的系统资源

6.3.2 字符输出流类

在 Java 程序中,所有字符输出流类都是 Writer 类的子类。

(1) 字符输出流类的层次结构如图 6-9 所示。

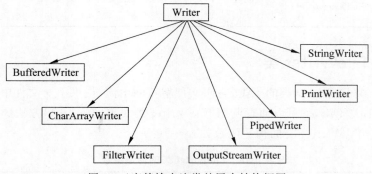

图 6-9 字符输出流类的层次结构框图

(2) 字符输出流类常用函数见表 6-8。

表 6-8 字符输出流类常用函数

函 数 名	功 能
Writer append(char c)	在当前字符输出流的末尾追加一个字符
Writer append(CharSequence csq)	在当前字符输出流的末尾追加字符串
Writer append(CharSequence csq,int start,int end)	在当前字符输出流的末尾追加字符串,该字符串是 csq 字符串的子串,位置是从 start 开始到 end 结尾
void write(char[] cbuf)	向字符输出流所关联的存储位置写入字符数组数据
abstract void write(char[] cbuf,int off,int len)	将字符数组 cbuf 中从位置 off 开始的 len 个字符写入与该字符输出流相关联的存储位置
void write(int c)	向字符输出流所关联的存储位置写入一个字符
void write(String str)	向字符输出流所关联的存储位置写入一个字符串
void write(String str,int off,int len)	向字符输出流所关联的存储位置写入一个 str 字符串的子字符串,该子串为 str 中位置从 off 开始的 len 个字符
abstract void close()	关闭该字符输出流

6.3.3 FileReader 类

由于 Reader 类是抽象类,因此在使用字符输入流类时不能直接使用 Reader 类来创建字符输入流对象,而 FileReader 类就是一个继承自 Reader 类的实例类,可以用来创建字符输入流类对象。FileReader 类的构造函数如表 6-9 所示。

表 6-9 FileReader 类的构造函数

函 数 名	功 能
void FileReader(File file)	创建一个文件字符输入流类对象,参数 file 表示被读取的文件
void FileReader(String fileName)	根据给定的文件名创建一个文件字符输入流类对象
void FileReader(FileDescriptor fd)	创建一个文件字符输入流类对象,参数 fd 表示被读取文件的描述信息

6.3.4 FileWriter 类

FileWriter 类是 Writer 类的子类,它叫文件字符输出流,提供了对文件中字符数据的写入功能。只要不关闭流,就可以通过调用 FileWriter 类对象的 write() 方法顺序地向文件中写入字符数据。FileWriter 类的构造函数如表 6-10 所示。

表 6-10 FileWriter 类的构造函数

函 数 名	功 能
void FileWriter(File file)	创建一个文件字符输出流类对象,参数 file 表示被写入数据的文件对象

续表

函 数 名	功 能
void FileWriter（File file，boolean append）	创建一个文件字符输出流类对象，参数 file 表示被写入数据的文件对象。当 append 值为 true 时表示将数据写入文件的末尾；否则写入数据到文件的开头
FileWriter（FileDescriptor fd）	创建一个与文件描述 fd 相关的文件字符输出流对象
FileWriter（String fileName）	根据给定的文件名创建一个文件字符输出流对象
FileWriter（String fileName，boolean append）	根据给定的文件名创建一个文件字符输出流对象。当 append 值为 true 时表示将数据写入文件的末尾；否则写入数据到文件的开头

接下来通过一个案例来学习这些文件读写方法的使用，案例代码如例 6-5 所示。

例 6-5 使用 FileReader 和 FileWriter 实现复制文本文件。

本例的功能是实现将 D 盘下的文件 a.txt 复制到 E 盘下的 b.txt 文件中。以下将介绍两种方法来实现文本文件的复制功能。第一种是每次读取一个字符的数据；第二种是将字符读取出来放入一个字符数组中，当该数组中数据存放满后，再写入与输出流关联的文件中。

方法一：

```java
package cn.edu.lsnu.ch06.demo05;

import java.io.FileNotFoundException;
import java.io.FileReader;
import java.io.FileWriter;
import java.io.IOException;

public class Demo05 {
    public static void main(String[] args) throws IOException {
        //创建字符输入流对象
        FileReader fr = new FileReader("D:\\a.txt");
        //创建字符输出流对象
        FileWriter fw = new FileWriter("E:\\b.txt");

        int n;
        while ((n = fr.read()) != -1) { //每次从字符输入流对象中读取一个字符
            fw.write(n);                //将读取到的字符写入字符输出流关联的文件中
        }

        //关闭输入流和输出流，释放资源
        fr.close();
        fw.close();
    }
}
```

方法二：

```java
package cn.edu.lsnu.ch06.demo06;
```

```java
import java.io.FileNotFoundException;
import java.io.FileReader;
import java.io.FileWriter;
import java.io.IOException;

public class Demo06 {
    public static void main(String[] args) throws IOException {
        //创建字符输入流对象
        FileReader fr = new FileReader("D:\\a.txt");
        //创建字符输出流对象
        FileWriter fw = new FileWriter("E:\\b.txt");

        char a[]=new char[1024];
        int len=0;                          //用来存储读取到的字符长度
        while ((len= fr.read(a)) != -1) {   //每次从字符输入流对象中读取多个字符保存
                                            //到字符数组 a 中
            fw.write(a, 0, len);            //将字符数组 a 中从第 0 位置开始的长度为
                                            //len 的字符写入字符输出流关联的文件中
            fw.flush();
        }

        //关闭输入流和输出流,释放资源
        fr.close();
        fw.close();
    }
}
```

说明:以上两种方法都实现了文本文件的复制功能,但是第二种方法由于每次将读取到的数据暂存到一个数组中,待数组存满后再将数据写入磁盘,这样就减少了程序与物理磁盘交换数据的次数,提高了读写速率。

6.3.5 BufferedReader 类

BufferedReader 类是 Reader 类的子类,它除了具有字符输入流类的其他方法外,还具有对读取到的数据进行缓冲的功能,能减少读取的次数,加快读取效率。BufferedReader 类是一个包装类,它的创建是依靠对 Reader 类的包装来完成的。表 6-11 是 BufferedReader 类的构造函数。

表 6-11 BufferedReader 类的构造函数

函 数 名	功 能
void BufferedReader(Reader in)	创建一个缓冲字符输入流对象,且该输入流对象使用默认大小的缓冲区
void BufferedReader(Reader in,int sz)	创建一个缓冲字符输入流对象,且该输入流对象的缓冲区大小为 sz 变量的值

6.3.6 BufferedWriter 类

BufferedWriter 类是 Writer 类的子类,它具有 Writer 类的所有方法。使用 BufferedWriter 类的对象进行写入数据时,会先将字符存入一个字符缓冲区中,当这个缓冲区的数据存满后,再一次性将缓冲区的数据写入目的地。BufferedWriter 类对象的默认缓冲区大小为 8192 个字符。表 6-12 是 BufferedWriter 类的构造函数。

表 6-12 BufferedWriter 类的构造函数

函 数 名	功 能
Void BufferedWriter(Writer out)	使用默认大小的缓冲区创建一个缓冲字符输出流对象
Void BufferedWriter(Writer out,int sz)	创建一个缓冲区大小为 sz 的缓冲字符输出流对象

接下来通过一个案例来学习这些构造方法的使用,案例代码如例 6-6 所示。

例 6-6 使用 BufferedReader 和 BufferedWriter 实现复制文本文件。

本例的功能是将 E 盘下的文本文件 q.txt 复制到 D 盘中。

```java
package cn.edu.lsnu.ch06.demo07;

import java.io.BufferedReader;
import java.io.BufferedWriter;
import java.io.FileNotFoundException;
import java.io.FileReader;
import java.io.FileWriter;
import java.io.IOException;

public class Demo07 {
    public static void main(String[] args) throws IOException {
        //创建缓冲字符输入流对象
        BufferedReader br = new BufferedReader(new FileReader("E:\\q.txt"));
        //创建缓冲字符输出流对象
        BufferedWriter bw = new BufferedWriter(new FileWriter("D:\\q.txt"));
        String str = null;                          //用来保存读取到的每行文字
        while ((str = br.readLine()) != null) {     //readLine()读取一行文字
            bw.write(str);
            bw.newLine();                           //将写入的位置从新一行开始
            bw.flush();                             //将缓冲区中的数据一次性写入
        }
        //关闭输入流和输出流,释放资源
        br.close();
        bw.close();
    }
}
```

说明:例 6-6 的程序运行之后,会在 D 盘生成一个 q.txt 文本文件,且该文件的内容与 E 盘下的 q.txt 文件相同,即实现了文件的复制功能。

6.4 文件

6.4.1 File 类

Java 语言中专门针对文件操作提供了一个文件类 File，使用这个类需要引入 java.io 包。通过 File 类既可以创建一个文件，也可以创建一个目录。表 6-13 是 File 类的构造函数。

表 6-13 File 类的构造函数

函 数 名	功 能
File(File parent, String child)	创建一个文件的实例，其中 parent 参数为文件的父目录，child 为子路径名字符串
File(String pathname)	通过给定的路径名，创建一个文件的实例
File(String parent, String child)	通过父路径名字符串和子路径名字符串来创建一个文件的实例
File(URI uri)	通过给定文件的 URI 来创建一个文件的实例

6.4.2 File 类常用函数

File 类具有很多操作文件的函数，表 6-14 是 File 类的常用函数。

表 6-14 File 类的常用函数

函 数 名	功 能
boolean canRead()	判断文件是否可读
boolean canWrite()	判断文件是否可写
boolean createNewFile()	创建一个空文件
boolean delete()	删除一个文件
boolean exists()	判断文件是否存在
String getAbsolutePath()	获取文件所在的物理路径
String getName()	获得文件或者目录的名字
boolean isDirectory()	判断文件是否是目录
long length()	获得文件的大小
String[] list()	返回目录中的文件数组
boolean mkdir()	创建一个目录

接下来通过 3 个案例来学习这些 File 类常用函数的使用，案例代码如例 6-7 至例 6-9 所示。

例 6-7 创建文件。

createNewFile() 方法可以实现创建一个文件，如果文件已经存在，则会抛出异常。

```
package cn.edu.lsnu.ch06.demo08;
```

```
import java.io.File;
import java.io.IOException;

public class Demo08 {
    public static void main(String[] args) throws IOException {
        //创建一个文件的实例对象,该文件实例可能存在,也可能不存在
        File file = new File("D:\\b.txt");
        //在系统中创建一个空文件,创建成功返回true,创建失败则返回false
        if (file.createNewFile()) {
            System.out.println("文件创建成功,文件名为: " + file.getName());
        } else
            System.out.println("文件创建失败!");
    }
}
```

例 6-7 的运行结果如图 6-10 所示。

说明：例 6-7 运行之后,会先判断文件 b.txt 是否存在,如果不存在就会自动在 D 盘下创建它。

例 6-8 获取文件属性。

以下程序首先判断一个文件是否存在,然后分别获得文件名和文件大小、是否可读可写等属性。

图 6-10 例 6-7 的运行结果

```
package cn.edu.lsnu.ch06.demo09;

import java.io.File;
import java.io.IOException;

public class Demo09 {
    public static void main(String[] args) throws IOException {
        //创建一个文件对象
        File m = new File("D:\\q.txt");
        if(!m.exists()) {        //判断文件是否存在,返回true表示存在,返回false表示文
                                 //件不存在
            System.out.println("文件不存在!");
        } else {
            System.out.println("文件名为: " + m.getName() + ",文件可读吗: " + m.
            canRead() + ",文件可写吗: " + m.canWrite() + ",文件大小为: " + m.length()
            + "字节");
        }

    }
}
```

例 6-8 的运行结果如图 6-11 所示。

图 6-11 例 6-8 的运行结果

说明：例 6-8 运行结果会有两种情况，当 D 盘下存在 q.txt 文件，则会在控制台输出文件的名称、文件大小、文件是否可读写，否则在控制台输出"文件不存在！"。

例 6-9 显示一个目录下的所有文件和所有子目录中文件的名字。

本案例的功能是实现将一个目录下的所有文件名显示出来，因为一个目录中既可能包含文件，也可能包含子目录，所以也需要扫描子目录，将子目录中的所有文件名也显示出来。

```java
package cn.edu.lsnu.ch06.demo10;
import java.io.File;

public class Demo10 {
    public static void show(File f) {
        if(f.isDirectory()) {                          //判断 f 是否为目录
            File[] x = f.listFiles();                  //得到目录 f 下面的所有文件和文件夹
            for(File y: x) {
                show(y);                               //递归调用函数 show()
            }
        } else {
            System.out.println(f.getName());
        }
    }

    public static void main(String[] args) {
        File dir = new File("D:\\Drivers");            //创建一个目录实例
        show(dir);                                     //调用显示目录下所有文件名的方法
    }
}
```

例 6-9 的运行结果如图 6-12 所示。

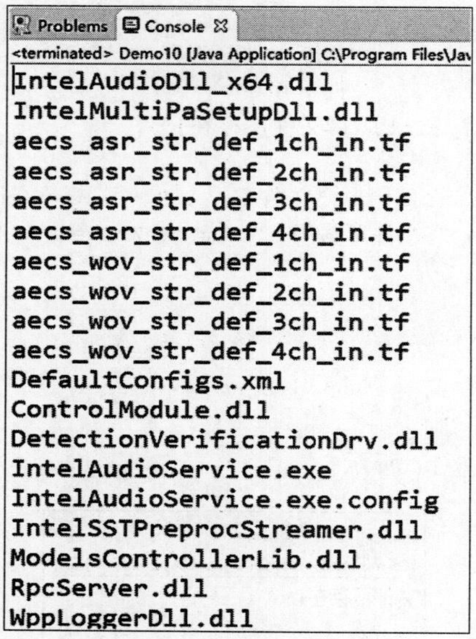

图 6-12　例 6-9 的运行结果

6.5 随机访问文件

Java 语言中为了更好地控制文件读取，只读取文件中的一部分内容，或者从文件中的某一个位置开始读取或者写入，这时需要使用随机访问文件类 RandomAccessFile 来实现。此类的实例支持对随机访问文件的读取和写入。随机访问文件的原理即是每当生成一个随机访问文件的实例，就会自动生成一个指针，该指针默认指向文件内容的开始位置。读取操作，每次是从文件指针指向的位置开始读取字节，并随着对字节的读取将文件指针前移。输出操作，每次是从文件指针的位置开始写入字节，并随着对字节的写入将文件指针前移。可以通过 getFilePointer 方法获取文件指针，并通过 seek 设置文件指针的位置。

6.5.1 RandomAccessFile 构造函数

表 6-15 是 RandomAccessFile 类的构造函数。

表 6-15 RandomAccessFile 类的构造函数

函 数 名	功 能
Void RandomAccessFile(File file, String mode)	创建一个可以用来读和写的随机访问文件流，参数 file 是要进行读写操作的文件实例，参数 mode 是文件打开的模式
Void RandomAccessFile(String name, String mode)	创建一个可以用来读和写的随机访问文件流，参数 name 是要进行读写操作的文件名，参数 mode 是文件打开的模式

表 6-15 中的两个构造方法中，第一个参数都是被关联的文件，第二个参数 mode 是文件的打开方式，mode 的值有以下 4 种。

（1）r：表示以只读方式打开文件，如果向文件中写入，将会抛出 IOEXception 异常。

（2）rw：表示以"读写"方式打开文件，如果该文件不存在，则会自动创建文件。

（3）rws：表示以"读写"方式打开文件。与"rw"相比，它要求对文件的内容或者元数据进行更新必须同步到底层存储设备。

（4）rwd：表示以"读写"方式打开文件。与"rw"相比，它要求对文件的内容进行更新必须同步到底层存储设备。

6.5.2 RandomAccessFile 类的常用函数

表 6-16 是 RandomAccessFile 类的常用函数。

表 6-16 RandomAccessFile 类的常用函数

函 数 名	功 能
long getFilePointer()	返回当前文件的指针
long length()	返回文件的大小
int read()	从文件中读取 1 字节的数据

续表

函 数 名	功 能
int read(byte[] b)	从文件中读取最多数组 b 的长度的数据存入字节数组 b 中
String readLine()	从文件中读取一行文本
void seek(long pos)	设置文件指针的位置,该位置是距离文件开始位置的长度,以便下一次读写操作从文件指针的新位置开始
int skipBytes(int n)	进行读取数据时,将略过 n 字节的数据,即读取从当前位置开始的长度为 n 字节之后的位置开始读取数据
void write(byte[] b)	将字节数组 b 中大小为 b 的长度的数据写入文件
void writeChars(String s)	将字符串 s 写入文件中

接下来通过一个案例来学习 RandomAccessFile 类常用函数的使用,案例代码如例 6-10 所示。

例 6-10 RandomAccessFile 类的文件读写例子。

本案例的功能是创建 3 个学生类的对象,然后创建 RandomAccessFile 类的对象,通过该对象将 3 个学生的信息写入文件中,再通过 seek()方法将文件指针重新指向文件开始位置,并读取第一个学生的信息后输出该学生的信息。

```java
package cn.edu.lsnu.ch06.demo11;
import java.io.File;
import java.io.FileNotFoundException;
import java.io.IOException;
import java.io.RandomAccessFile;

class Student {
    private String sno;
    private String sname;
    public Student(String sno, String sname) {
        this.sno = sno;
        this.sname = sname;
    }
    public String getSno() {
        return sno;
    }
    public void setSno(String sno) {
        this.sno = sno;
    }
    public String getSname() {
        return sname;
    }
    public void setSname(String sname) {
        this.sname = sname;
    }
    public String getString() {
        return sno + "," + sname;
    }
```

}

```java
public class Demo11 {
    public static void main(String[] args) throws IOException {
        //创建 3 个学生对象
        Student s1 = new Student("1001", "小明");
        Student s2 = new Student("1002", "小东");
        Student s3 = new Student("1003", "小红");
//创建随机访问文件实例,关联到 D 盘下的 info.txt 文件,该文件打开方式为"读写"模式
        RandomAccessFile raf = new RandomAccessFile("D:\\info.txt", "rw");
        //通过随机访问文件对象来向文件中写入 3 个学生的字符串信息
        raf.write(s1.getString().getBytes());
        raf.write(s2.getString().getBytes());
        raf.write(s3.getString().getBytes());
        raf.seek(0);//将文件指针重新指向文件的开始位置
        byte[] buf = new byte[1024];
        //通过随机访问文件对象读取第一个学生的数据
        raf.read(buf, 0, s1.getString().getBytes().length);
        //将字节数据转换为字符串形式
        String str = new String(buf, 0, s1.getString().getBytes().length);
        System.out.println(str);
    }
}
```

例 6-10 的运行结果如图 6-13 所示。

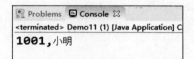

图 6-13 例 6-10 的运行结果

6.5.3 对象序列化

有时需要将创建的对象保存起来,以便下次重复使用该对象,Java 语言中提供了对象的序列化机制(Object Serialization)来实现这种功能。对象的序列化是指将创建的对象信息转换为字节数组保存到物理存储设备中的过程。当再次使用该对象时,将该字节数据转化成对象的形式,称为反序列化。

1. Serializable 接口

Java 语言中,一个类或者子类要想实现序列化和反序列化,该类必须实现 Serializable 接口,该接口在 java.io 包中。如果一个类未实现 Serializable 接口就进行序列化则会抛出 NotSerializationException 异常。接下来通过一个案例来学习类的序列化和反序列化的使用,案例代码如例 6-11 所示。

例 6-11 类的序列化和反序列化案例。

本程序实现了一个学生类 Student 的序列化和反序列化的例子。

```java
package cn.edu.lsnu.ch06.demo12;
```

```java
import java.io.FileInputStream;
import java.io.FileNotFoundException;
import java.io.FileOutputStream;
import java.io.IOException;
import java.io.ObjectInputStream;
import java.io.ObjectOutputStream;
import java.io.Serializable;

class Teacher implements Serializable {
    private String tno;
    private String tname;

    public Teacher(String tno, String tname) {
        this.tno = tno;
        this.tname = tname;
    }

    public String getTno() {
        return tno;
    }

    public void setTno(String tno) {
        this.tno = tno;
    }

    public String getTname() {
        return tname;
    }

    public void setTname(String tname) {
        this.tname = tname;
    }

    @Override
    public String toString() {
        return "tno:" + tno + " tname:" + tname;
    }
}

public class Demo12 {
    public static void main(String[] args) throws FileNotFoundException,
    IOException, ClassNotFoundException {
        //1.序列化
        //创建教师类的实例
        Teacher t = new Teacher("1001", "张三");
        //创建对象字节输出流
        ObjectOutputStream oos = new ObjectOutputStream(new FileOutputStream
        ("D:\\info.txt"));
        //向文件中写入对象数据
        oos.writeObject(t);
        oos.close();
```

```
    //2.反序列化
    //创建对象字节输入流
    ObjectInputStream ois = new ObjectInputStream(new FileInputStream
    ("D:\\info.txt"));
    //从文件中读取一个对象的数据
    Teacher t2 = (Teacher) ois.readObject();
    System.out.println(t2);
    ois.close();
    }
}
```

例 6-11 的运行结果如图 6-14 所示。

图 6-14　例 6-11 的运行结果

2. Externalizable 接口

Externalizable 继承了 Serializable 接口，也可以用来实现类的序列化和反序列化。该接口中定义了两个抽象方法，即 writeExternal() 与 readExternal()。当使用 Externalizable 接口来进行序列化与反序列化的时候需要开发人员重写 writeExternal() 与 readExternal() 方法。

本章小结

本章主要讲解了 Java 语言中文件操作以及输入输出流的用法。首先讲解了字节流和字符流，然后讲解了随机访问文件、对象序列化的用法。

习题 6

6-1　编写应用程序，实现列出一个目录下的所有文件名称。
6-2　编写应用程序，实现将一张图片从一个目录复制到另一个目录。
6-3　编写应用程序，使用随机文件流类 RandomAccessFile 将一个文本文件倒置读出。
6-4　编写应用程序，实现将两个文本文件中的内容合并。

第 7 章 图形用户界面程序设计

本章介绍 Java 语言中图形用户界面(Graphics User Interface,GUI)的设计,图形用户界面是用户与程序交互的窗口,通过用户在窗口中的操作,可以改变界面的样式和输出不同的结果。本章将介绍图形用户界面的基本组件、事件处理等功能。

7.1 概述

图形用户界面是用户在使用软件时经常需要接触到的窗口,用户可以通过图形用户界面与程序交互。图形用户界面起源于 Apple 公司,现在图形用户界面已经在许多产品中出现,如 Windows、UNIX 操作系统、Linux 操作系统和各种工具软件。图形用户界面主要包含了基本界面的组件和事件。java.awt 包中提供了设计图形用户界面的类库。Java 2 增加了一个新的 javax.swing 包,该包提供了功能更强大的 GUI 界面类库。javax.swing 包在 java.awt 包的基础上新增了一些功能,美化了组件的样式,使用更方便快捷,因此本章主要以 javax.swing 包为讲授内容。

7.2 容器

GUI 中组件是放到容器中的,容器中可以存放按钮 JButton、文本框 JTextField、复选按钮 JCheckBox 等组件。javax.swing 包中提供了两种容器,分别是 JFrame 和 JPanel。JFrame 是窗口容器,它既可以存放组件,也可以存放面板容器 JPanel。需要注意的是,JPanel 面板容器必须存放到 JFrame 容器中才能显示出来。

7.2.1 顶层容器

顶层容器是 GUI 中最基本的存放组件的容器,主要包括 JFrame 和 JDialog,它们都可以单独显示出来。

1. JFrame

JFrame 是窗口容器,该类在 javax.swing 包中定义。窗口包含了菜单、按钮、文本框、标签等组件。JFrame 窗口中包含了基本的边框、标题、最小化和关闭等图标。需要注意的是,JFrame 容器不能直接添加基本组件,因为 JFrame 容器上自动添加了一个内容面板,所以总是需要将基本组件添加到 JFrame 的内容面板上才能显示出来。表 7-1 是 JFrame 类的构造方法。

表 7-1　JFrame 类的构造方法

方法声明	功能描述
void JFrame()	创建一个新的默认大小的窗口
void JFrame(GraphicsConfiguration gc)	创建一个窗口,该窗口采用具体的屏幕设备的图形配置和空的标题
void public JFrame(String title)	创建一个默认不可见的窗口,该窗口的标题设置为 title 变量的值
void public JFrame(String title,GraphicsConfiguration gc)	创建一个窗口,该窗口采用具体的屏幕设备的图形配置和以 title 变量的值为标题

接下来通过一个案例来学习这些构造方法的使用,案例代码如例 7-1 所示。

例 7-1　JFrame 演示。

```
package cn.edu.lsnu.ch07.demo01;
import java.awt.Color;
import javax.swing.JFrame;

public class Demo01 {
    public static void main(String[] args) {
        //创建一个窗口,标题为"这是标题"
        JFrame frame = new JFrame("这是标题");
        //设置窗口的位置为(0,0),宽度为 500,高度为 300
        frame.setBounds(0, 0, 500, 300);
        //设置窗口的背景颜色为蓝色
        frame.getContentPane().setBackground(Color.BLUE);
        //将窗口显示出来
        frame.setVisible(true);
    }
}
```

例 7-1 的运行结果如图 7-1 所示。

图 7-1　例 7-1 的运行结果

说明：以上代码中 frame.getContentPane()方法用来获取窗口 frame 的内容面板，然后将该内容面板的背景色设置为蓝色。

2. JDialog

JDialog 是对话框窗口，它包含了标题、按钮、单选按钮、复选按钮、下拉选项、最大化按钮、最小化按钮、关闭按钮等，对话框的功能主要是让用户对某些内容进行选择。JDialog 分为模态对话框和非模态对话框。模态对话框就是要求用户必须先进行对话框的操作，关闭对话框之后才能进行其他窗口的交互，而非模态对话框则可以让用户同时进行对话框和其他窗口的交互。表 7-2 是 JDialog 的常用构造方法。

表 7-2 JDialog 类的构造方法

方法声明	功能描述
void JDialog(Frame owner)	创建一个对话框，该对话框具有空标题和具体的父窗口
void JDialog(Frame owner,boolean modal)	创建一个对话框，该对话框具有空标题和具体的父窗口以及具体的模态
void JDialog(Frame owner,String title,boolean modal)	创建一个对话框，该对话框具有标题和具体的父窗口以及具体的模态

接下来通过一个案例来学习 JDialog 类的常用构造方法的使用，案例代码如例 7-2 所示。

例 7-2 JDialog 演示。

```java
package cn.edu.lsnu.ch07.demo02;
import java.awt.Color;
import javax.swing.JDialog;
import javax.swing.JFrame;

public class Demo02 {
    public static void main(String[] args) {
        //创建一个 JFrame 窗口
        JFrame frame = new JFrame("父窗口");
        //设计窗口的位置为(100,100),宽度为 300,高度为 400
        frame.setBounds(100, 100, 300, 400);
        //创建一个对话框,它的父窗口为 frame,标题为"对话框",
        //true 表示是模态对话框
        JDialog jd = new JDialog(frame, "对话框", true);
        //设计对话框的位置坐标、宽度和高度
        jd.setBounds(100, 100, 100, 100);
        //显示窗口
        frame.setVisible(true);
        //显示对话框
        jd.setVisible(true);
    }
}
```

例 7-2 的运行结果如图 7-2 所示。

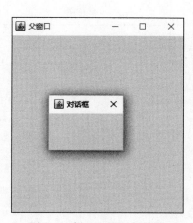

图 7-2 例 7-2 的运行结果

7.2.2 中间容器

通常使用中间容器来添加组件,然后将中间容器添加到顶层容器 JFrame 窗口上。Javax.swing 包中提供了几个中间容器,如 JPanel、JScrollPane、JSplitPane、JToolBar、JTabbedPane 等,下面主要介绍常用的 JPanel 面板和 JScrollPane 滚动条面板。

1. JPanel

JPanel 是面板容器,它也能放入按钮、文本框等基本组件,但是它不能单独显示,必须放入顶层容器 JFrame 上才能将其上的组件显示出来。通常使用 JPanel 创建一个面板,然后将这个面板放入顶层容器或者其他中间容器中。FlowLayout 流式布局是 JPanel 面板的默认布局方式,通过构造方法 JPanel() 可以构造一个面板。

2. JScrollPane

JScrollPane 是带有滚动条的面板,通常它与 JTextArea 文本域等组件结合起来使用。使用构造方法 JScrollPane(Component view) 创建一个带有滚动条的面板,面板上显示的内容就是参数 view 表示的组件内容。

7.3 组件

Swing 中提供了一些基本的组件,这些组件类都是以大写字母 J 开头的,表 7-3 列出了 Swing 包中的常用组件。

表 7-3 Swing 中常用组件

组 件 名	常用的构造函数	说　　明
JLabel	JLabel(String text)	标签
JButton	JButton(String text)	按钮
JComboBox	JComboBox(Object[] items)	创建一个由数组中元素组成的组合框
JTextField	public JTextField(int columns)	创建一个具有指定长度的文本输入框

续表

组件名	常用的构造函数	说明
JTextArea	JTextArea(String text, int rows, int columns)	创建一个具有指定文字、行数和列数的文本域
JRadioButton	public JRadioButton(String text)	创建一个具有指定文字的单选按钮
JCheckBox	public JCheckBox(String text, boolean selected)	创建一个具有文字说明的多选按钮,第二个参数为true表示默认为已经选择,false表示默认未选
JToolBar	JToolBar()	工具条
JMenuBar	JMenuBar()	菜单条
JMenu	JMenu(String s)	创建一个具有文字的菜单
JMenuItem	JMenuItem(String text, Icon icon)	创建一个具有文字和图标的菜单项
JFileChooser	JFileChooser()	文件选择组件

接下来通过一个案例来学习这些常用组件的创建方法的使用,案例代码如例7-3所示。

例7-3 常用组件演示。

```java
package cn.edu.lsnu.ch07.demo03;
import java.awt.BorderLayout;
import java.awt.Color;
import java.awt.FlowLayout;
import javax.swing.JButton;
import javax.swing.JComboBox;
import javax.swing.JDialog;
import javax.swing.JFrame;
import javax.swing.JLabel;

public class Demo03 {
    public static void main(String[] args) {
        //创建一个JFrame窗口
        JFrame frame = new JFrame("父窗口");
        //设计窗口的位置为(100,100),宽度为300,高度为400
        frame.setBounds(100, 100, 300, 400);
        //设置窗口为流式布局
        frame.setLayout(new FlowLayout());
        //创建一个文本标签
        JLabel select = new JLabel("请选择省份: ");
        //创建一个内容为省份的字符串数组
        String[] province = { "四川省", "云南省", "贵州省", "江苏省" };
        //创建一个下拉组合框
        JComboBox<String> jc = new JComboBox<String>(province);
        //创建一个按钮,文字显示为"提交"
        JButton ok = new JButton("提交");
```

```
        //将组件添加到窗口中
        frame.add(select);
        frame.add(jc);
        frame.add(ok);
        //显示窗口
        frame.setVisible(true);
    }
}
```

例 7-3 的运行结果如图 7-3 所示。

图 7-3　例 7-3 的运行结果

说明：以上是基本组件的用法，标准的基本组件都是先使用构造函数创建出来，然后将这些组件的对象通过窗口的 add() 方法添加到窗口中。

7.4　布局管理器

图形用户界面中首先需要创建一个容器，然后在该容器上添加基本组件，组件是按照一定的布局方式来摆放到容器上的，Java 语言中提供了 FlowLayout 流式布局、BorderLayout 边界布局、CardLayout 卡片布局、GridLayout 表格布局。表 7-4 所示为几种常用布局方式类的构造函数。

表 7-4　几种常用布局方式类的构造函数

组 件 名	常用的构造函数	说　　明
FlowLayout	FlowLayout(int align)	流式布局，参数为对齐方式
BorderLayout	BorderLayout()	边界布局
CardLayout	CardLayout()	卡片布局
GridLayout	GridLayout(int rows,int cols)	创建一个表格布局，参数表示表格的行数目和列数目

7.4.1　FlowLayout

FlowLayout 是流式布局，流式布局的特点是让组件先放满容器的第一行，然后将剩余组件放到容器的第二行，当第二行也放满之后，再将组件放到容器的第三行，以此类推。每一行组件的水平对齐方式有 LEFT、RIGHT、CENTER、LEADING、TRAILING 等 5 种方式。FlowLayout 中默认的水平对齐方式为 CENTER 方式。接下来通过一个案例来学习 FlowLayout 流式布局的使用方法，案例代码如例 7-4 所示。

例 7-4　FlowLayout 流式布局演示。

```java
package cn.edu.lsnu.ch07.demo04;
import java.awt.BorderLayout;
import java.awt.Color;
import java.awt.FlowLayout;
import javax.swing.JButton;
import javax.swing.JComboBox;
import javax.swing.JDialog;
import javax.swing.JFrame;
import javax.swing.JLabel;

public class Demo04 {
    public static void main(String[] args) {
        //创建一个 JFrame 窗口
        JFrame frame = new JFrame("FlowLayout 流式布局演示");
        //设计窗口的位置为(100,100),宽度为 300,高度为 400
        frame.setBounds(100, 100, 300, 400);
        //设置窗口为流式布局,窗口中内容的水平对齐方式为居左对齐
        frame.setLayout(new FlowLayout(FlowLayout.LEFT));

        //创建按钮
        JButton btn1 = new JButton("1");
        JButton btn2 = new JButton("2");
        JButton btn3 = new JButton("3");

        //将按钮添加到窗口中
        frame.add(btn1);
        frame.add(btn2);
        frame.add(btn3);

        //显示窗口
        frame.setVisible(true);
    }
}
```

例 7-4 的运行结果如图 7-4 所示。

说明：在以上程序中，使用了 frame.setLayout(new FlowLayout(FlowLayout.LEFT))，其中 setLayout()函数是用来设置窗口的布局管理器。FlowLayout.LEFT 表示水平左对齐。FlowLayout 类具有 LEFT、RIGHT、CENTER、LEADING、TRAILING 这 5 种 static 静态属性，它们是用来控制流式布局中内容的水平对齐方式的，分别是居左对齐、居右对齐、居中对齐、从开始的方向对齐、从结束的方向对齐。

图 7-4 例 7-4 的运行结果

7.4.2 GridLayout

GridLayout 是表格布局,表示将窗口界面以行和列分为一个单元格,将组件添加到这些单元格中。接下来通过一个案例来学习 GridLayout 表格布局的使用方法,案例代码如例 7-5 所示。

例 7-5 GridLayout 表格布局演示。

```
package cn.edu.lsnu.ch07.demo05;
import java.awt.BorderLayout;
import java.awt.Component;
import java.awt.Graphics;
import java.awt.GridLayout;
import java.awt.Insets;
import javax.swing.JButton;
import javax.swing.JFrame;
import javax.swing.border.Border;

public class Demo05 {
    public static void main(String[] args) {
JFrame jf = new JFrame("GridLayout 示例");    //创建一个窗口
jf.setLayout(new GridLayout(3, 2));            //设置窗口的布局方式为表格布局,3 行 2 列
jf.setBounds(0, 0, 500, 300);        //设置窗口的位置坐标为(0,0),宽度为 500,高度为 300

        //分别创建 5 个按钮
        JButton btn1 = new JButton("1");
        JButton btn2 = new JButton("2");
        JButton btn3 = new JButton("3");
        JButton btn4 = new JButton("4");
        JButton btn5 = new JButton("5");
        
        //分别将按钮添加到窗口
```

```
            jf.add(btn1);
            jf.add(btn2);
            jf.add(btn3);
            jf.add(btn4);
            jf.add(btn5);

            jf.setVisible(true);                    //显示窗口
    }
}
```

例 7-5 的运行结果如图 7-5 所示。

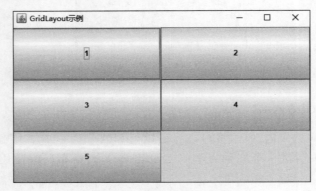

图 7-5　例 7-5 的运行结果

7.4.3　BorderLayout

BorderLayout 是边界布局,它是把窗口界面按位置划分为东、西、南、北、中 5 个区域。接下来通过一个案例来学习 BorderLayout 边界布局的使用方法,案例代码如例 7-6 所示。

例 7-6　BorderLayout 边界布局演示。

```
package cn.edu.lsnu.ch07.demo06;

import java.awt.BorderLayout;
import java.awt.Component;
import java.awt.Graphics;
import java.awt.Insets;
import javax.swing.JButton;
import javax.swing.JFrame;
import javax.swing.border.Border;

public class Demo06 {
    public static void main(String[] args) {
        JFrame jf = new JFrame("BorderLayout 示例");    //创建一个窗口
        jf.setLayout(new BorderLayout());    //设置窗口的布局方式为边界布局
        jf.setBounds(0, 0, 500, 300);        //设置窗口的位置坐标为(0,0),宽度为 500,
                                             //高度为 300

        //分别创建 5 个按钮
        JButton east = new JButton("东");
        JButton south = new JButton("南");
```

```
        JButton west = new JButton("西");
        JButton north = new JButton("北");
        JButton center = new JButton("中");

        jf.add(east, BorderLayout.EAST);          //将按钮 east 添加到窗口的"东"面
        jf.add(south, BorderLayout.SOUTH);        //将按钮 south 添加到窗口的"南"面
        jf.add(west, BorderLayout.WEST);          //将按钮 west 添加到窗口的"西"面
        jf.add(north, BorderLayout.NORTH);        //将按钮 north 添加到窗口的"北"面
        jf.add(center, BorderLayout.CENTER);      //将按钮 center 添加到窗口的"中"部

        jf.setVisible(true);                      //显示窗口
    }
}
```

例 7-6 的运行结果如图 7-6 所示。

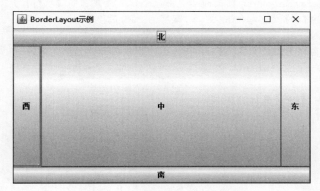

图 7-6　例 7-6 的运行结果

说明：以上程序实现了在窗口中将 5 个按钮分别添加到窗口的东、南、西、北、中 5 个方位。其中 jf.setLayout(new BorderLayout())是将窗口的布局方式设置为边界布局。new BorderLayout()是用来创建一个默认的边界布局。jf.add(east,BorderLayout.EAST)方法中的第一个参数是要添加的组件，第二个参数 BorderLayout.EAST 是边界布局中的静态常量，表示将组件添加到窗口的东部。

7.4.4　CardLayout

CardLayout 是卡片布局，类似于常见的选项卡，即实现一个窗口上可以重叠放置多个页面，每次只能显示其中一个页面，通过单击鼠标可以实现这些页面的切换显示。表 7-5 是 CardLayout 类的常用函数。

表 7-5　CardLayout 类常用函数

函　数　名	功　　能
void next(Container parent)	切换到父容器的下一页
void previous(Container parent)	切换到父容器的上一页
void last(Container parent)Flips to	切换到父容器的最后一页
void first(Container parent)	切换到父容器的第一页

接下来通过一个案例来学习 CardLayout 卡片布局的使用方法,案例代码如例 7-7 所示。

例 7-7 CardLayout 卡片布局管理器案例。

```java
package cn.edu.lsnu.ch07.demo07;
import java.awt.CardLayout;
import javax.swing.JButton;
import javax.swing.JFrame;
import javax.swing.JPanel;

public class Demo07 {
    public static void main(String[] args) throws InterruptedException {
        //创建一个 JFrame 窗口
        JFrame frame = new JFrame("FlowLayout 流式布局演示");
        //设计窗口的位置为(100,100),宽度为 300,高度为 400
        frame.setBounds(100, 100, 300, 400);
        //设置窗口为流式布局,窗口中内容的水平对齐方式为居左对齐
        frame.setLayout(new FlowLayout(FlowLayout.LEFT));

        //创建一个卡片布局管理器
        CardLayout card = new CardLayout();

        //创建一个面板
        JPanel jpanel = new JPanel(card);//布局方式为卡片布局

        //创建按钮
        JButton btn1 = new JButton("1");
        JButton btn2 = new JButton("2");
        JButton btn3 = new JButton("3");

        //将按钮添加到面板 jpanel 上
        jpanel.add(btn1);
        jpanel.add(btn2);
        jpanel.add(btn3);

        //将面板添加到窗口
        frame.add(jpanel);

        //显示窗口
        frame.setVisible(true);

        while (true) {
            Thread.sleep(1000);//使当前线程睡眠 1 秒
            card.next(jpanel);//显示面板中的下一页
        }
    }
}
```

例 7-7 的运行结果如图 7-7 所示。

图 7-7 例 7-7 的运行结果

说明：以上程序首先在一个 JFrame 窗口上放置了一个面板 JPanel，且该面板使用了 CardLayout 卡片布局管理器，然后创建了 3 个按钮，并依次将这 3 个按钮添加到面板 JPanel 上。再把面板 JPanel 添加到窗口 JFrame 上。最后使用 while 循环，调用了 card.next(jpanel)来实现切换到下一页。

7.5 事件处理及其模型

在进行 GUI 程序编写时，常常需要进行人机交互，如程序中需要接收用户从键盘输入的数据、判断用户单击等，这些类似的操作都需要用到事件处理。根据事件类型的不同，分为动作事件、鼠标事件、键盘事件等。

7.5.1 事件源类

事件源，通俗讲就是引起事件发生的源头，这里主要指各种基本的组件，如 JButton、JTextField、JLabel、JPanel 等。每一种组件上可能会发生多种事件，如按钮 JButton 上可能会发生 ActionEvent 事件、MouseEvent 事件、KeyEvent 事件等。程序中为了监听事件源对象上发生的各种事件，需要给相应的事件源对象注册事件监听器。常用的注册监听器的方法为 public void add(事件类)Listener(ListenerTypelistener)，该方法根据注册的事件类型不同而不同。对应的注销监听的方法为 public void remove(事件类)Listener(ListenerTypelistener)。例如，给按钮绑定单击事件监听器，需要使用 addActionListener()方法；给按钮绑定鼠标事件监听器，则需要使用 addMouseListener()方法。

7.5.2 事件类

在 GUI 程序中，在事件源上发生的事件有很多种，每种事件都有一种类来表示，常见的事件类有动作事件 ActionEvent、鼠标事件 MouseEvent 和键盘事件 KeyEvent，图 7-8 中显示了事件类的层次结构关系图。表 7-6 描述了常用事件类的用法。

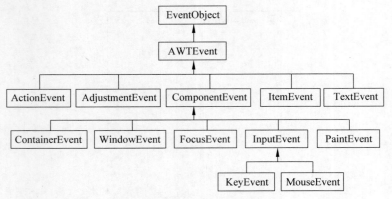

图 7-8 事件类的层次结构框图

表 7-6 常用事件类

事件类名	功能描述	事件源类
ActionEvent	动作事件：通常按下按钮，在列表中选中了一个菜单项会生成此事件	JButton、JList、JTextField
MouseEvent	鼠标事件：使用鼠标单击、双击、移动等会生成此事件	Component
KeyEvent	键盘事件：接收键盘的输入时会生成此事件	Component
WindowEvent	窗口事件：当进行窗口的关闭、打开、调整窗口大小、移动窗口、最大化、最小化、激活时会生成此事件	Window
ComponentEvent	组件事件：当一个组件调整大小、移动时会生成此事件	Component
TextEvent	文本事件：当文本区或者文本域的内容发生改变时会生成此事件	JTextArea、JTextField

7.5.3 事件监听器接口

为了监控某个组件上发生的事件，需要给该组件注册一个监听器类的对象，当在该组件上发生事件时，会自动执行监听器对象中的相关方法，这样就实现了 GUI 编程中的人机交互。由于事件的类型有很多，Java 语言中为不同的事件提供了不同的事件监听器接口，如鼠标监听器接口 MouseListener、键盘监听器接口 KeyListener、动作监听器接口 ActionListener 等，表 7-7 所示为常用的事件监听器接口类。

表 7-7 常用事件监听器接口

事件监听器接口	事件类	执行的方法
ActionListener	ActionEvent	actionPerformed(ActionEvent e)
MouseListener	MouseEvent	mouseClicked(MouseEvent e) mousePressed(MouseEvent e) mouseReleased(MouseEvent e) mouseEntered(MouseEvent e) mouseExited(MouseEvent e)

续表

事件监听器接口	事件类	执行的方法
KeyListener	KeyEvent	keyPressed(KeyEvent e) keyReleased(KeyEvent e) keyTyped(KeyEvent e)
ComponentListener	ComponentEvent	componentHidden(ComponentEvent e) componentShown(ComponentEvent e) componentMoved(ComponentEvent e) componentResized(ComponentEvent e)
WindowListener	WindowEvent	windowOpened(WindowEvent e) windowClosing(WindowEvent e) windowClosed(WindowEvent e) windowIconified(WindowEvent e) windowDeiconified(WindowEvent e) windowActivated(WindowEvent e) windowDeactivated(WindowEvent e)

接下来通过一个案例来学习 ActionListener 动作事件类的使用方法，案例代码如例 7-8 所示。

例 7-8 ActionListener 接口的使用。

```java
package cn.edu.lsnu.ch07.demo08;

import java.awt.FlowLayout;
import java.awt.event.ActionEvent;
import java.awt.event.ActionListener;
import javax.swing.JButton;
import javax.swing.JFrame;
import javax.swing.JOptionPane;

public class Demo08 {
    public static void main(String[] args) throws InterruptedException {
        //创建一个 JFrame 窗口
        JFrame frame = new JFrame("ActionListener 案例");
        //设计窗口的位置为(100,100),宽度为 300,高度为 400
        frame.setBounds(100, 100, 300, 400);
        //设置窗口为流式布局,窗口中内容的水平对齐方式为居左对齐

        frame.setLayout(new FlowLayout());
        //显示窗口
        frame.setVisible(true);

        JButton btn = new JButton("提交");          //创建一个按钮
        frame.add(btn);                              //将按钮添加到窗口上
        //给按钮注册动作监听器
        btn.addActionListener(new ActionListener() {
```

```
            //实现 ActionListener 接口的 actionPerformed 方法
            @Override
            public void actionPerformed(ActionEvent e) {
                //弹出一个提示对话框
                JOptionPane.showMessageDialog(null, "单击了按钮!");
            }
        });

    }
}
```

例 7-8 的运行结果如图 7-9 所示。

图 7-9　例 7-8 的运行结果

说明：以上程序实现了单击窗口中的按钮弹出一个消息提示框的功能。特别要注意给按钮注册动作监听器，即调用按钮的 addActionListener()函数。

接下来通过一个案例来学习 WindowListener 窗口事件的使用方法，案例代码如例 7-9 所示。

例 7-9　WindowListener 接口的使用。

```
package cn.edu.lsnu.ch07.demo09;

import java.awt.FlowLayout;
import java.awt.event.ActionEvent;
import java.awt.event.ActionListener;
import java.awt.event.WindowEvent;
import java.awt.event.WindowListener;
import javax.swing.JButton;
import javax.swing.JFrame;
import javax.swing.JOptionPane;

public class Demo09{
    public static void main(String[] args) throws InterruptedException {
        //创建一个 JFrame 窗口
```

```java
JFrame frame = new JFrame("WindowListener 案例");
//设计窗口的位置为(100,100),宽度为 300,高度为 400
frame.setBounds(100, 100, 300, 400);
//设置窗口为流式布局,窗口中内容的水平对齐方式为居左对齐

frame.setLayout(new FlowLayout());        //设置窗口的布局方式为流式布局
//显示窗口
frame.setVisible(true);

//给窗口注册窗口事件监听器
frame.addWindowListener(new WindowListener() {

    @Override
    public void windowOpened(WindowEvent e) {
        System.out.println("窗口被打开了...");
    }

    @Override
    public void windowIconified(WindowEvent e) {

    }

    @Override
    public void windowDeiconified(WindowEvent e) {

    }

    @Override
    public void windowDeactivated(WindowEvent e) {

    }

    @Override
    public void windowClosing(WindowEvent e) {
        System.out.println("窗口正在被关闭...");
        System.exit(0);        //结束程序
    }

    @Override
    public void windowClosed(WindowEvent e) {

    }

    @Override
    public void windowActivated(WindowEvent e) {

    }
});
}
}
```

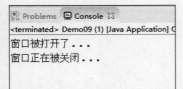

图7-10 例7-9的运行结果

例7-9的运行结果如图7-10所示。

说明：以上程序是一个窗口事件的案例，实现了给窗口注册窗口事件监听器，frame.addWindowListener()方法是用来给窗口注册监听器，其中函数的参数是一个内部类的对象，这里注意需要实现WindowListener接口中的所有抽象函数，函数windowOpened(WindowEvent e)是当窗口被打开时会被调用，函数windowIconified(WindowEvent e)是当窗口最小化时被调用，函数windowDeiconified(WindowEvent e)是当窗口从最小化还原为普通情况时会被调用，函数windowActivated(WindowEvent e)是当窗口被激活时会被调用，函数windowDeactivated(WindowEvent e)是当窗口失去焦点时会被调用，函数windowClosing(WindowEvent e)是当窗口正在被关闭时被调用，函数windowClosed(WindowEvent e)是当窗口已经被关闭时被调用。

接下来通过一个案例来学习MouseListener鼠标事件的使用方法，案例代码如例7-10所示。

例7-10 MouseListener接口的使用。

```java
package cn.edu.lsnu.ch07.demo10;

import java.awt.FlowLayout;
import java.awt.event.ActionEvent;
import java.awt.event.ActionListener;
import java.awt.event.MouseEvent;
import java.awt.event.MouseListener;
import java.awt.event.WindowEvent;
import java.awt.event.WindowListener;
import javax.swing.JButton;
import javax.swing.JFrame;
import javax.swing.JOptionPane;

public class Demo10 {
    public static void main(String[] args) throws InterruptedException {
        //创建一个JFrame窗口
        JFrame frame = new JFrame("MouseListener案例");
        //设计窗口的位置为(100,100),宽度为300,高度为400
        frame.setBounds(100, 100, 300, 400);
        //设置窗口为流式布局,窗口中内容的水平对齐方式为居左对齐

        frame.setLayout(new FlowLayout());
        //显示窗口
        frame.setVisible(true);

        JButton btn = new JButton("ok");
        frame.add(btn);
        //给按钮注册鼠标事件监听器
        btn.addMouseListener(new MouseListener() {

            //实现MouseListener接口中的所有抽象方法
```

```java
            @Override
            public void mouseReleased(MouseEvent e) {
                //鼠标被按下后释放时会调用此方法
            }

            @Override
            public void mousePressed(MouseEvent e) {
                //鼠标被按下时会调用此方法
            }

            @Override
            public void mouseExited(MouseEvent e) {
                //鼠标离开组件时会调用此方法
                System.out.println("鼠标离开了");
            }

            @Override
            public void mouseEntered(MouseEvent e) {
                //鼠标进入组件时会调用此方法
                System.out.println("鼠标进入了");
            }

            @Override
            public void mouseClicked(MouseEvent e) {
                //鼠标被单击时会调用此方法
            }
        });
    }
}
```

例 7-10 的运行结果如图 7-11 所示。

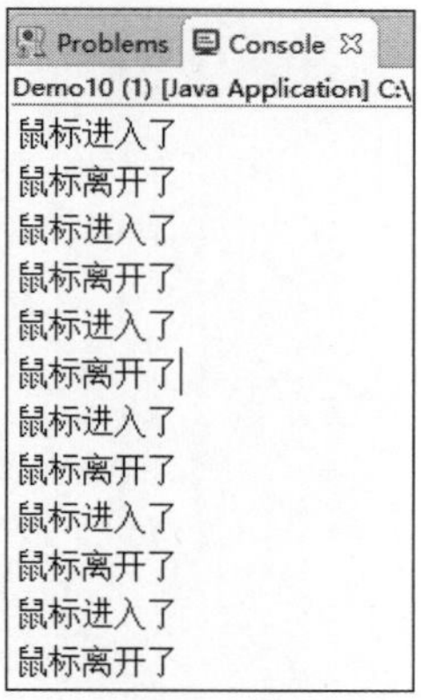

说明：以上程序通过 btn.addMouseListener()方法给按钮注册了鼠标事件监听器，其中的参数为一个匿名内部类的对象，该匿名内部类中需要实现 MouseListener 接口中的所有抽象函数，以上程序执行后，当用户将鼠标移入按钮时，会执行 mouseEntered()方法并在控制台输出"鼠标进入了"，当用户将鼠标离开按钮时，会执行 mouseExited()方法并在控制台输出"鼠标离开了"，其他函数功能同理。

接下来通过一个案例来学习 KeyListener 键盘事件的使用方法，案例代码如例 7-11 所示。

例 7-11 KeyListener 接口的使用。

图 7-11 例 7-10 的运行结果

```java
package cn.edu.lsnu.ch07.demo11;

import java.awt.FlowLayout;
import java.awt.event.ActionEvent;
import java.awt.event.ActionListener;
import java.awt.event.KeyEvent;
```

```java
import java.awt.event.KeyListener;
import java.awt.event.MouseEvent;
import java.awt.event.MouseListener;
import java.awt.event.WindowEvent;
import java.awt.event.WindowListener;
import javax.swing.JButton;
import javax.swing.JFrame;
import javax.swing.JLabel;
import javax.swing.JOptionPane;
import javax.swing.JTextField;

public class Demo11 {
    public static void main(String[] args) throws InterruptedException {
        //创建一个JFrame窗口
        JFrame frame = new JFrame("KeyListener案例");
        //设计窗口的位置为(100,100),宽度为300,高度为400
        frame.setBounds(100, 100, 300, 400);
        //设置窗口为流式布局,窗口中内容的水平对齐方式为居左对齐
        frame.setLayout(new FlowLayout());
        //显示窗口
        frame.setVisible(true);

        //给窗口注册键盘事件监听器
        frame.addKeyListener(new KeyListener() {

            @Override
            public void keyTyped(KeyEvent e) {
                //当键盘上的某个键被按下并释放
            }

            @Override
            public void keyReleased(KeyEvent e) {
                //当键盘上的某个键按下后又弹起来
            }

            @Override
            public void keyPressed(KeyEvent e) {
                //当键盘上某个键被按下

                //判断从键盘输入的键是否为Esc键
                if(e.getKeyCode() == KeyEvent.VK_ESCAPE)
                    System.exit(0);            //结束程序

            }
        });
    }
}
```

例7-11的运行结果如图7-12所示。

说明：以上程序执行后，当用户按下键盘上的Esc键后结束程序运行。通过frame.addKeyListener()给窗口frame注册了键盘事件监听器，这里也是通过创建一个匿名内部类的对象来作为函数addKeyListener()的参数。匿名内部类中需要实现KeyListener接口中的3个抽象方法，即keyTyped(KeyEvent e)、keyReleased(KeyEvent e)、keyPressed(KeyEvent e)。函数keyTyped(KeyEvent e)是当键盘上的键被按下并释放后调用此方法；函数keyReleased(KeyEvent e)是当键盘上的键释放后调用此方法；函数keyPressed(KeyEvent e)是当键盘上的键被按下后调用此方法。

图7-12　例7-11的运行结果

7.5.4　事件适配器

当实现事件的监听，用组件调用addXXListener()方法来注册事件监听器时，函数的参数如果采用匿名内部类的对象，则必须实现该事件监听接口的所有抽象方法，这让程序显得更臃肿并浪费了程序开发的时间。Java语言中引入了事件适配器来解决这个问题。事件适配器是实现相应事件监听器接口的类，它已经重写了相应事件监听器接口中的所有抽象方法，且都是空实现。比如：鼠标事件适配器MouseAdapter类，该类已经实现了接口MouseListener，因此只需要继承MouseAdapter类，再重写需要的方法即可，无须重写所有方法。接下来通过一个案例来学习MouseAdapter鼠标事件适配器的使用方法，案例代码如例7-12所示。

例7-12　MouseAdapter鼠标事件适配器的使用。

```java
package cn.edu.lsnu.ch07.demo12;

import java.awt.Color;
import java.awt.FlowLayout;
import java.awt.Graphics;
import java.awt.event.MouseAdapter;
import java.awt.event.MouseEvent;
import javax.swing.JFrame;

//定义一个JFrame窗口类的子类
class MyFrame extends JFrame {
    private int width = 50;           //椭圆的短轴
    private int height = 50;          //椭圆的长轴
    private int x;                    //圆的圆心 x 坐标
    private int y;                    //圆的圆心 y 坐标
    
    public MyFrame(String title) {
        super(title);
    }
```

```java
        public int getX() {
            return x;
        }

        public void setX(int x) {
            this.x = x;
        }

        public int getY() {
            return y;
        }

        public void setY(int y) {
            this.y = y;
        }

        //重写组件 Component 类的 paint()函数,该函数实现窗口界面的初始化,即窗口界面的绘制
        @Override
        public void paint(Graphics g) {
            if (x != 0 && y != 0) {
                g.setColor(Color.RED);

                //在窗口中绘制一个椭圆,当短轴和长轴相等时就绘制一个圆
                g.drawOval(x, y, width, height);

            } else
                super.paint(g);                    //默认的组件绘制方法


        }

}

public class Demo12 {
    public static void main(String[] args) throws InterruptedException {
        //创建一个 JFrame 窗口
        MyFrame frame = new MyFrame("MouseAdapter 案例");
        //设计窗口的位置为(100,100),宽度为 300,高度为 400
        frame.setBounds(100, 100, 300, 400);
        //设置窗口为流式布局,窗口中内容的水平对齐方式为居左对齐

        frame.setLayout(new FlowLayout());
        //显示窗口
        frame.setVisible(true);

        //给窗口注册鼠标事件监听器
        frame.addMouseListener(new MouseAdapter() {
            @Override
            public void mouseEntered(MouseEvent e) {
                System.out.println("鼠标进入了窗口");
            }
```

```
            @Override
            public void mouseClicked(MouseEvent e) {
                int x = e.getX();
                int y = e.getY();
                frame.setX(x);
                frame.setY(y);
                frame.repaint();            //重绘窗口界面,即执行 paint()方法
            }
        });
    }
}
```

例 7-12 的运行结果如图 7-13 所示。

说明：以上程序实现了在窗口中单击鼠标,然后会在单击的当前位置画一个半径为 50 的空心圆。通过 frame.addMouseListener()函数给窗口注册了鼠标事件监听器,该函数的参数是一个 MouseAdapter 鼠标事件适配器类的对象,由于 MouseAdapter 类已经重写了 MouseListener 接口中的所有抽象方法,因此在使用时只需要重写需要的事件方法即可,其他方法都采用默认的空实现。以上是鼠标事件适配器类 MouseAdapter 的用法,键盘事件适配器类 KeyAdapter、窗口事件适配器类 WindowAdapter 的使用方法同理。

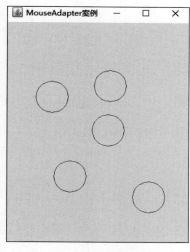

图 7-13 例 7-12 的运行结果

7.5.5 综合案例

接下来通过一个综合案例来巩固本章所学的内容,案例代码如例 7-13 所示。

例 7-13 仿 QQ 聊天窗口。

QQ 聊天软件是我们生活中经常用到的一款聊天工具,通过它可以实现实时发送信息和接收他人发送的消息,以下是一个仿 QQ 软件的聊天窗口界面案例,实现代码如下：

```
package cn.edu.lsnu.ch07.demo13;
import java.awt.BorderLayout;
import java.awt.Color;
import java.awt.Container;
import java.awt.FlowLayout;
import java.awt.GridLayout;
import java.awt.Image;
import java.awt.Toolkit;
import java.awt.event.MouseAdapter;
import java.awt.event.MouseEvent;
import java.awt.event.MouseMotionAdapter;
import javax.swing.ImageIcon;
import javax.swing.JButton;
import javax.swing.JFrame;
import javax.swing.JLabel;
```

```java
import javax.swing.JPanel;
import javax.swing.JTextArea;

class ChatFrame extends JFrame {
    int Old_x = 0;
    int Old_y = 0;
    public ChatFrame() {
        this.setLayout(null);

        //获取鼠标单击屏幕时的坐标
        this.addMouseListener(new MouseAdapter() {
            @Override
            public void mousePressed(MouseEvent e) {
                Old_x = e.getX();
                Old_y = e.getY();
            }
        });

        //添加鼠标监听器
        this.addMouseMotionListener(new MouseMotionAdapter() {
            @Override
            public void mouseDragged(MouseEvent e) {    //鼠标拖曳窗口时触发
                int xOnScreen = e.getXOnScreen();
                int yOnScreen = e.getYOnScreen();
                int x = xOnScreen - Old_x;
                int y = yOnScreen - Old_y;
                ChatFrame.this.setLocation(x, y);
            }
        });
    }
}

public class Demo13{
    public static void main(String[] args) {
        ChatFrame frame = new ChatFrame();
        frame.setBounds(200, 200, 735, 500);
        frame.setUndecorated(true);
        Toolkit tk = Toolkit.getDefaultToolkit();   //获取资源工具类的对象
        Container c = frame.getContentPane();
        c.setLayout(new BorderLayout());

        //发送框面板
        JPanel sendPanel = new JPanel();
        sendPanel.setSize(735, 40);
        sendPanel.setBackground(Color.white);       //设置面板的背景为白色
        sendPanel.setLayout(new BorderLayout());    //设置面板为边界布局
        c.add(sendPanel, BorderLayout.SOUTH);       //将发送框面板添加到窗口的南边

        //标题栏面板
        JPanel titlePanel = new JPanel();
        titlePanel.setLayout(new BorderLayout());
```

```java
titlePanel.setSize(735, 80);
titlePanel.setBackground(new Color(144, 196, 31));
c.add(titlePanel, BorderLayout.NORTH);

//内容区域面板
JPanel contentPanel = new JPanel();
contentPanel.setSize(735, 325);
contentPanel.setBackground(Color.white);
contentPanel.setLayout(new BorderLayout());
c.add(contentPanel, BorderLayout.CENTER);

//标题栏添加组件
JLabel name = new JLabel("张飞");                    //定义一个标签
Image imgDown = tk.getImage("images/down.gif");      //获得图片资源
JLabel down = new JLabel(new ImageIcon(imgDown));    //创建含有图片的标签
Image imgOne = tk.getImage("images/one.gif");
JLabel one = new JLabel(new ImageIcon(imgOne));
Image imgRect = tk.getImage("images/rect.gif");
JLabel rect = new JLabel(new ImageIcon(imgRect));
Image imgClose = tk.getImage("images/cha.gif");
JLabel close = new JLabel(new ImageIcon(imgClose));
Image imgSpace = tk.getImage("images/qq_space.gif");
JLabel space = new JLabel(new ImageIcon(imgSpace));
JPanel p1 = new JPanel();
p1.setLayout(new FlowLayout());          //设置面板 p1 为流式布局
p1.add(name);
p1.add(space);
p1.setBackground(new Color(144, 196, 31));
titlePanel.add(p1, BorderLayout.CENTER);
JPanel p2 = new JPanel();
p2.setLayout(new FlowLayout());
p2.add(down);
p2.add(one);
p2.add(rect);
p2.add(close);
p2.setBackground(new Color(144, 196, 31));
titlePanel.add(p2, BorderLayout.EAST);

//初始化图片
Image imgTel = tk.getImage("images/tel.png");
JLabel tel = new JLabel(new ImageIcon(imgTel));
tel.setSize(37, 29);
Image Imgcamera = tk.getImage("images/camera.png");
JLabel camera = new JLabel(new ImageIcon(Imgcamera));
camera.setSize(37, 29);
Image ImageMore1 = tk.getImage("images/more1.png");
JLabel more1 = new JLabel(new ImageIcon(ImageMore1));
more1.setSize(37, 29);

//内容面板添加组件
JPanel telPanel = new JPanel();
```

```java
telPanel.setBackground(Color.white);
telPanel.setSize(735, 30);
telPanel.setLayout(new FlowLayout(FlowLayout.RIGHT));
telPanel.add(tel);
telPanel.add(camera);
telPanel.add(more1);
contentPanel.add(telPanel, BorderLayout.NORTH);

//发送面板添加组件
JPanel p3 = new JPanel();
p3.setLayout(new BorderLayout());
p3.setBackground(Color.white);
p3.setBorder(javax.swing.BorderFactory.createLineBorder(new java.awt.
Color(0, 0, 0)));
JPanel p4 = new JPanel();
p4.setLayout(new FlowLayout());
p4.setBackground(Color.white);
JPanel p5 = new JPanel();
p5.setLayout(new FlowLayout());
p5.setBackground(Color.white);
Image imgSmile = tk.getImage("images/smile.gif");
JLabel smile = new JLabel(new ImageIcon(imgSmile));
smile.setSize(26, 21);
Image imgGif = tk.getImage("images/gif.gif");
JLabel gif = new JLabel(new ImageIcon(imgGif));
gif.setSize(26, 21);
Image imgShears = tk.getImage("images/shears.gif");
JLabel shears = new JLabel(new ImageIcon(imgShears));
shears.setSize(26, 21);
Image imgFile = tk.getImage("images/file.gif");
JLabel file = new JLabel(new ImageIcon(imgFile));
file.setSize(26, 21);
Image imgSendQQ = tk.getImage("images/sendQQFile.gif");
JLabel sendQQ = new JLabel(new ImageIcon(imgSendQQ));
sendQQ.setSize(26, 21);
Image imgPic = tk.getImage("images/pic.gif");
JLabel pic = new JLabel(new ImageIcon(imgPic));
pic.setSize(26, 21);
Image imgShake = tk.getImage("images/shake.gif");
JLabel shake = new JLabel(new ImageIcon(imgShake));
shake.setSize(26, 21);
Image imgMore = tk.getImage("images/more.gif");
JLabel more = new JLabel(new ImageIcon(imgMore));
more.setSize(26, 21);
Image imgLarger = tk.getImage("images/larger.gif");
JLabel larger = new JLabel(new ImageIcon(imgLarger));
larger.setSize(26, 21);
Image imgHistory = tk.getImage("images/history.png");
JLabel history = new JLabel(new ImageIcon(imgHistory));
history.setSize(26, 21);
p4.add(smile);
```

```java
            p4.add(gif);
            p4.add(shears);
            p4.add(file);
            p4.add(sendQQ);
            p4.add(pic);
            p4.add(shake);
            p4.add(more);
            p3.add(p4, BorderLayout.WEST);
            p5.add(larger);
            p5.add(history);
            p3.add(p5, BorderLayout.EAST);
            sendPanel.add(p3, BorderLayout.NORTH);

            //添加聊天区域
            JTextArea textArea = new JTextArea(5, 25);
            sendPanel.add(textArea, BorderLayout.CENTER);

            //添加关闭按钮、发送按钮
            JPanel p6 = new JPanel();
            p6.setLayout(new FlowLayout(FlowLayout.RIGHT));
            Image imgCloseBtn = tk.getImage("images/close.gif");
            JLabel closeBtn = new JLabel(new ImageIcon(imgCloseBtn));
            closeBtn.setSize(57, 27);
            Image imgSend = tk.getImage("images/send.gif");
            JLabel send = new JLabel(new ImageIcon(imgSend));
            send.setSize(57, 27);
            p6.add(closeBtn);
            p6.add(send);
            sendPanel.add(p6, BorderLayout.SOUTH);

            //关闭窗口的事件
            close.addMouseListener(new MouseAdapter() {
                @Override
                public void mouseClicked(MouseEvent e) {
                    System.exit(0);
                }
            });
            frame.setVisible(true);          //设置窗口显示
    }
}
```

例 7-13 的运行结果如图 7-14 所示。

说明：以上程序实现了一个仿 QQ 聊天窗口，主要使用 JFrame 创建了一个窗口对象，然后将窗口分为上、中、下 3 部分，即将窗口设置为 BorderLayout 边界布局，将标题栏面板添加到 North 方向，将聊天记录面板添加到界面的 Center 区域，将发送信息框面板添加到界面的 South 方向。程序中还使用了许多图片，这些图片都采用的是带图标的 JLable 标签来实现的。同时还需要注意项目中图片的路径，本程序中是在项目根目录下新建了一个存放图片的目录 images，结果如图 7-15 所示。

图 7-14 仿 QQ 聊天窗口

图 7-15 例 7-13 的项目结构

本章小结

本章主要讲解了 Java 语言中图形图像相关的类和方法的使用方法。首先讲解了 JFrame 窗口和 JPanel 面板等容器；然后讲解了输入框、文本域、按钮等基本组件的使用方法，接着讲解了布局管理器的使用方法；最后讲解了窗口事件、鼠标事件、按钮事件和键盘事件等基本事件的用法。

习题 7

7-1 编写程序,利用事件实现图 7-16 所示的效果,即单击图 7-16 所示窗口中的按钮,弹出图 7-17 所示窗口。图 7-17 中单击按钮显示相应背景颜色。

图 7-16 习题 7-1(1)

图 7-17 习题 7-1(2)

7-2 编写一个程序,使之具有图 7-18 所示的界面,单击 clear 按钮时清空两个文本框的内容;单击 copy 按钮时将 source 文本框的内容复制到 target 文本框;单击 close 按钮则结束程序的运行。

7-3 设计图 7-19 所示窗口,单击"提交"按钮,在上面的多行文本框中显示内容。

图 7-18 习题 7-2

图 7-19 习题 7-3

7-4 编写一个程序,使之具有图 7-20 所示的界面,实现用户的登录和注册功能。

图 7-20 习题 7-4

(1) 注册:单击"注册"按钮,将输入的用户名和密码写入文件 D:\\a.txt 中。

(2) 登录:当单击"登录"按钮时,先判断用户是否注册过,如果没有注册,就用 JOptionPanel 弹出提示框"还未注册,请先注册!"。如果用户已经注册过,就判断用户的用户名和密码是否与文件中的一致,如果一致,使用 JOptionPanel 弹出提示框"恭喜,登录成功!";否则弹出提示框"对不起,登录失败!"(注意:密码框用 JPasswordField)

第 8 章 多 线 程

随着计算机硬件的发展以及硬件之上各层软件(如操作系统和各种应用软件)的发展,计算机能同时处理的事情越来越多。现代操作系统在现代硬件支持下允许不同应用软件的并发运行。比如你在用 QQ 音乐软件欣赏最新版单歌曲时可以同时利用浏览器查阅歌手的详细信息,还可以同时处理邮箱的最新邮件。所有类似的并发场景都是因为操作系统充分利用硬件资源,以进程和线程的方式支持同时发生的各个任务。因此,本章将介绍线程的基本概念,简述线程和进程的关系,重点介绍线程的创建及其生命周期的各个阶段,线程之间的同步和冲突解决等内容。

8.1 线程概述

8.1.1 生活中的并发现象

技术来源于生活,计算机解决的并发现象普遍存在于人们日常生活中。我们经常碰到需要耐心排队等待服务的场景,如银行、医院、商场等,当然有些服务场所为了方便客户,不浪费客户的时间,采取了叫号方式,避免了大量客户聚集排队的现象。另外,现在很多服务都可以在线获得如在线购物,但客户还是要等待服务提供者协调安排人员准备客户订单的商品,并安排快递人员送货上门,不同的是客户不需要亲自到商场排队等待而只需在家里等待即可。不管客户以何种方式请求服务,对于服务提供商来说,他们需要考虑实际情况,采用不同的策略最大限度地满足绝大部分客户的请求,提高服务效率和客户满意度。服务策略包括但不限于提供 VIP 高优先级的服务,根据顾客的数量增加排队数量,合理安排服务方式以便尽量为每位客户在最优等待时间内提供服务等。生活中很多看似复杂的问题都可以用算法解决,虽然一些复杂问题的解决是并发进行的。

著名计算机科学家 Leslie Lamport 提出了面包店算法。假设一个面包店在不同时刻会有不同数量的顾客光顾,但每个顾客被服务的情况需要根据面包店当时的顾客人数以及负责结账的工作人员人数决定。Lamport 面包店算法基本思想来源于顾客在面包店购买面包时的排队原理,并设置了一些条件。顾客进入面包店前,首先抓取一个号码,然后按号码从小到大的次序依次进入面包店购买面包,这里假定:

(1) 面包店按由小到大的次序发放号码,且两个或两个以上的顾客有可能得到相同号码(要使顾客的号码不同,需互斥机制);

(2) 若多个顾客抓到相同号码,则按顾客名字的字典次序排序(假定顾客没有重名)。

本章先介绍一些相关的基本概念,包括线程、进程、并发、并行、多线程的运行机制,在此基础上,读者可以尝试模拟 Lamport 面包店算法。

8.1.2 进程和线程

现代常用的操作系统,如 Windows、Linux,都是多任务操作系统,即用户可以在同一时间内运行多个应用程序,如同时运行 QQ 音乐、浏览器搜索、邮件处理等,每个应用程序就是一个任务。图 8-1 通过任务管理器显示了作者在编写本章节时 Windows 10 上开启的 7 个应用程序任务及操作系统自己启动的在后台运行的 116 个任务。不同操作系统的进程和线程的实现方式有所不同,本章的所有相关技术细节介绍都是基于 Windows 系统的。

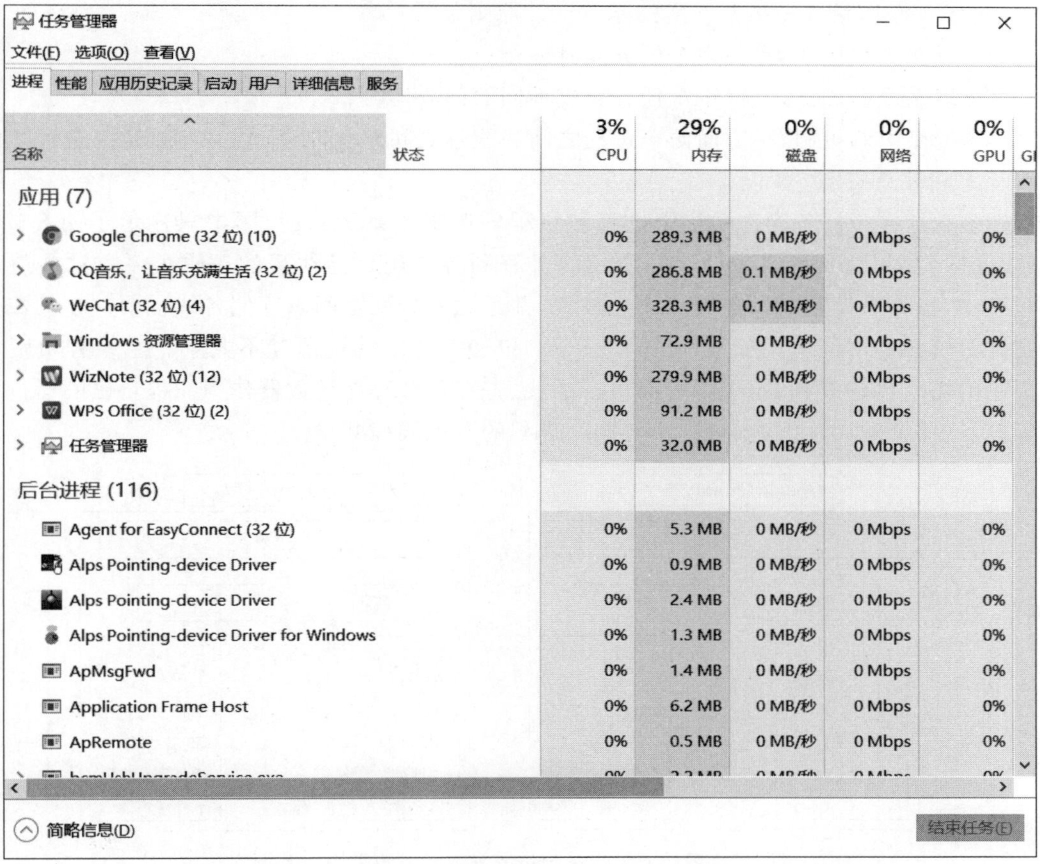

图 8-1　Windows 多任务操作系统的任务列表

一个程序(应用程序或系统程序)一旦被载入内存中并准备执行,操作系统就创建了一个进程(Process),它是关于某个数据集合上的一次运行活动,是操作系统进行资源分配的基本单位。进程拥有自己独立的内存空间地址,因此一个进程崩溃后,在保护模式下不会对其他进程产生影响。比如,图 8-1 中显示的 QQ 音乐因某些原因崩溃后不会影响本章编写所用到的文字处理工具 WPS Office。

早期的操作系统是资源分配单位和任务调度单位,但是这种设计给后来的多任务操作系统带来了问题,让进程在创建、撤销、切换进程操作中为保存各进程的状态需要较大的时空开销,限制了并发程度。因而为减少进程切换的开销,多任务操作系统把进程作为资源分配单位和调度单位这两个属性分开处理,即进程还是作为资源分配的基本单位,但是不作为调度的基本单位,由进程创建和管理的线程(Thread)来执行处理器的调度执行与切换。线程可以理解为轻量级的进程(Light Weight Process),是 CPU 执行程序的最小单元,它实体的含义就是在 CPU 上被调度和运行的代码和对应的数据。在一个进程启动后,系统会默认产生一个主线程,主线程可以创建多个子线程。线程是存在于进程内的,位于一个进程内的线程可以共享部分资源,故线程间的切换比进程少得多,因而提高了系统的并发度。综合而言,多任务操作系统提高并发度的基本设计原则包括:

(1) 以多进程形式,允许多个任务同时运行;

(2) 以多线程形式,允许单个任务分成不同的部分运行;

(3) 提供协调机制,一方面防止进程之间和线程之间产生冲突,另一方面允许进程之间和线程之间共享资源。

图 8-2 是在多任务操作系统中进程和线程的逻辑关系示意图,图中只显示了图 8-1 中的 Google Chrome 应用和 QQ 音乐应用的进程和各应用自己线程的逻辑关系。这些应用一旦启动,操作系统就自动创建一个主线程,并且为其分配空间以存储各线程要共享的数据和文件等资源。不同应用如 Google Chrome 和 QQ 音乐的资源互不共享。主线程负责根据应用的需求创建线程,每个线程有自己的栈、寄存器和程序计数器作为线程自己的运行支撑资源,这些资源属于线程自己,不与同一进程的其他线程共享。

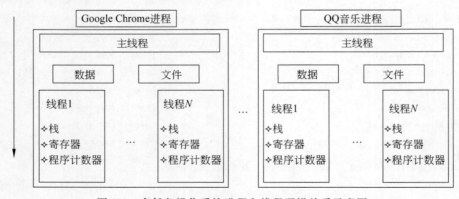

图 8-2　多任务操作系统进程和线程逻辑关系示意图

为了具体化图 8-2 所示的逻辑关系,图 8-3 显示了图 8-1 所列的进程(包括应用进程和系统后台进程)对应的一些运行时系统参数,从图中可以看出,操作系统同时运行了 252 个进程,但运行的线程数达到了 3664 个,真正提高了 CPU 的并发程度。

综合以上信息,表 8-1 列出了进程和线程的比较,主要从它们的基本属性、包含关系、内存分配、资源开销、系统开销、执行过程、并行方式、鲁棒程序、通信途径、存在标识进行对比,也列出了两者之间的相同特征。

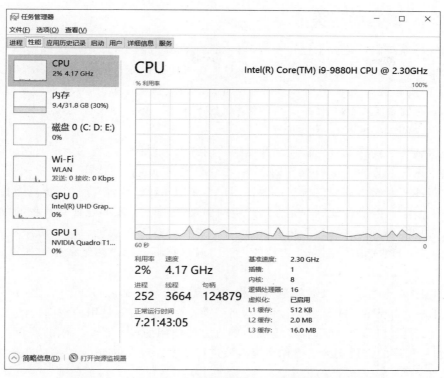

图 8-3　Windows 多任务操作系统的进程和线程数量关系

表 8-1　多任务操作系统进程和线程的比较

比较项	进　程	线　程
基本属性	操作系统资源分配的基本单位	处理器任务调度和执行的基本单位
包含关系	一个进程可以包含一个或多个线程	一个线程属于某一个进程
内存分配	进程有自己独立的地址空间和资源	同一进程的线程共享该进程的地址空间和资源
资源开销	有独立的代码和数据空间，进程之间的切换开销大	属于同一进程的线程共享代码和数据空间，每个线程有自己独立的运行小栈和程序计数器，线程之间的切换开销小
系统开销	创建、撤销、切换时空开销较大	创建、撤销、切换时空开销较小
执行过程	每个独立的进程有程序运行的入口、顺序执行序列和程序出口	线程不能独立执行，必须依赖进程，由进程提供线程执行控制
并行方式	不同进程可以并行执行	同一进程的线程可以并行执行，只要无冲突
鲁棒程度	一个进程崩溃后，在保护模式下不会影响其他进程	一个线程崩溃后，影响其他线程，导致整个进程崩溃
通信途径	进程间通过操作系统和数据复制通信	线程间通过共享的内存通信
存在标识	进程控制块（PCB）	进程控制块，线程控制块（TCB）
相同特征	都有 ID/寄存器组、状态、优先权，创建后可以管理自己的属性，可与父进程共享资源，都不能直接访问其他无关进程/线程的资源	

8.1.3 线程的种类

根据操作系统内核是否能感知线程,可以把线程分为两类,即用户级线程(User-Level Thread)和内核级线程(Kernel-Level Thread)。在多任务操作系统中,各个系统的实现方式并不相同,有的系统中实现了用户级线程,如 infomix;有的系统中实现了内核级线程,如 Macintosh;有的系统实现了两种类型的线程,如 Solaris OS。对线程实现方式细节感兴趣的读者可以参阅相关的操作系统书籍。

内核级线程由操作系统内核创建和撤销。内核维护进程及线程的上下文信息以及线程切换。一个内核线程由于 I/O 操作而阻塞,不会影响其他线程的运行。

用户级线程是指不需要内核支持而在用户程序中实现的线程,操作系统只能看到进程,而不能看到线程。所有的线程都是在用户空间实现,程序员需要自己实现线程的数据结构、创建销毁和调度维护。在操作系统看来,每一个进程只有一个线程。它的切换是由用户态程序自己控制内核的切换,不需要内核的干涉。但是它不能像内核级线程一样更好地运用多核 CPU。

对于程序员来说,用户级线程是由编程语言支持的,如 Java。JDK 1.2 之前,程序员们为 JVM 开发了自己的一个线程调度内核,而到操作系统层面就是用户空间内的线程实现。但在 JDK 1.2 及以后,JVM 选择了更加稳健且方便使用的操作系统原生的线程模型,通过系统调用,将程序的线程交给了操作系统内核进行调度。现在的 Java 线程的本质就是操作系统中的线程。

Java 中 main 线程是由 Java 虚拟机在启动时创建的,它是个普通的非守护线程,用来启动应用程序,主线程执行结束,其他线程一样可以正常执行。Java 语言自己可以创建两种线程,即用户线程(User Thread)、守护线程(Daemon Thread),其中用户线程就是平时创建的普通线程,而守护线程主要是用来服务用户线程的,创建线程时可以用 JDK 提供的方法设置守护线程。JDK 文档指出,当应用程序只剩下守护线程的时候,JVM 就会退出。但是如果还有其他任意一个用户线程还在,JVM 就不会退出。因此,当所有的非守护线程结束时,程序也就终止了,同时会杀死进程中的所有守护线程;反之,只要任何非守护线程还在运行,程序就不会终止。

用户线程和守护线程两者几乎没有区别,唯一的不同之处就在于 JVM 的离开:如果用户线程已经全部退出运行了,只剩下守护线程存在,JVM 也就退出了。

8.1.4 并发与并行

前面提到了多任务操作系统的多个进程或多个线程的同时运行,即并发性(Concurrency),现在的计算机一般是多核处理器或有多个处理器,能保证多个任务同时(在一段时间内)运行,但这个并发性需要底层硬件的支持。若进程或线程数超过了底层硬件的支持数,则应用程序从宏观上给用户的感觉是同时发生的,但微观上是由操作系统安排交替运行不同的应用程序。与并发相关的一个概念是并行(Parallelism),并行是指两个或两个以上任务在同一时刻发生。

并发的实质是一个物理 CPU(也可以多个物理 CPU)在若干道程序之间多路复用,并发性是对有限物理资源强制行使多任务共享以提高效率。并行使多个程序同一时刻可在不同 CPU 或者不同核上同时执行。并发是多个事件在同一时间段执行,而并行是多个事件在同一时间点执行。比如在面包店里希望同一时刻为多个用户服务,就必须在同一时刻投入多个工作人员。并发和并行的区别可以用图 8-4 加以说明。

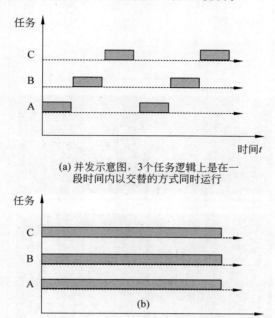

(a) 并发示意图,3 个任务逻辑上是在一段时间内以交替的方式同时运行

(b) 并行示意图,3 个任务物理上山时运行

图 8-4 并发和并行的区别

为了获取当前计算机支持同一时刻运行的任务,可以在 Windows 系统下按住快捷键 Win+R,用命令行方式运行 wmic 命令可以查看计算机 CPU 支持的核数和线程数,作者所用计算机 CPU 是八核处理器,能够同时支持 16 个线程,其操作过程及结果如图 8-5 所示。

8.1.5 Java 多线程的运行机制

Java 程序本身就是一个多线程程序,当 Java 程序执行 main 方法时就是启动了一个 JVM 进程,而 main 方法所在的线程就是这个进程中的一个线程,也称主线程,同时进程中还会启动一些守护线程,如垃圾回收线程等。下面通过例 8-1 所示程序显示一个 Java 自身提供的 MXBean 来监控一个简单的 Java 程序启动的过程中启动了哪些 Java 线程。

例 8-1 Demo01.java。

```
package cn.edu.lsnu.ch08;

import java.lang.management.ManagementFactory;
import java.lang.management.ThreadInfo;
import java.lang.management.ThreadMXBean;

public class Demo01 {
    public static void main(String[] args) {
```

图 8-5　查看 CPU 支持的线程数

```
//Java 线程管理
ThreadMXBean threadMXBean = ManagementFactory.getThreadMXBean();

//获取线程和线程堆栈信息
ThreadInfo[] threadInfos = threadMXBean.dumpAllThreads(false, false);

//遍历线程信息,打印线程 ID 和线程名称信息
for(ThreadInfo threadInfo: threadInfos) {
    System.out.println("[" + threadInfo.getThreadId() + "] " +
        threadInfo.getThreadName());
    }
  }
}
```

上述程序输出如下,你的输出内容可能不同,但不用太纠结,也不需要纠结下面每个线程的作用,只需知道其中的 main 线程是 JVM 启动程序时创建的,用来执行 main 方法。例 8-1 说明 Java 程序天生是一个多线程程序。

```
Signal Dispatcher
Finalizer
Reference Handler
main
```

例 8-1 只包含一个 main 用户线程,当然用户根据业务需求还可以用 main 方法执行时创建多个用户线程 A、B、C,这时多个线程 main、A、B、C 以及守护线程同时执行,相互抢夺 CPU 等资源。在用 Java 多线程实现业务逻辑时要注意多线程可以提高运行效率,让 CPU 的使用率更高。但是如果多线程有安全问题或出现频繁的上下文切换时,程序一定要注意重新调整线程数及线程任务的规划。

8.1.6 线程概述小结

本节通过从日常生活的例子引入多线程的背景知识,包括进程、线程、并发、并行以及 Java 的多线程运行机制。8.2 节开始先介绍线程的生命周期,然后通过代码阐述 Java 对线程和多线程的支持。

8.2 线程生命周期

线程作为一种事物,也和其他事物一样都有生命周期,即事物从出生开始到最终消亡的整个过程。在整个生命周期过程中,线程会有不同阶段,每个阶段对应着一种状态,不同的状态之间会在线程外部和线程内部条件作用下互相转换。所以,本节结合 Java 提供的线程管理机制说明线程生命周期中的各个状态。

8.2.1 线程状态

当线程被创建并启动以后,它既不是一启动就进入执行状态,也不是一直处于执行状态。线程的生命周期会经历 5 种状态,即新建状态(New)、就绪状态(Runnable)、运行状态(Running)、阻塞状态(Blocked)和死亡状态(Dead),这 5 种状态的简单说明如下。

(1) 新建状态。当程序启动时系统自动创建一个主线程 main 或者在程序中用 new 关键字创建一个线程后,main 线程或创建的线程就处于新建状态,JVM 会为线程分配内存,并初始化其成员变量的值。

(2) 就绪状态。当线程对象调用了 start() 方法后,该线程就处于就绪状态。JVM 为其申请线程自己的资源,如方法调用栈和程序计数器,并把该线程放入线程就绪队列,线程开始等待系统为其分配 CPU 时间片。

(3) 运行状态。当在线程就绪队列中的线程被 CPU 调度时,这个线程就获得 CPU 时间片,开始正式运行线程的程序体,该线程也就进入运行状态。根据计算机 CPU 的核数和支持的同时运行线程数(参考 8.1.4),系统中在任何时刻可以有一个(只有一个 CPU 和/或一个核)或多个(多个 CPU 和/或多个核)线程处于运行状态。处于运行状态的线程不会一直运行,线程会在系统的公平调度原则以及线程本身运行所需数据和其他资源的可用性等约束条件下让出 CPU,根据约束条件进入就绪状态、阻塞状态或死亡状态。

(4) 阻塞状态。运行状态的线程在某些事件发生时会被迫进入阻塞状态,如调用一个阻塞式 I/O 方法,等待键盘输入,或者调用 sleep() 方法,主动让出 CPU,或者调用 wait() 方法,等待协同的其他线程提供给本线程所需的数据并唤醒(notify() 方法)本线程,或者需要等待被其他线程占用的资源。这些事件把阻塞状态大致分为等待阻塞、同步阻塞、其他阻塞。当这些阻塞条件被解决后,被阻塞的线程只能再次进入线程就绪队列,等待再次被

CPU 调度。

(5) 死亡状态。这是一个线程生命周期的结束状态,可能是线程运行完成即线程的任务正常结束,也可能是因为线程运行出现异常或通过主动调用 stop()方法而结束线程。

8.2.2 线程的状态转换图

综合以上的线程状态描述,图 8-6 列出了线程各状态之间的转换关系及相应的条件。

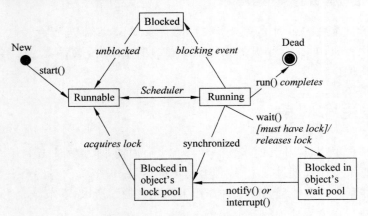

图 8-6 线程状态转换图

由图 8-6 可知,线程在创建尤其是当线程启动以后,它不可能一直占有 CPU 独自运行,CPU 需要在多个线程之间切换,所以线程状态也会多次在运行、阻塞之间切换,切换的条件根据线程的当前状态以及系统的当前状态决定。

8.2.3 线程生命周期小结

本节概括地描述了线程的各个状态和状态间的转换,本章后面的内容就在此基础上通过例子详细说明 Java 对线程的支持。

8.3 线程管理

本节通过用 JDK 为线程提供的类和接口编写例子详细说明线程生命周期的各个阶段,包括线程的创建和运行、线程信息的访问、线程的终止、守护线程的创建和运行、线程的优先级、线程的中断以及线程的休眠和恢复。

8.3.1 线程的创建和运行

在 Java 语言中,线程可以通过 3 种方式创建和运行。第一种方式是通过类的继承实现,第二种和第三种方式通过创建接口的实现类实现。在第一种方式中,线程(Thread)跟前面章节提到的 Java 常用类(如 String 等)一样,都是 Object 的直接子类,包含在 java.lang 包中,用户程序只需要继承 Thread 类,重写 Thread 的 run()方法即可实现自己的代码。但是因为 Java 的类只能实现单继承,若用户程序自定义的类已经从业务角度继承了其他类就不能再继承 Thread 类,所以 JDK 提供了第二种方式,在 java.lang 包中提供了一个 Runnable

的接口,用户只要实现这个接口,重写接口的run()方法即可实现自己的代码。事实上,Java提供的Thread类也实现了Runnable接口。除了这两种方式外,从Java5开始,Java提供了Callable接口,该接口是Runnable接口的增强版,可以传递返回值和抛出异常,有兴趣的读者可以参阅相关书籍。本节只使用前两种方式说明单线程和多线程如何创建和运行。

表8-2列出了Thread类的常用构造方法和方法。Runnable接口是个函数式接口,只有一个run()方法,它的实现类需要实现这个方法,完成业务任务。当使用这个实现类创建线程时,启动线程就会单独启动一个线程执行run方法的任务。Thread类和Runnable接口的具体使用可见例8-2至例8-4。

表8-2　Thread类的常用方法及说明

方 法 声 明	功 能 描 述
public Thread()	分配一个新的Thread对象,对象的默认名称为"Thread-"＋整数
public Thread(String threadName)	分配一个新的Thread对象,对象的名称是参数threadName
public Thread(Runnable target)	分配一个新的Thread对象,对象名称为"Thread-"＋整数。当这个线程对象启动后将执行参数target的run方法体;若参数为null,则不执行任务
public void start()	启动线程的执行,JVM调用它的run方法。这样就有两个同步运行的线程:当前调用start方法的线程和执行run方法的线程

每个Java程序都至少有一个执行线程。当程序运行时,JVM将启动这个执行线程调用程序的入口方法——main()方法。若在这个执行线程中需要再运行线程,那么其机制是创建一个线程对象,当该对象的start()方法被调用时,该线程被系统调度执行,Thread子类或者Runnable实现类的run()方法中的代码就被执行。

下面通过一个搜索简化的小型图书馆的书籍信息的例子,说明如何从传统的Java编程到单线程编程再到多线程编程。假设这个小型图书馆共有1000本书,记录了每本书的书名、作者、出版社,用户可以同时搜索这个图书馆,输入书名,程序通过查找书名来确定图书馆是否购置了相应的书籍。若有则输出与该书相关的作者、出版社等信息。程序还通过记录搜索时间来比较不同实现方式的检索效率。

首先,如例8-2所示,我们按传统的Java编程方式,通过方法的调用由main方法来完成上述任务。例8-2定义了一个Book类,程序第66～74行的程序用于初始化图书馆的书,为方便起见,书籍的信息用一种示意方式简单设置。第54～64行实现了在图书馆的所有书籍中搜索某一本书的功能。第45～47行通过循环调用搜索功能完成1000本书的搜索。为了比较不同方式的检索效率,程序在第43行和49行分别记录程序搜索前和搜索结束时的系统时间,两个时间之差就是搜索1000本书所用时间,在第50行显示。例8-2的运行结果如图8-7所示。因为输出信息太多,分别截取了前面的一些信息输出,中间省略的部分类似,最后一行是程序搜索所用时间。

例8-2　Demo02.java。

```
1    package cn.edu.lsnu.ch08;
2    import java.util.ArrayList;
3    import java.util.Iterator;
4
```

```java
5   /**
6    *
7    * 传统方式编程，由 main 线程实现书籍搜索功能
8    *
9    */
10
11  class Book{
12      private String bookTitle;
13      private String bookAuthor;
14      private String publisher;
15
16      public String getBookTitle() {
17          return bookTitle;
18      }
19      public void setBookTitle(String bookTitle) {
20          this.bookTitle = bookTitle;
21      }
22      public String getBookAuthor() {
23          return bookAuthor;
24      }
25      public void setBookAuthor(String bookAuthor) {
26          this.bookAuthor = bookAuthor;
27      }
28      public String getPublisher() {
29          return publisher;
30      }
31      public void setPublisher(String publisher) {
32          this.publisher = publisher;
33      }
34  }
35
36  public class Demo02 {
37
38      public static void main(String[] args) {
39          ArrayList<Book> books = new ArrayList<Book>();
40          Demo02 demo02 = new Demo02();
41          demo02.InitBooks(books);
42
43          long start = System.currentTimeMillis();
44
45          for(int i = 0; i < 1000; i++) {
46              demo02.searchBook("Book" + String.valueOf(i), books);
47          }
48
49          long end = System.currentTimeMillis();
50          System.out.println("The main thread uses " + (end-start) + " ms");
51
52      }
53
54      public void searchBook(String bookTitle, ArrayList<Book> array) {
55          Iterator iterator = array.iterator();
```

```
56              while(iterator.hasNext()) {
57                  Book tmp = (Book)iterator.next();
58                  if(tmp.getBookTitle().equals(bookTitle)) {
59                      System.out.println("Book: " + tmp.getBookTitle() + ",
                            Author: " + tmp.getBookAuthor() +
60                          ", Publisher: " + tmp.getPublisher());
61                      return;
62                  }
63              }
64          }
65
66          public void InitBooks(ArrayList<Book> array) {
67              for(int i = 0; i < 1000; i++) {
68                  Book tmp = new Book();
69                  tmp.setBookTitle("Book" + String.valueOf(i));
70                  tmp.setBookAuthor("Author" + String.valueOf(i));
71                  tmp.setPublisher("Publisher" + String.valueOf(i));
72                  array.add(tmp);
73              }
74          }
75      }
```

```
Book: Book0, Author: Author0, Publisher: Publisher0
Book: Book1, Author: Author1, Publisher: Publisher1
Book: Book2, Author: Author2, Publisher: Publisher2
Book: Book3, Author: Author3, Publisher: Publisher3
Book: Book4, Author: Author4, Publisher: Publisher4
Book: Book5, Author: Author5, Publisher: Publisher5
Book: Book6, Author: Author6, Publisher: Publisher6
Book: Book7, Author: Author7, Publisher: Publisher7
Book: Book8, Author: Author8, Publisher: Publisher8
Book: Book9, Author: Author9, Publisher: Publisher9
Book: Book10, Author: Author10, Publisher: Publisher10
Book: Book11, Author: Author11, Publisher: Publisher11
Book: Book12, Author: Author12, Publisher: Publisher12
  ...
Book: Book988, Author: Author988, Publisher: Publisher988
Book: Book989, Author: Author989, Publisher: Publisher989
Book: Book990, Author: Author990, Publisher: Publisher990
Book: Book991, Author: Author991, Publisher: Publisher991
Book: Book992, Author: Author992, Publisher: Publisher992
Book: Book993, Author: Author993, Publisher: Publisher993
Book: Book994, Author: Author994, Publisher: Publisher994
Book: Book995, Author: Author995, Publisher: Publisher995
Book: Book996, Author: Author996, Publisher: Publisher996
Book: Book997, Author: Author997, Publisher: Publisher997
Book: Book998, Author: Author998, Publisher: Publisher998
Book: Book999, Author: Author999, Publisher: Publisher999
The main thread uses 21 ms
```

图 8-7 例 8-2 的运行结果

然后把例 8-2 中的检索功能方法用线程实现，先以一个不同于 main 线程的单线程方式实现检索，如例 8-3 所示，其中用到的 Book 类和例 8-2 一样，所以没有在例 8-3 中再列出。例 8-3 使用了 Thread 的继承方式创建一个线程完成检索功能。从程序 Demo03.java 可看出，SearchBookThread 类继承了 Thread 类并在第 19～43 行重写了 Thread 类的 run() 方法，在这个方法体中实现了线程需要完成的所有 1000 本图书搜索功能，也就是例 8-2 中的第 54～64 行的方法 searchBook 的功能。例 8-3 的第 53～55 行先创建一个 SearchBookThread

类的对象,然后在第 55 行启动该线程,运行 SearchBookThread 中的 run()方法。应注意,run()方法中计算时间所用的开始时间和结束时间不能写在 main 方法中的第 53 行之前和第 55 行之后,若写在这里,计算的时间是 main 线程的运行时间,但因为 main 在第 55 行启动线程后就完成了,而它启动的线程会继续独立完成自己的工作。程序运行结果如图 8-8 所示。从结果可以看出,通过创建一个线程来运行程序,所用的时间比通过 main 线程调用方法的时间要稍长,这是线程的一些额外的开销所致。

例 8-3 Demo03.java。

```
1    package cn.edu.lsnu.ch08;
2
3    import java.util.ArrayList;
4    import java.util.Iterator;
5
6    /**
7     *
8     * 线程方式编程,由 main 线程启动一个线程实现书籍搜索功能
9     *
10    */
11
12   class SearchBookThread extends Thread {
13       ArrayList<Book> array;
14
15       public SearchBookThread(ArrayList<Book> array) {
16           this.array = array;
17       }
18
19       public void run() {
20           Iterator iterator;
21           String bookTitle = new String();
22
23           long start = System.currentTimeMillis();
24
25           for(int i = 0; i < 1000; i++) {
26               iterator = array.iterator();
27               bookTitle = "Book" + String.valueOf(i);
28
29               while (iterator.hasNext()) {
30
31                   Book tmp = (Book) iterator.next();
32                   if (tmp.getBookTitle().equals(bookTitle)) {
33                       System.out.println("Book: " + tmp.getBookTitle() + ",
                           Author: " + tmp.getBookAuthor()
34                               + ", Publisher: " + tmp.getPublisher());
35                       break;
36                   }
37               }
38           }
39
40           long end = System.currentTimeMillis();
```

```
41            System.out.println("A single thread uses " + (end - start) + " ms");
42        }
43    }
44 }
45
46 public class Demo03 {
47
48     public static void main(String[] args) {
49         ArrayList<Book> books = new ArrayList<Book>();
50         Demo03 demo03 = new Demo03();
51         demo03.InitBooks(books);
52
53         SearchBookThread search = new SearchBookThread(books);
54
55         search.start();
56     }
57
58     public void InitBooks(ArrayList<Book> array) {
59         for(int i = 0; i < 1000; i++) {
60             Book tmp = new Book();
61             tmp.setBookTitle("Book" + String.valueOf(i));
62             tmp.setBookAuthor("Author" + String.valueOf(i));
63             tmp.setPublisher("Publisher" + String.valueOf(i));
64             array.add(tmp);
65         }
66     }
67 }
```

```
Book: Book0, Author: Author0, Publisher: Publisher0
Book: Book1, Author: Author1, Publisher: Publisher1
Book: Book2, Author: Author2, Publisher: Publisher2
Book: Book3, Author: Author3, Publisher: Publisher3
Book: Book4, Author: Author4, Publisher: Publisher4
Book: Book5, Author: Author5, Publisher: Publisher5
Book: Book6, Author: Author6, Publisher: Publisher6
Book: Book7, Author: Author7, Publisher: Publisher7
Book: Book8, Author: Author8, Publisher: Publisher8
Book: Book9, Author: Author9, Publisher: Publisher9
Book: Book10, Author: Author10, Publisher: Publisher10
Book: Book11, Author: Author11, Publisher: Publisher11
Book: Book12, Author: Author12, Publisher: Publisher12
    ...
Book: Book988, Author: Author988, Publisher: Publisher988
Book: Book989, Author: Author989, Publisher: Publisher989
Book: Book990, Author: Author990, Publisher: Publisher990
Book: Book991, Author: Author991, Publisher: Publisher991
Book: Book992, Author: Author992, Publisher: Publisher992
Book: Book993, Author: Author993, Publisher: Publisher993
Book: Book994, Author: Author994, Publisher: Publisher994
Book: Book995, Author: Author995, Publisher: Publisher995
Book: Book996, Author: Author996, Publisher: Publisher996
Book: Book997, Author: Author997, Publisher: Publisher997
Book: Book998, Author: Author998, Publisher: Publisher998
Book: Book999, Author: Author999, Publisher: Publisher999
A single thread uses 25 ms
```

图 8-8 例 8-3 的运行结果

例 8-4 使用 Runnable 接口的实现类的方式创建线程完成例 8-3 同样的功能。从程序 Demo04.java 中可看出，SearchBookImpl 类实现了 Runnable 接口并在第 18～42 行重写了 Runnable 接口的 run()方法，在这个方法体中实现了线程需要完成的所有 1000 本图书搜索功能。程序在第 51 行创建了 SearchBookImpl 类的对象，并在第 52 行通过在表 8-2 中列出的第三种 Thread 类的构造方法创建了一个线程对象，但只有到第 53 行调用线程的 start 方法，系统才创建并启动了一个新的线程执行 SearchBookImpl 类中的 run 方法。程序运行结果如图 8-9 所示，其运行时间也比用 main 线程完成同样功能的时间长。比较例 8-3 和例 8-4 所列程序，两个程序除了一个继承 Thread 类，一个实现 Runnable 接口外，其他都一样。

例 8-4　Demo04.java。

```
1    package cn.edu.lsnu.ch08;
2    import java.util.ArrayList;
3    import java.util.Iterator;
4    
5    /**
6     *
7     * 线程方式编程，由 main 线程通过 Runnable 接口实现并启动一个线程实现书籍搜索功能
8     *
9     */
10   
11   class SearchBookImpl implements Runnable {
12       ArrayList<Book> array;
13   
14       public SearchBookImpl(ArrayList<Book> array) {
15           this.array = array;
16       }
17   
18       public void run() {
19           Iterator iterator;
20           String bookTitle = new String();
21   
22           long start = System.currentTimeMillis();
23   
24           for(int i = 0; i < 1000; i++) {
25               iterator = array.iterator();
26               bookTitle = "Book" + String.valueOf(i);
27   
28               while (iterator.hasNext()) {
29   
30                   Book tmp = (Book) iterator.next();
31                   if (tmp.getBookTitle().equals(bookTitle)) {
32                       System.out.println("Book: " + tmp.getBookTitle() + ",
                           Author: " + tmp.getBookAuthor()
33                           + ", Publisher: " + tmp.getPublisher());
34                       break;
35                   }
36               }
37           }
38   
```

```
39            long end = System.currentTimeMillis();
40             System.out.println("A single thread via Runnable uses " + (end - start) + " ms");
41
42        }
43    }
44    public class Demo04 {
45
46        public static void main(String[] args) {
47            ArrayList<Book> books = new ArrayList<Book>();
48            Demo04 demo04 = new Demo04();
49            demo04.InitBooks(books);
50
51            SearchBookImpl search = new SearchBookImpl(books);
52            Thread thread = new Thread(search);
53            thread.start();
54        }
55
56        public void InitBooks(ArrayList<Book> array) {
57            for(int i = 0; i < 1000; i++) {
58                Book tmp = new Book();
59                tmp.setBookTitle("Book" + String.valueOf(i));
60                tmp.setBookAuthor("Author" + String.valueOf(i));
61                tmp.setPublisher("Publisher" + String.valueOf(i));
62                array.add(tmp);
63            }
64        }
65    }
```

```
Book: Book0, Author: Author0, Publisher: Publisher0
Book: Book1, Author: Author1, Publisher: Publisher1
Book: Book2, Author: Author2, Publisher: Publisher2
Book: Book3, Author: Author3, Publisher: Publisher3
Book: Book4, Author: Author4, Publisher: Publisher4
Book: Book5, Author: Author5, Publisher: Publisher5
Book: Book6, Author: Author6, Publisher: Publisher6
Book: Book7, Author: Author7, Publisher: Publisher7
Book: Book8, Author: Author8, Publisher: Publisher8
Book: Book9, Author: Author9, Publisher: Publisher9
Book: Book10, Author: Author10, Publisher: Publisher10
Book: Book11, Author: Author11, Publisher: Publisher11
Book: Book12, Author: Author12, Publisher: Publisher12
    ...
Book: Book988, Author: Author988, Publisher: Publisher988
Book: Book989, Author: Author989, Publisher: Publisher989
Book: Book990, Author: Author990, Publisher: Publisher990
Book: Book991, Author: Author991, Publisher: Publisher991
Book: Book992, Author: Author992, Publisher: Publisher992
Book: Book993, Author: Author993, Publisher: Publisher993
Book: Book994, Author: Author994, Publisher: Publisher994
Book: Book995, Author: Author995, Publisher: Publisher995
Book: Book996, Author: Author996, Publisher: Publisher996
Book: Book997, Author: Author997, Publisher: Publisher997
Book: Book998, Author: Author998, Publisher: Publisher998
Book: Book999, Author: Author999, Publisher: Publisher999
A single thread via Runnable uses 23 ms
```

图 8-9 例 8-4 的运行结果

最后用多线程的方式实现 1000 本书的搜索,基于例 8-3 采用 Thread 类的继承方式和例 8-4 采用 Runnable 接口的实现方式,在例 8-5 中采用接口实现方式实现多线程。例 8-5 的 MTSearchBookImpl 类实现了 Runnable 接口,重写 run()方法。和例 8-4 的 run()方法相比,例 8-5 的 run()方法中只完成一本书的搜索,由构造方法的一个参数传入要搜索的这本书的书名。1000 本书的搜索由 main 线程在第 51~55 行创建并启动多个线程来完成,每个线程完成一本书的搜索,即完成 run()的方法。为了比较线程的时间,程序在 run()方法中打印了一个线程所花的时间,同时也在 main 方法中打印了用 1000 个线程完成同样的 1000 本书的搜索的时间,运行结果如图 8-10 所示。

例 8-5 Demo05.java。

```java
1    package cn.edu.lsnu.ch08;
2
3    import java.util.ArrayList;
4    import java.util.Iterator;
5
6    /**
7     *
8     * 多线程方式编程,由 main 线程通过 Runnable 接口实现并启动多个线程实现书籍搜索功能
9     *
10    */
11
12   class MTSearchBookImpl implements Runnable {
13       ArrayList<Book> array;
14       private String bookTitle;
15
16       public MTSearchBookImpl(String bookTitle, ArrayList<Book> array) {
17           this.array = array;
18           this.bookTitle = bookTitle;
19       }
20
21       public void run() {
22           Iterator iterator;
23
24           long start = System.currentTimeMillis();
25
26           iterator = array.iterator();
27           while (iterator.hasNext()) {
28               Book tmp = (Book) iterator.next();
29               if (tmp.getBookTitle().equals(bookTitle)) {
30                   System.out.println("Book: " + tmp.getBookTitle() + ",
                       Author: " + tmp.getBookAuthor() + ", Publisher: "
31                       + tmp.getPublisher());
32                   break;
33               }
34           }
35
36           long end = System.currentTimeMillis();
37           System.out.println("A single thread via Runnable uses " + (end -
               start) + " ms");
```

```java
38
39          }
40     }
41
42     public class Demo05 {
43
44         public static void main(String[] args) {
45             ArrayList<Book> books = new ArrayList<Book>();
46             Demo05 demo05 = new Demo05();
47             demo05.InitBooks(books);
48
49             long start = System.currentTimeMillis();
50
51             for(int i = 0; i < 1000; i++) {
52                 MTSearchBookImpl search = new MTSearchBookImpl("Book"+String.
                    valueOf(i),books);
53                 Thread thread = new Thread(search);
54                 thread.start();
55             }
56
57             long end = System.currentTimeMillis();
58             System.out.println("1000 threads via Runnable uses " + (end - start)
                 + " ms");
59         }
60
61         public void InitBooks(ArrayList<Book> array) {
62             for(int i = 0; i < 1000; i++) {
63                 Book tmp = new Book();
64                 tmp.setBookTitle("Book" + String.valueOf(i));
65                 tmp.setBookAuthor("Author" + String.valueOf(i));
66                 tmp.setPublisher("Publisher" + String.valueOf(i));
67                 array.add(tmp);
68             }
69         }
70     }
```

```
Book: Book967, Author: Author967, Publisher: Publisher967
A single thread via Runnable uses 1 ms
Book: Book984, Author: Author984, Publisher: Publisher984
A single thread via Runnable uses 1 ms
A single thread via Runnable uses 1 ms
Book: Book985, Author: Author985, Publisher: Publisher985
A single thread via Runnable uses 1 ms
1000 threads via Runnable uses 65 ms
Book: Book994, Author: Author994, Publisher: Publisher994
A single thread via Runnable uses 0 ms
Book: Book991, Author: Author991, Publisher: Publisher991
A single thread via Runnable uses 0 ms
Book: Book993, Author: Author993, Publisher: Publisher993
A single thread via Runnable uses 0 ms
Book: Book992, Author: Author992, Publisher: Publisher992
A single thread via Runnable uses 0 ms
```

图 8-10 例 8-5 的运行结果

运行结果显示，现在不同书本的搜索结果不再像单线程方式顺序输出结果，而是无序的，不同运行可能有不同的顺序。所以，在把程序升级为多线程程序时一定要确保多线程的结果符合单线程的结果，虽然这个程序只有显式输出，其输出顺序不是很重要。

另外，运行结果其中框出的 1000 个线程用了 65ms 完成 1000 本书的搜索，时间远长于前面的各种方法，用多线程技术实现书籍的并发检索，并没有提高检索效率，反而不如单线程的运行速度快。这是因为系统每启动一个线程，都要耗费一定的系统资源，导致运行效率降低，多线程在这个例子程序中并没有体现出多线程的性能优势。

从另一个角度来考虑把这个书籍的检索放到服务器端，1000 个用户在同一时间同时检索书籍。如果服务器端是单线程服务，虽然 1000 个用户是同时访问，但要在服务器端随机排队等候服务器响应，如果 1 个用户的响应时间为 1ms，那么依此类推，最后 1 个用户的响应时间为 1000ms。如果是多线程服务，如图 8-10 所示，很多单个线程的响应时间为 0 或 1ms 左右，显然能够满足大多数用户的响应需求，提高了用户的体验满意度。在这个场景下，多线程就体现出了性能优势。

通过以上几个例子，可以总结多线程的两种方式及步骤如下。

1. 继承 Thread 类

（1）定义 Thread 类的子类，并重写 run 方法，该 run 方法的方法体就代表了线程需要执行的任务。

（2）创建 Thread 子类的对象。

（3）调用线程的 start()方法来启动线程。

2. 实现 Runnable 接口

（1）定义 Runnable 接口的实现类，并实现该接口的 run 方法，该 run 方法同样是线程需要执行的任务。

（2）创建 Runnable 实现类的实例，并以此实例创建 Thread 对象，该 Thread 对象才是真正的线程对象。

（3）调用线程的 start()方法来启动线程。

8.3.2 线程信息的访问

前面介绍了线程是 CPU 的最小调度和执行单元，每个线程都有自己一些特有的信息用于调度，为此 Java 的 Thread 类也设置了一些属性，用于标识线程、显示线程的状态或者控制线程的优先级。表 8-3 列出了这些属性及其含义。

表 8-3 线程属性及其含义

线程属性	含义
ID	线程 ID 是创建此线程时生成的一个长整数，它是唯一的，并且在其生命周期内保持不变。当该线程终止后，其 ID 可以被重用。程序可以获取线程的 ID
Name	线程的名字，程序可以设置和获取线程的名字
Priority	线程的优先级，是一个整数，从 1（Thread 类的常量 MIN_PRIORITY）到 10（MAX_PRIORITY），其中 1 表示最低优先级，10 表示最高优先级。系统分配给线程的默认优先级是 5（NORM_PRIORITY）。程序可以设置或获取线程的优先级

续表

线程属性	含　义
State	线程的状态，这些状态反映的是 JVM 的状态，而不是操作系统的状态。程序可以获取该属性，用于监视系统状态。状态可以是以下枚举值之一 ① NEW：还未启动的线程 ② RUNNABLE：正在 JVM 中执行的线程 ③ BLOCKED：因等待锁而等待的线程 ④ WAITING：在无限等待其他线程唤醒的线程 ⑤ TIMED_WAITING：在等待另一个线程，但最多等待指定时间的线程 ⑥ TERMINATED：终止的线程

例 8-6 用 10 个线程说明如何设置和获取线程的信息，包括指定线程的名称和优先级、输出线程各阶段的状态信息及每个线程计算一个数字的乘法表。程序的结果截屏如图 8-11 所示。该图的左边部分显示了保存在日志文件 log.txt 中的部分线程的状态演变，比如线程 7 的优先级被设置为 1，在创建（NEW 状态）后在运行时被阻塞（BLOCKED 状态）了；线程 1 从运行状态（RUNNABLE）变成终止状态（TERMINATED），即这个线程在此刻运行完成了；线程 8 从阻塞状态变成运行状态了。

例 8-6 的程序采用了实现 Runnable 接口的方式创建线程，在第 15～19 行重写 run() 方法，根据第 18 行创建的线程序号实现每个线程的乘法表部分。程序在第 29～33 行根据线程序号的奇偶性设置线程的优先级，第 34 行设置线程的名称。第 38～70 行处理 10 个线程的状态跟踪信息写入日志文件，在线程结束前有状态变化时写入文件，在线程结束时也写入文件，具体写出状态信息的程序在第 75～81 行的 writeThreadInfo() 方法，这个方法中把线程 ID 和名称、优先级、旧状态和调用时新状态写入文件。

需要注意，优先级的设置（第 30 行和第 32 行）和获取（第 77 行），虽然 Java 提供了 10 个线程优先级（表 8-3 的 Priority 行），但这些语言级别的优先级需要得到底层的操作系统的支持，不同的操作系统其支持是不一样的。

例 8-6 Demo06.java。

```
1    package cn.edu.lsnu.ch08
2
3    import java.io.FileWriter;
4    import java.io.IOException;
5    import java.io.PrintWriter;
6
7    class Calculator implements Runnable {
8        private int number;
9
10       public Calculator(int number) {
11           this.number = number;
12       }
13
14       @Override
15       public void run() {
16           for(int i = 0; i < 10; i++) {
```

```java
17              System.out.printf("%s: %d * %d = %d\n", Thread.currentThread().
                    getName(), number, i, i * number);
18          }
19      }
20  }
21
22  public class Demo06 {
23      public static void main(String[] args) {
24          Thread[] threads = new Thread[10];
25          Thread.State[] status = new Thread.State[threads.length];
                                                                    //10个线程的状态
26
27          for(int i = 0; i < threads.length; i++) {
28              threads[i] = new Thread(new Calculator(i));
29              if ((i %2) == 0) {
30                  threads[i].setPriority(Thread.MAX_PRIORITY);
                                                                    //5个线程的状态设为最高
31              } else {
32                  threads[i].setPriority(Thread.MIN_PRIORITY);
33              }
34              threads[i].setName("Thread-" + i);      //设置线程名字
35          }
36
37          //把线程的状态演变写入文件中
38          try (FileWriter file = new FileWriter("thread.log");
39               PrintWriter pw = new PrintWriter(file)) {
40
41              //刚创建的线程状态时 NEW
42              for(int i = 0; i < threads.length; i++) {
43                  Thread thread = threads[i];
44                  pw.println("Main: Status of Thread " + i + ": " + threads[i].
                        getState());
45                  status[i] = threads[i].getState();
46              }
47
48              for(int i = 0; i < threads.length; i++) {
49                  threads[i].start();
50              }
51
52              boolean finish = false;
53
54              //直到10个线程运行完成,获取状态,所有线程的状态变化都写入文件
55              while (!finish) {
56                  for(int i = 0; i < threads.length; i++) {
57                      if (threads[i].getState() != status[i]) {
58                          writeThreadInfo(pw, threads[i], status[i]);
59                          status[i] = threads[i].getState();
60                      }
```

```
61                }
62                finish = true;
63                for(int i = 0; i < threads.length; i++) {
64                    finish = finish && (threads[i].getState() == Thread.
                      State.TERMINATED);
65                }
66            }
67
68        } catch (IOException e) {
69            e.printStackTrace();
70        }
71    }
72
73
74    //将一个线程的状态输出到文件中
75    private static void writeThreadInfo(PrintWriter pw, Thread thread,
        Thread.State state) {
76        pw.printf("Main: Id %d = %s\n", thread.getId(), thread.getName());
77        pw.printf("Main: Priority: %d\n", thread.getPriority());
78        pw.printf("Main: Old State: %s\n", state);        //线程的旧状态
79        pw.printf("Main: New State: %s\n", thread.getState());
80        pw.printf("Main: *******************************\n");
81    }
82 }
```

```
45 Main : *******************************
46 Main : Id 26 = Thread-7
47 Main : Priority: 1
48 Main : Old State: NEW                    Thread-9: 9 * 9 = 81
49 Main : New State: BLOCKED                Thread-8: 8 * 0 = 0
50 Main : *******************************  Thread-7: 7 * 0 = 0
51 Main : Id 27 = Thread-8                  Thread-7: 7 * 1 = 7
52 Main : Priority: 10                      Thread-7: 7 * 2 = 14
53 Main : Old State: NEW                    Thread-7: 7 * 3 = 21
54 Main : New State: BLOCKED                Thread-7: 7 * 4 = 28
55 Main : *******************************  Thread-7: 7 * 5 = 35
56 Main : Id 28 = Thread-9                  Thread-7: 7 * 6 = 42
57 Main : Priority: 1                       Thread-7: 7 * 7 = 49
58 Main : Old State: NEW                    Thread-7: 7 * 8 = 56
59 Main : New State: RUNNABLE               Thread-7: 7 * 9 = 63
60 Main : *******************************  Thread-6: 6 * 0 = 0
61 Main : Id 20 = Thread-1                  Thread-6: 6 * 1 = 6
62 Main : Priority: 1                       Thread-6: 6 * 2 = 12
63 Main : Old State: RUNNABLE               Thread-6: 6 * 3 = 18
64 Main : New State: TERMINATED             Thread-6: 6 * 4 = 24
65 Main : *******************************  Thread-6: 6 * 5 = 30
66 Main : Id 27 = Thread-8                  Thread-6: 6 * 6 = 36
67 Main : Priority: 10                      Thread-6: 6 * 7 = 42
68 Main : Old State: BLOCKED                Thread-6: 6 * 8 = 48
69 Main : New State: RUNNABLE               Thread-6: 6 * 9 = 54
70 Main : *******************************  Thread-5: 5 * 0 = 0
```

图 8-11 例 8-6 的运行结果部分截图

例 8-6 说明了程序可以设置线程名称和优先级，ID 是系统给定的，也通过输出的文件显示了前面章节描述的线程的生命周期中各个状态之间的转换。

8.3.3 守护线程的管理

Java 中有两类线程，即 User Thread（用户线程，或者叫普通线程）和 Daemon Thread（守护线程）。用户线程即运行在前台的线程，而守护线程是运行在后台的线程。守护线程是为前台线程的运行提供便利服务，而且仅在普通线程仍然运行时才需要，如垃圾回收线程就是一个守护线程。当 JVM 检测仅剩守护线程，而用户线程都已经运行结束后，JVM 就会在守护线程执行结束后退出。所以，用户线程和守护线程唯一的不同之处就在于虚拟机的离开：如果用户线程已经全部退出运行了，只剩下守护线程存在了，虚拟机也就退出了。

守护线程通常被用来作为同一程序中用户线程的服务提供者，它们一般是无限循环等待用户线程的服务请求，守护线程自己一般不做重要的工作，因为不能确定守护线程何时能获取 CPU 时间片，而且在没有其他用户线程运行时，守护线程随时都可能结束。

除了 Java 自己提供的像垃圾回收线程这样的系统守护线程外，Java 提供了方法把用户线程设置成守护线程，只需调用 Thread 对象的 setDaemon(true)方法来实现，如例 8-7 的第 38 行所示，因为这个线程在启动前设置成了守护线程，所以在它的 run 方法中创建的 10 个线程（第 17～21 行）也是守护线程，结果如图 8-12 的最后 10 行输出，Thread 的 isDaemon()方法判断为守护线程。

在使用守护线程时需要注意以下几点。

（1）thread.setDaemon(true)必须在 thread.start()之前设置；否则会抛出 IllegalThreadStateException 异常。

（2）不能把正在运行的常规线程设置为守护线程。

（3）在守护线程中产生的新线程也是守护线程。

（4）守护线程应该永远不去访问固有资源，如文件、数据库，因为它会在任何时候甚至在一个操作的中间发生中断。

下面通过例 8-7 所示在守护线程中创建线程的方式来说明如何设置守护线程及其运行方法。

例 8-7 Demo07.java。

```
1    package cn.edu.lsnu.ch08;
2
3    class DaemonSpawn implements Runnable {
4        @Override
5        public void run() {
6            while (true) {
7                Thread.yield();
8            }
9        }
10   }
11
12   class Daemon implements Runnable {
13       private Thread[] t = new Thread[10];
14
15       @Override
16       public void run() {
```

```
17            for(int i = 0; i < t.length; i++) {
18                t[i] = new Thread(new DaemonSpawn());
19                t[i].start();
20                System.out.println("DaemonSpawn " + i + " started.");
21            }
22
23            for(int i = 0; i < t.length; i++) {
24                System.out.println("t[" + i + "].isDaemon() = " +
25                    t[i].isDaemon() + ".");
26            }
27
28            while (true) {
29                Thread.yield();
30            }
31        }
32    }
33
34    public class Demo07 {
35        public static void main(String[] args) throws InterruptedException {
36            Thread d = new Thread(new Daemon());
37
38            d.setDaemon(true);          //必须在启动线程前调用
39            d.start();
40            System.out.println("d.isDaemon() = " + d.isDaemon() + ".");
41            Thread.sleep(1);
42        }
43    }
```

```
d.isDaemon() = true.
DaemonSpawn 0 started.
DaemonSpawn 1 started.
DaemonSpawn 2 started.
DaemonSpawn 3 started.
DaemonSpawn 4 started.
DaemonSpawn 5 started.
DaemonSpawn 6 started.
DaemonSpawn 7 started.
DaemonSpawn 8 started.
DaemonSpawn 9 started.
t[0].isDaemon() = true.
t[1].isDaemon() = true.
t[2].isDaemon() = true.
t[3].isDaemon() = true.
t[4].isDaemon() = true.
t[5].isDaemon() = true.
t[6].isDaemon() = true.
t[7].isDaemon() = true.
t[8].isDaemon() = true.
t[9].isDaemon() = true.
```

图 8-12 使用 10 个线程测试守护线程的设置和创建运行

8.3.4 线程的优先级调整

例 8-7 的第 7 行和第 29 行使用了 yield()方法，这个方法的作用类似于生活中排队的礼让。线程通过调用这个方法给线程调度器一个暗示,说明它愿意让出当前对 CPU 的使用权,当然调度器可以忽略这个暗示,这个过程就是 Java 中的线程让步功能。这个功能是将线程从运行状态转换成就绪状态,而不会阻塞该线程,其后该线程还可以由调度器再次调度运行。线程让步 CPU 的使用权后,只有与它优先级相同或更高的线程才能获得使用 CPU 的机会。例 8-8 通过两个线程说明让步功能,每个线程在第 9 行的循环中每到循环变量是 4 的倍数时就在第 12 行调用 yield()方法,暂停当前线程,让出 CPU 的使用权,由系统再在两个线程中调度线程运行。运行结果如图 8-13 所示,注意因系统调度的不确定性,所以程序每次运行的结果也都不一样。

例 8-8 Demo08.java。

```
1   package cn.edu.lsnu.ch08;
2
3   class ThreadYield extends Thread {
4       public ThreadYield(String threadName) {
5           super(threadName);
6       }
7
8       public void run() {
9           for(int i = 0; i < 16; i++) {
10              if (i %4 == 0)
11                  System.out.printf("Thread yields and my current info %s
                    [%d]:%d\n", this.getName(), this.getPriority(), i);
12                  Thread.yield();
13          }
14      }
15
16  }
17
18  public class Demo08 {
19      public static void main(String[] args) {
20          Thread thread1 = new ThreadYield("Thread1");
21          Thread thread2 = new ThreadYield("Thread2");
22
23          thread1.start();
24          thread2.start();
25      }
26
27  }
```

```
Thread yields and my current info Thread1 [5]:0
Thread yields and my current info Thread1 [5]:4
Thread yields and my current info Thread2 [5]:0
Thread yields and my current info Thread2 [5]:4
Thread yields and my current info Thread2 [5]:8
Thread yields and my current info Thread2 [5]:12
Thread yields and my current info Thread1 [5]:8
Thread yields and my current info Thread1 [5]:12
```

图 8-13 使用 2 个线程测试线程让步

让步是线程主动让出 CPU 使用权,若线程被动让出当前 CPU 的使用权给其他线程,这种现象称为线程插队,由 Thread 类中的 join() 方法实现。join() 方法是 Thread 类的一个方法,它有以下 3 种形式。

① join():等待调用该方法的线程终止。

② join(long millis):等待调用该方法的线程终止的时间最长为 millis 毫秒。

③ join(long millis,int nanos):等待调用该方法的线程终止的时间最长为 millis 毫秒加上 nanos 纳秒。

例 8-9 通过两个线程说明插队功能,这两个线程一个是 main 线程,一个是 main 线程创建的 Thread1。main 线程开始运行到计数器为 2 时就在第 23 行调用 Thread1 线程的 join 方法,这时 main 就被 Thread1 插队,让出对 CPU 的使用权,执行 Thread1 的线程 run 方法任务,直到结束后 main 线程才再次拥有对 CPU 的使用权,运行其余下的任务。运行结果如图 8-14 所示。

例 8-9 Demo09.java。

```
1    package cn.edu.lsnu.ch08;
2    
3    class JoinThread extends Thread {
4        public JoinThread(String threadName) {
5            super(threadName);
6        }
7        
8        public void run() {
9            for(int i = 1; i < 10; i++) {
10               System.out.println(Thread.currentThread().getName() + " at
                     step:" + i);
11           }
12       }
13   
14   }
15   
16   public class Demo09 {
17       public static void main(String[] args) throws InterruptedException {
18           Thread thread1 = new JoinThread("Thread1");
19           thread1.start();
20           for(int i = 1; i < 10; i++) {
21               System.out.println(Thread.currentThread().getName() + " at
                     step:" + i);
22               if (i%2 == 0) {
23                   thread1.join();
24               }
25           }
26       }
27   }
```

```
main at step:1
main at step:2
Thread1 at step:1
Thread1 at step:2
Thread1 at step:3
Thread1 at step:4
Thread1 at step:5
Thread1 at step:6
Thread1 at step:7
Thread1 at step:8
Thread1 at step:9
main at step:3
main at step:4
main at step:5
main at step:6
main at step:7
main at step:8
main at step:9
```

图 8-14 使用 2 个线程测试线程插队功能

8.3.5 线程的中断

线程一般获取 CPU 的使用权后会一直执行,直到它被系统调度程序暂停 CPU 的使用权或者线程的任务执行结束,若在此之前需要停止该线程的执行,可以使用 Java 提供的中断机制提前终止线程的运行。中断机制是一种协作机制,通过中断并不是直接终止一个线程,而是需要被中断的线程自己处理,为此,每个线程对象中在 JVM 运行时都有一个标志位表示是否有中断请求,这个标志位由 Thread 类的 interrupt()方法设置,线程可以通过不断测试这个中断标志位来判断线程是否被中断。注意 interrupt()方法只是设置中断标识符,不会中断一个正在运行的线程,用户需要通过判断线程是否被中断而进行相应的处理。Java 为 Thread 类提供了以下 3 个方法用于中断相关的处理。

① interrupt():中断当前线程,即设置该线程的中断状态位。

② interrupted():测试当前线程是否已经中断,静态方法,连续调用此方法第二次调用返回 false。

③ isInterrupted():测试线程是否已经中断,连续调用不会清除中断位。

例 8-10 中使用上面的两个方法来中断和判断一个线程的中断,先在第 20 行中断线程,设置中断标志位,然后在被中断的线程的 run()方法中检测自己是否被中断。为减少输出,在第 19 行只等待了 1ns,部分关键运行结果如图 8-15 所示。

例 8-10 Demo10.java。

```
1    package cn.edu.lsnu.ch08;
2
3    class ThreadInterrupt extends Thread {
4        public void run() {
5            while (true) {
6                if (Thread.currentThread().isInterrupted()) {
7                    System.out.println("thread interrupted");
8                    break;
9                } else {
10                   System.out.println("thread not interrupted");
```

```
11              }
12          }
13      }
14 }
15 public class Demo10 {
16     public static void main(String[] args) throws Exception {
17         Thread t = new ThreadInterrupt();
18         t.start();
19         Thread.sleep(0,1);
20         t.interrupt();
21         System.out.println("thread interrupted in main.");
22     }
23
24 }
```

```
thread not interrupted
thread not interrupted
thread not interrupted
thread not interrupted
thread not interrupted
thread not interrupted
thread not interrupted
thread not interrupted
thread not interrupted
thread not interrupted
thread interrupted in main.
thread interrupted
```

图 8-15　例 8-10 的部分关键运行结果

8.3.6　线程的休眠

8.3.2 节和 8.3.4 节介绍过线程的优先级可以通过设置优先级或让步的方式调整,这样优先级高的线程被 CPU 调度先执行的可能性就更大。另外,若线程获得 CPU 的执行权,在执行过程中,因为自己需等待数据或其他线程的信息才能继续执行时,为提高 CPU 的调度效率,当前运行的线程可以自主调用 sleep(long millis)方法,让自己暂停,进入休眠等待状态,放弃当前 CPU 资源,使当前线程不占用计算机的任何资源。在设定的时间(参数 millis)内不会被调度执行,CPU 可以调度其他线程执行。注意调用 sleep()方法的线程仍然有系统调度的监控权,而且在休眠期间被其他线程中断时,当前休眠的线程会抛出中断异常(InterruptedException)。还要注意休眠线程在被唤醒并开始执行前,线程实际的休眠时间取决于所在系统的计时器和调度器。对于比较空闲的系统而言,实际休眠时间接近于设定的参数值;但对于繁忙的系统,实际休眠时间可能和设定的参数值之间差距较大。sleep()方法是 Thread 类的一个静态方法,它有两种形式,这两种方法都会抛出 InterruptedException 异常。

① sleep(long millis):让当前运行的线程休眠(暂时停止运行)参数指定的 millis 毫秒数,抛出 InterruptedException 异常。

② sleep(long millis,int nanos)：让当前运行的线程休眠（暂时停止运行）参数指定的 millis 毫秒数加上 nanos 纳秒数，抛出 InterruptedException 异常。

例 8-11 中使用上面的第一个方法演示让当前执行的线程休眠 1000ms，功能设置在第 9 行，程序获取休眠前和休眠结束时的系统时间，显示两个时间之差，运行结果如图 8-16 所示，实际休眠时间基本上是设置的时间，因为系统处于不忙状态，没有太多其他被调度运行的线程。

例 8-11　Demo11.java。

```
1    package cn.edu.lsnu.ch08;
2
3
4    public class Demo11 {
5
6        public static void main(String[] args) throws InterruptedException {
7            long startTime = System.currentTimeMillis();
8
9            Thread.sleep(1000);          //设置 sleep 时间为 1000 毫秒
10
11           System.out.println("The actual sleep time is: " + (System.currentTimeMillis() - startTime) + " ms");
12
13       }
14
15   }
```

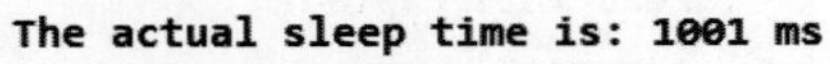

The actual sleep time is: 1001 ms

图 8-16　测试线程休眠功能

8.3.7　线程的终止

一个线程除了按正常方式调度运行，直到完成线程的任务，终止线程的运行外，还有其他 3 种方式终止线程，即使用标志变量终止线程、使用 stop()方法强制终止线程、使用 interrupt()方法终止线程。

例 8-12 中使用第一种方法让当前执行的线程休眠 5ns，然后系统设置终止标志变量，终止子线程，子线程只是示意性地打印计数器值，部分运行结果如图 8-17 所示。

例 8-12　Demo12.java。

```
1    package cn.edu.lsnu.ch08;
2
3    public class Demo12 extends Thread {
4        private boolean exit = false;           //标志变量
5        private int count = 0;
6
7        public void run() {
8            while(!exit) {
9                System.out.println("线程还未终止,继续计数: " + count++);
10           }
```

```
11          }
12          public static void main(String[] args) throws Exception {
13              Demo17 thread = new Demo17();
14              thread.start();
15
16              sleep(0,5);                          //主线程延迟 5ns
17
18              thread.exit = true;                  //设置标志变量,终止子线程
19              thread.join();
20
21              System.out.println("线程终止");
22          }
23      }
```

```
线程还未终止,继续计数: 53
线程还未终止,继续计数: 54
线程还未终止,继续计数: 55
线程还未终止,继续计数: 56
线程还未终止,继续计数: 57
线程还未终止,继续计数: 58
线程还未终止,继续计数: 59
线程还未终止,继续计数: 60
线程还未终止,继续计数: 61
线程还未终止,继续计数: 62
线程终止
```

图 8-17 测试标志变量终止线程功能

JDK 8 的 API 显示 Thread 类虽然提供了一系列方法如 start()、stop()、resume()、destroy()等管理线程,但是除了 start()方法外,其他几个方法都被声明为已过时(Deprecated),最好不要使用它们。虽然 stop()方法可以强行停止一个正在运行的线程,但这种方法是不安全的,因为强行终止时可能导致一些资源的释放清理工作无法完成,如关闭文件或数据库,导致数据得不到同步,出现数据不一致的问题。

相比 stop()方法终止线程的不安全,interrupt()方法通过中断线程而提供了一种相对安全的方法终止线程。这种方法并不会立即终止线程,而是通知要终止的线程,这样这个线程可以根据当前的状况完成一些资源释放清理工作,保证线程安全地终止。例 8-13 中主线程在启动子线程后,休眠了 2ms 中断子线程(第 18 行),但子线程并没有在运行 2ms 后结束任务,而是继续执行子线程的任务,耗时 95ms,这也说明了 interrupt()方法不是立即终止线程,而是让子线程完成自己的任务后安全地终止,部分运行结果如图 8-18 所示。

例 8-13 Demo13.java。

```
1   package cn.edu.lsnu.ch08;
2
3   public class Demo13 extends Thread {
4       public void run() {
5           long startTime = System.currentTimeMillis();
6
7           for(int i = 0; i <= 20000; i++)
8               System.out.println("i = " + i);
```

```
9
10              System.out.println("线程执行时间: " + (System.currentTimeMillis()
                  - startTime) + "毫秒");
11          }
12
13      public static void main(String[] args) {
14          try {
15              Demo13 t = new Demo13();
16              t.start();
17              t.sleep(2);
18              t.interrupt();
19          }catch(InterruptedException e) {
20              e.printStackTrace();
21          }
22
23      }
24  }
```

```
i = 19989
i = 19990
i = 19991
i = 19992
i = 19993
i = 19994
i = 19995
i = 19996
i = 19997
i = 19998
i = 19999
i = 20000
线程执行时间: 95毫秒
```

图 8-18　测试使用中断方式终止线程功能

8.3.8　线程管理小结

　　本节通过例子测试了 JDK 对线程管理的支持和应用,主要介绍了线程的创建和运行、线程信息的访问、线程的终止、守护线程的创建和运行、线程的优先级获取和设置、线程的休眠以及线程的中断,在应用这些管理方式时要注意如何让线程安全地处理好任务,避免因引入多线程带来数据不一致等问题,因为虽然通过多线程能在一定程度上提升任务或数据依赖性不强的应用的执行效率,但要确保多线程执行时最后的结果,包括系统数据,都要和单线程一样,这就需要采取同步和锁机制来保证线程安全,因而本章接下来就分别从这几方面介绍 Java 提供的安全保证机制。

8.4　线程同步

　　多线程虽然能通过并发或并行执行提高程序的运行效率,但是,若多个线程同时访问一个资源时,可能会引发一些安全问题。例如,若一个应用中一个线程负责不断计数并修改计数器的值,一个线程需要不断读取计数器的值,即两个线程都需要访问一个计数器的值,那么这两个线程的执行顺序不同,就会导致读取的计算器的值有差别。这样的多线程实现是不安全的,所以本节介绍 Java 中提供的同步机制以保证多线程执行时各线程的安全,进而保证多线程执行结果的正确性。

8.4.1 线程安全简介

例 8-14 用两个线程模拟一个银行卡账号的存钱(代码行 6～9)/取钱(代码行 11～15)
行为。图 8-19 显示其运行结果(只给出部分结果)。从结果截图中可以看出,在当前银行卡余额为 300 时取出 100,显示的余额还是 300,出现错误,这就是因为不同的线程在访问共享数据 balance(第 4 行)时出现的问题,上一线程操作未结束时,下一线程开始操作共享数据,造成数据更新不及时,出现了线程安全问题。

例 8-14 Demo14.java。

```
1    package cn.edu.lsnu.ch08;
2
3    class BankAccount {
4        private int balance = 0;
5
6        public void deposit(int amount) {
7            balance += amount;
8            System.out.println("deposit: " + amount);
9        }
10
11       public void withdraw(int amount) {
12           if(balance - amount < 0) {
13               System.out.println("not enough money to withdraw");
14               return;
15           }
16
17           balance -= amount;
18           System.out.println("withdraw: " + amount);
19       }
20
21       public void showBalance() {
22           System.out.println("account balance: " + balance);
23       }
24   }
25   public class Demo14 {
26       public static void main(String[] args) {
27           final BankAccount ba = new BankAccount();
28
29           Thread depositT = new Thread(new Runnable() {
30               public void run() {
31                   while(true) {
32                       try {
33                           Thread.sleep(1000);
34                       } catch(InterruptedException e) {
35                           e.printStackTrace();
36                       }
```

```
37                    ba.deposit(100);
38                    ba.showBalance();
39                }
40            }
41        });
42
43        Thread withdrawT = new Thread(new Runnable() {
44            public void run() {
45
46                while(true) {
47                    ba.withdraw(100);
48                    ba.showBalance();
49                    try {
50                        Thread.sleep(1000);
51                    } catch(InterruptedException e) {
52                        e.printStackTrace();
53                    }
54                }
55            }
56        });
57
58        depositT.start();
59        withdrawT.start();
60
61    }
62 }
```

```
account balance: 100
deposit: 100
account balance: 200
withdraw: 100
account balance: 200
deposit: 100
account balance: 200
deposit: 100
account balance: 300
withdraw: 100
account balance: 300
withdraw: 100
account balance: 300
deposit: 100
account balance: 300
withdraw: 100
account balance: 200
```

图 8-19 银行同一账号存/取款记录出现错误的部分截图

程序设计中所说的线程安全是指当多线程访问同一个对象时，如果不用考虑这些线程在运行时环境下的调度和交替，也不需要进行额外的同步，或者在调用这个对象时不进行任何其他的协调操作，调用这个对象的行为都可以获得正确的结果，那么这个对象就是线程安全的。在查看 JDK API 文档时，总会发现一些类说明备注着线程安全或者线程不安全。例如，在 StringBuilder 文档中，"Instances of StringBuilder are not safe for use by multiple threads. If such synchronization is required then it is recommended that StringBuffer be used.",其含义即为 StringBuilder 的实例用于多个线程是不安全的。如果需要这样的同步,则建议使用 StringBuffer。在 StringBuffer 文档中,"A thread-safe, mutable sequence of characters."即说明 StringBuffer 是线程安全的。

8.4.2 线程同步简介

StringBuffer 的线程安全特性是由其底层实现保证的,JDK API 文档显示 StringBuffer 所有公开的方法都是 synchronized 修饰的,以 StringBuffer 的 append 方法为例,代码如下:

```
1   @Override
2   public synchronized StringBuffer append(String str) {
3       toStringCache = null;
4       super.append(str);
5       return this;
6   }
```

Java 允许多线程并发运行以提高效率,但如例 8-14 所示,当多个线程同时操作一个可共享的资源时(如例中的 balance,对其进行修改等操作),将会导致数据不准确,因此 Java 必须提供机制保证不同线程操作同一共享资源时的唯一性和准确性,即在任何时刻只能有一个线程访问共享资源,这个机制就是线程同步机制,即使用共享资源的线程协同配合,按照顺序运行,当一个线程在使用共享资源时其他线程等待。Java 提供了 7 种具体的同步机制,即方法同步、代码块同步、使用重入锁实现线程同步、使用局部变量实现线程同步、使用特殊域变量实现线程同步、使用阻塞队列实现线程同步、使用原子变量实现线程同步。本章介绍前两种同步机制,对其他同步机制有兴趣的读者可以参考文献[4]。

8.4.3 方法同步

方法同步机制就是方法加以关键字 synchronized 修饰,如 8.4.2 节提及的 StringBuffer 的 append 方法所示。由于 Java 的每个对象都有一个内置锁,当用 synchronized 修饰方法时,内置锁会保护整个方法。在调用该方法时,需要获得内置锁,若该内置锁此刻被占用,调用者处于阻塞状态,等待所需内置锁的释放。synchronized 关键字可以修饰静态方法和非静态方法,其区别是若修饰静态方法,则在调用该方法时,包含该静态方法的整个类都会被锁;而对于非静态方法,只会影响当前对象。

例 8-15 以例 8-14 为基础,用方法同步的机制保证访问同一个银行账号进行存/取操作时的正确性,因为只有在存钱和取钱时才会对共享资源 balance 进行修改,所以在存钱和取钱两个方法中使用 synchronized 进行锁操作,分别如代码行第 6 行和第 11 行所示。图 8-20 所示为其部分运行结果截图。由图可见,有了锁保护后,同一账号的存/取钱操作在余额上显示任何时候都是正确的。

例 8-15 Demo15.java。

```
1   package cn.edu.lsnu.ch08;
2   
3   class BankAccountSync {
4       private int balance = 0;
5   
6       public synchronized void deposit(int amount) {
```

```
7            balance += amount;
8            System.out.println("deposit: " + amount);
9        }
10
11       public synchronized void withdraw(int amount) {
12           if(balance - amount < 0) {
13               System.out.println("not enough money to withdraw");
14               return;
15           }
16
17           balance -= amount;
18           System.out.println("withdraw: " + amount);
19       }
20
21       public void showBalance() {
22           System.out.println("account balance: " + balance);
23       }
24   }
25   public class Demo15 {
26       public static void main(String[] args) {
27           final BankAccountSync ba = new BankAccountSync();
28
29           Thread depositT = new Thread(new Runnable() {
30               public void run() {
31                   while(true) {
32                       try {
33                           Thread.sleep(1000);
34                       } catch(InterruptedException e) {
35                           e.printStackTrace();
36                       }
37                       ba.deposit(100);
38                       ba.showBalance();
39                   }
40               }
41           });
42
43           Thread withdrawT = new Thread(new Runnable() {
44               public void run() {
45
46                   while(true) {
47                       ba.withdraw(100);
48                       ba.showBalance();
49                       try {
50                           Thread.sleep(1000);
51                       } catch(InterruptedException e) {
52                           e.printStackTrace();
53                       }
54                   }
55               }
56           });
57
```

```
58          depositT.start();
59          withdrawT.start();
60
61      }
62  }
```

```
account balance: 0
deposit: 100
account balance: 100
withdraw: 100
account balance: 0
deposit: 100
account balance: 100
deposit: 100
account balance: 200
withdraw: 100
account balance: 100
deposit: 100
account balance: 200
withdraw: 100
account balance: 100
```

图 8-20　方法同步机制下正确的银行存/取款操作记录部分截图

8.4.4　代码块同步

同步是一种高开销的操作,因此应该尽量减少需要同步的内容。例 8-15 同步了两个方法,若这两方法还有大量其他应用操作并不涉及 balance 这个共享资源,但系统为了保证共享资源访问的正确性就必须让其他任务等待任何一个方法结束,以便保证处理共享资源的代码在任何时刻只有一个线程访问,但这影响了并发性,所以通常没有必要同步整个方法,而只需要使用 synchronized 代码块同步关键代码即可,同步代码块如下:

```
synchronized(lock) {
    处理共享资源的代码块
}
```

这里,lock 是一个锁对象,当线程执行同步代码块时,首先检查锁对象,若没有其他线程占用该锁对象,它就可以执行同步代码块,同时设置相应的锁对象状态为占用状态,此时若有另一个线程要执行同一个同步代码块,这个线程在获取锁对象的状态为占用状态时会发生阻塞,等待前面占用锁对象的线程执行完同步代码块并释放锁对象,后面这个线程才能执行同样的同步代码块。这个过程就像多个人共用一台计算机,只有前一个人用完计算机后,另一个人才能使用同一计算机,这台计算机就是一个共享资源。所以,银行存/取款的例子用代码块同步方式修改如例 8-16 所示,其中存钱的同步代码块在代码行 7～9,取钱的同步代码块在代码行 14～21。

例 8-16　Demo16.java。

```
1   package cn.edu.lsnu.ch08;
2
3   class BankAccountSyncSegment {
4       private int balance = 0;
```

```java
5
6       public void deposit(int amount) {
7           synchronized(this) {
8               balance += amount;
9           }
10          System.out.println("deposit: " + amount);
11      }
12
13      public void withdraw(int amount) {
14          synchronized(this) {
15              if(balance - amount < 0) {
16                  System.out.println("not enough money to withdraw");
17                  return;
18              }
19
20              balance -= amount;
21          }
22
23          System.out.println("withdraw: " + amount);
24      }
25
26      public void showBalance() {
27          System.out.println("account balance: " + balance);
28      }
29  }
30  public class Demo16 {
31      public static void main(String[] args) {
32          final BankAccountSyncSegment ba = new BankAccountSyncSegment();
33
34          Thread depositT = new Thread(new Runnable() {
35              public void run() {
36                  while(true) {
37                      try {
38                          Thread.sleep(1000);
39                      } catch(InterruptedException e) {
40                          e.printStackTrace();
41                      }
42                      ba.deposit(100);
43                      ba.showBalance();
44                  }
45              }
46          });
47
48          Thread withdrawT = new Thread(new Runnable() {
49              public void run() {
50
51                  while(true) {
52                      ba.withdraw(100);
53                      ba.showBalance();
54                      try {
55                          Thread.sleep(1000);
```

```
56                    } catch(InterruptedException e) {
57                        e.printStackTrace();
58                    }
59                }
60            }
61        });
62
63        depositT.start();
64        withdrawT.start();
65
66    }
67 }
```

同步代码块时用到的锁对象可以是任意类型的对象,但线程使用共享资源的锁对象必须是同一个;否则不能在这些线程之间产生同步的作用,仍然会出现多个线程同时使用共享对象的情况。在例 8-16 中多个线程使用的锁对象 this,即为在第 32 行创建的同一个对象。

8.4.5 死锁问题

方法同步和代码块同步都涉及锁的获取和释放,上述例子使用了简单的一个锁即解决了共享资源的正确使用问题。但当线程需要同时持有多个资源时,有可能产生死锁问题,即当多个线程在执行过程中,因为争夺多个资源而造成一种互相等待的状态,这种等待形成一种环路的依赖关系,若没有外部干涉,所有线程将永远等待其他线程释放共享资源而无果,这个状态就是死锁状态,如经典的"哲学家就餐"问题就演示了多线程同步时产生的死锁问题。"哲学家就餐"问题描述的是 5 个哲学家去吃中餐,坐在一张圆桌旁,他们共有 5 根筷子,并且每两个人中间放一根筷子,哲学家们要么在思考,要么在进餐,每个人都需要一双筷子才能吃到东西,并在吃完后将筷子放回原处继续思考。假设每个哲学家抓住自己左边的筷子,然后等待自己右边的筷子,但同时又不放下已经拿到的筷子,这样就形成了每个哲学家互相等待自己右边的哲学家放下筷子,形成死锁状态。这个死锁状态的形成表明了每个人都拥有其他人需要的资源,同时又等待其他人已经拥有的资源,并且每个人在获取所有需要的资源之前都不会放弃已经拥有的资源。

死锁问题的解决需要外部干预,包括外部规则的加入,比如哲学家就餐的死锁状态可以通过以下任何一种方式改变。

(1) 增加一名服务生,只有当经过服务生同意之后才能拿筷子,服务生负责避免死锁发生。

(2) 每个哲学家必须确定自己左右手的筷子都可用的时候,才能同时拿起两只筷子进餐,吃完之后同时放下两只筷子。

(3) 规定奇数号的哲学家先拿起他左边的筷子,然后再去拿他右边的筷子;而偶数号的哲学家则先拿起他右边的筷子,然后再去拿他左边的筷子。按此规定,将是 1、2 号哲学家竞争 1 号筷子,3、4 号哲学家竞争 3 号筷子。即 5 个哲学家都竞争奇数号筷子,获得后,再去竞争偶数号筷子,最后总会有一个哲学家能获得两支筷子而进餐。

例 8-17 采用第(2)种方法模拟哲学家就餐场景。代码行 45~57 确保了一个哲学家能拿到他左右两边的两只筷子进餐,而代码行 60~67 确保了哲学家在用完餐同时把两只筷子分别放回左右两边,并提示所有其他哲学家(代码行 66)把筷子放回原位,让他旁边的哲学家有机会拿到筷子进餐。图 8-21 显示了部分模拟结果,结果显示总有哲学家能够进行就餐而不是所有哲学家都在等待。

例 8-17　Demo17.java。

```
1    package cn.edu.lsnu.ch08;
2
3    class Philosopher extends Thread{
4        private String name;
5        private Chopstick chopstick;
6        public Philosopher(String name,Chopstick chopstick){
7            super(name);
8            this.name = name;
9            this.chopstick = chopstick;
10       }
11
12       public void run(){
13           while(true){
14               thinking();
15               chopstick.takeChopstick();
16               eating();
17               chopstick.putChopstick();
18           }
19
20       }
21
22       public void eating(){
23           System.out.println("Philosopher " + name + " is eating:");
24           try {
25               sleep(1000);
26           } catch (InterruptedException e) {
27               e.printStackTrace();
28           }
29       }
30
31       public void thinking(){
32           System.out.println("Philosopher " + name + " is Thinking:");
33           try {
34               sleep(1000);
35           } catch (InterruptedException e) {
36               e.printStackTrace();
37           }
38       }
39   }
40
41   class Chopstick {
42       private boolean[] used={false,false,false,false,false,false};
43
44       //只有当左右手的筷子都未被使用时,才允许获取筷子,且必须同时获取左右手筷子
45       public synchronized void takeChopstick(){
```

```java
            String name = Thread.currentThread().getName();
            int i = Integer.parseInt(name);
            while(used[i]||used[(i+1)%5]){
                try {
                    wait();//如果左右手有一只正被使用,则等待
                } catch (InterruptedException e) {
                    e.printStackTrace();
                }
            }
            used[i]= true;
            used[(i+1)%5]=true;
        }

        //必须同时放回左右手的筷子
        public synchronized void putChopstick(){
            String name = Thread.currentThread().getName();
            int i = Integer.parseInt(name);

            used[i]= false;
            used[(i+1)%5]=false;
            notifyAll();
        }
    }

    public class Demo17 {

        public static void main(String []args){
            Chopstick chopstick = new Chopstick();
            new Philosopher("0",chopstick).start();
            new Philosopher("1",chopstick).start();
            new Philosopher("2",chopstick).start();
            new Philosopher("3",chopstick).start();
            new Philosopher("4",chopstick).start();
        }
    }
```

```
Philosopher 3 is Thinking:
Philosopher 4 is Thinking:
Philosopher 2 is Thinking:
Philosopher 1 is Thinking:
Philosopher 1 is eating:
Philosopher 3 is eating:
Philosopher 1 is Thinking:
Philosopher 2 is eating:
Philosopher 0 is eating:
Philosopher 3 is Thinking:
Philosopher 0 is Thinking:
Philosopher 1 is eating:
Philosopher 4 is eating:
Philosopher 2 is Thinking:
Philosopher 1 is Thinking:
Philosopher 4 is Thinking:
```

图 8-21 5个哲学家就餐的运行部分记录

8.4.6 线程同步小结

本节通过银行存/取款例子和哲学家就餐问题说明了多线程在更新共享资源时必须保证访问的安全性,即任何时刻只能有一个线程在更新共享资源,即线程需要采取同步机制。本节着重说明了方法同步和代码块同步两种机制,以及它们在实际问题中的应用。

8.5 线程通信

多线程除了需要通过同步互斥性地访问共享资源,还需要在线程之间进行通信达到协作完成共同任务,如例 8-17 的第 66 行就是在哲学家把两只筷子放回原位后通过一种通信方式告诉其他哲学家。多线程并发执行时,若需要指定线程等待或者唤醒指定线程,那么这些线程之间就需要通信。以生产一个消费一个的生产者-消费者问题为例,生产时需要消费的线程等待,生产一个后需要唤醒消费线程,然后生产线程处于等待,这样生产者和消费者之间来回唤醒通信,达到生产一个消费一个的目标。

线程间的通信有两种方式:一种是通过共享内存的方式通信,即多个线程需要访问同一共享变量时,只有获得该共享变量的访问权限的线程才能执行,也就是 8.4 节所说的同步方式;另一种方式是通过消息传递进行通信。8.4 节已经说明了同步通信的方式,所以本节扩展共享内存的通信方式,包括等待/通知机制和生产者-消费者之间的通信。有兴趣的读者可以参阅文献[4]中的管道通信,这是一种消息传递的通信方式。

8.5.1 等待/通知机制

共享内存的通信方式需要通过等待/通知机制协调多线程互斥性地访问共享资源,控制多个线程按一定的顺序轮流访问共享资源,这种等待/通知机制由 Object 类提供的 wait()、notify()、notifyAll()方法实现线程之间的通信。这 3 个方法都是在同步方法的同步代码块中使用,即调用这 3 个方法的线程必须先获得锁,这 3 个方法的调用者都应该是同步锁对象,8.4 节例 8-17 的第 50 行和第 66 行都是在同步方法中调用 wait()和 notifyAll();否则 JVM 会抛出 IllegalMonitorStateException 异常。

(1) void wait():获得同步锁的线程执行这个方法时,会释放当前的锁,让出 CPU 并进入等待状态,直到其他线程进入这个同步锁,调用 notify()或 notifyAll()方法唤醒当前线程。

(2) void notify():唤醒一个该同步锁的等待线程,若等待该同步锁的线程有多个,则由操作系统根据多线程管理的方法选择一个等待线程。

(3) void notifyAll():唤醒该同步锁的所有等待线程。

8.5.2 生产者-消费者模型

本节通过一个生产者-消费者模型的案例综合应用线程的管理、线程的同步和通信机制,如例 8-18 所示。这个例子模拟了面包店的场景,面包店有烘焙师傅做面包,有顾客买面包。假设当前有 20 个面包(第 84 行),然后一个师傅负责烘焙(第 86~87 行),有 5 个顾客(第 91~96 行)进店随机购买面包。BreadStore 类管理师傅烘焙好的面包和顾客购买面包,保证当前店里的面包数量随师傅和顾客的行为而正确变化。因为共享资源 breads，所以在师傅烘焙好的面包加入店面销售时(第 25～30 行)，sell 方法需要采用方法同步的方式保证 breads 的互斥访问；同样地，每个顾客购买面包时，其行为也必须同步，如第 12～23 行所示。面包店的模拟结果如图 8-22 所示，当然这里因为多线程和使用了随机数模拟，所以不同时候运行的结果会有所不同。

例 8-18　Demo18.java。

```
1    package cn.edu.lsnu.ch08;
2
3    import java.util.Random;
4
5    class BreadStore {
6        private int breads;
7
8        public BreadStore(int initBreads){
9            this.breads = initBreads;
10       }
11
12       public synchronized void sell(int n, String name){
13           while(n > breads){
14               try {
15                   wait();
16               } catch (InterruptedException e) {
17                   e.printStackTrace();
18               }
19           }
20           breads -= n;
21           System.out.println(name + " bought " + n + " pieces of bread");
22           System.out.println("store has " + breads + " pieces of bread");
23       }
24
25       public synchronized void bake(int n){
26           breads += n;
27           System.out.println("baked " + n + " pieces of bread");
28           System.out.println("store has " + breads + " pieces of bread");
29           notifyAll();
30       }
31   }
32
33   class Baker extends Thread {
34       private BreadStore bs;
35       public volatile boolean close = false;
36
37       public void setClose(){
38           close = true;
39       }
40
41       public Baker(BreadStore bs){
42           this.bs = bs;
43       }
44
45       @Override
```

```java
46      public void run(){
47          Random r = new Random();
48          while(!close && !interrupted()){
49
50              int n = r.nextInt(10);
51              n = n > 0 ? n: 1;
52              bs.bake(n);
53              try {
54                  sleep(1000);
55              } catch (InterruptedException e) {
56                  e.printStackTrace();
57              }
58          }
59
60      }
61  }
62
63  class Client extends Thread {
64      private BreadStore bs;
65      private String name;
66
67      public Client(BreadStore bs, String name){
68          this.bs = bs;
69          this.name = name;
70      }
71
72      @Override
73      public void run(){
74          Random r = new Random();
75          int n = r.nextInt(12);
76          n = n > 0 ? n: 1;
77          bs.sell(n, name);
78      }
79  }
80
81  public class Demo18 {
82
83      public static void main(String[] args) {
84          BreadStore bs = new BreadStore(20);
85
86          Baker b = new Baker(bs);
87          b.start();
88
89          String clientName;
90
91          Client[] cs = new Client[5];
92          for(int i = 0; i < 5; i++){
93              cs[i] = new Client(bs, "Client" + i);
94
95              cs[i].start();
96          }
97          for(int i = 0; i < 5; i++ )
98          {
99
```

```
100                try {
101                    cs[i].join();
102                } catch (InterruptedException e) {
103                    e.printStackTrace();
104                }
105            }
106
107            b.setClose();
108        }
109    }
```

```
baked 6 pieces of bread
store has 26 pieces of bread
Client3 bought 1 pieces of bread
store has 25 pieces of bread
Client4 bought 5 pieces of bread
store has 20 pieces of bread
Client2 bought 1 pieces of bread
store has 19 pieces of bread
Client1 bought 7 pieces of bread
store has 12 pieces of bread
Client0 bought 6 pieces of bread
store has 6 pieces of bread
```

图 8-22 3 个生产者和 3 个消费者的运行记录

8.5.3 线程通信小结

本节在 8.4 节多线程共享资源时需要同步的基础上，进一步说明多线程之间的一种通信机制，并用生产者-消费者场景模拟多线程之间的同步和通信。

8.6 线程池

本章前面的内容都是关于如何创建和使用多线程同时协助完成任务，充分利用现在计算机硬件的多核架构，最大限度发挥多核的计算能力。但是对于大型应用而言，无限制地根据应用需求创建及销毁线程会带来一些问题，因为线程本身需要占用内存空间，大量的线程可能会带来资源耗尽的问题；同时不同线程的调度需要切换上下文以保证线程的运行环境，而且会带来线程管理的负担和性能上的损失。另外，大量线程的回收会给 Java 的 GC 带来很大的压力。所以，为了避免重复的线程创建，节省系统资源的开销，节省线程创建和销毁的时间而提高系统响应速度，同时方便线程并发的管控，Java 实现了线程池的机制。

8.6.1 Java 线程池

线程池是一种多线程处理方式，处理过程中将任务添加到队列中，若线程池有可用的线程，则任务自动启动，若没有可用的线程，在当前线程数没有超过设置的最大线程数时，系统会添加线程以处理任务，但若线程数达到最大线程数，则任务进入队列，等待其他线程完成后才能启动。图 8-23 给出了线程池的处理流程。

Java 的线程池是通过 Executor 框架实现的，Executor 框架包括类 Executor、Executors、ExecutorService、ThreadPoolExecutor、Callable、Future、FutureTask，其中 Executor 是一个

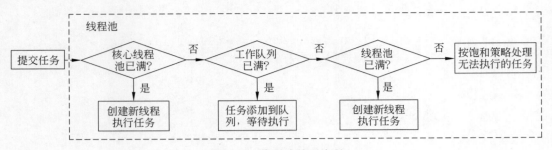

图 8-23　线程池处理流程

执行线程的工具，ExecutorService 提供真正的线程池接口。图 8-24 是线程池常用类的类图。

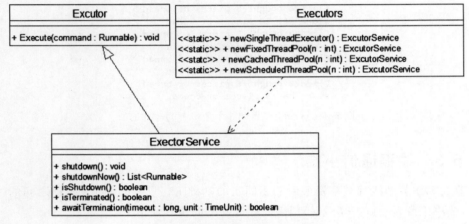

图 8-24　线程池接口和类的架构

8.6.2　线程池的创建

在使用线程池利用多线程处理应用任务时，要结合硬件和任务的特性配置参数，创建的线程数超过硬件支持的线程数过多时会带来实际运行时逻辑线程之间的不断切换，影响效率。其中任务特性指的是计算密集型还是 I/O 密集型，若计算密集型任务，尽量使用较小的线程池，因为这种任务要求很高的 CPU 使用率，若线程数过多，会引起 CPU 过度切换。而 I/O 密集型任务可以使用稍大的线程池，因为这种任务对 CPU 的使用率不高，可以让 CPU 在等待 I/O 时切换到其他线程，提高 CPU 的使用率。线程池配置的主要参数如下。

(1) 线程池基本大小(corePoolSize)。在线程池接受新任务时，若它已创建的线程数小于这个参数，则会创建一个新线程执行新任务。

(2) 线程池最大大小(maximumPoolSize)。线程池允许的最大线程数，当任务队列满了，若创建的线程数小于这个参数，则线程池创建新的线程执行任务。

(3) 线程存活时间(keepAliveTime)。当线程池中线程数大于基本线程数时，若线程的空闲时间超过这个参数，则该线程会被销毁，直到线程数小于或等于基本线程数。

(4) 时间单位(unit)。线程存活时间的单位，由 TimeUnit 类定义 7 种静态属性，包括 TimeUnit.DAYS(天)、TimeUnit.HOURS(小时)、TimeUnit.MINUTES(分钟)、TimeUnit.

SECONDS（秒）、TimeUnit.MILLISECONDS（毫秒）、TimeUnit.MICROSECONDS（微秒）、TimeUnit.NANOSECONDS（纳秒）。

（5）任务队列（workQueue）。用于传输和保存等待执行的任务的阻塞队列，可以有 ArrayBlockingQueue、LinkedBlockingQueue、SynchronousQueue 这几种选择。

（6）线程工厂（threadFactory）。用于创建新线程。

（7）处理任务策略（handler）。当线程池和队列都满了，设定对任务的处理策略，有以下 4 种取值，即 ThreadPoolExecutor.AbortPolicy（丢弃任务并抛出 RejectedExecutionException 异常）、ThreadPoolExecutor.DiscardPolicy（丢弃任务，不抛出异常）、ThreadPoolExecutor.DiscardOldestPolicy（丢弃队列最前面的任务，然后重新尝试执行任务）、ThreadPoolExecutor.CallerRunsPolicy（由调用线程处理任务）。

线程池的配置比较复杂，所以 Java 通过 Executor 提供了一些静态工厂，生成以下 4 种常用的线程池。

（1）newCachedThreadPool，可变长线程池，内部使用 SynchronousQueue 作为阻塞队列，线程池大小完全依赖 JVM 能够创建的最大线程数，无任务的线程在空闲时间超过 keepAliveTime 指定的值时自动释放线程资源；若新任务没有空闲线程处理，则创建新线程执行任务。

（2）newFixedThreadPool，定长线程池，内部使用 LinkedBlockingQueue 作为阻塞队列，每提交一个任务就创建一个线程，直到线程达到设定的最大数，空闲的线程不会被释放回收。

（3）newScheduledThreadPool，定长线程池，支持定时及周期性任务执行。

（4）newSingleThreadExecutor，单线程化的线程池，内部使用 LinkedBlockingQueue 作为阻塞队列，只用唯一的工作线程执行任务，保证所有任务按指定顺序执行，顺序选择包括 FIFO、LIFO，或者指定优先级。

8.6.3 线程池的管理

线程池可以通过 ExecutorService 的 submit 方法提交要执行的任务，其后线程池的管理是根据其运行状态决定。

（1）RUNNING：这种状态的线程池可以接受新任务，并处理阻塞队列中的任务。

（2）SHUTDOWN：这种状态的线程池不接受新任务，但继续处理阻塞队列中的任务。

（3）STOP：这种状态的线程池不接受新任务，也不处理阻塞队列中的任务，并且中断正在运行的任务。

① TIDYING：该状态表示线程池整理优化线程。

② TERMINATED：该状态表示线程池停止工作。

ThreadPoolExecutor 提供了以下两个方法关闭线程池。

（1）Shutdown()：等所有任务缓存队列中的任务都执行完才终止，不会接受新的任务。

（2）shutdownNow()：立即终止线程池，并尝试中断正在执行的任务，清空任务缓存队列，返回尚未执行的任务。

8.6.4 线程池的案例

例 8-19 以 newFixedThreadPool 的线程池演示如何创建线程池、如何让线程池执行任务以及如何管理线程池等。应用创建了两个线程的线程池（第 21 行），这两个线程需要执行 4 个任务（第 23～26 行提交了 4 个任务），每个任务只是显示创建 PrintThread 类的参数值。从图 8-25 所示的结果可以看出，系统只创建了两个线程，即 pool-1-thread-1 和 pool-1-thread-2，它们先分别执行了前两个任务，打印了 FIRST 和 SECOND，随后还是这两个线程分别执行了后两个任务，打印了 THIRD 和 FORTH，系统没有重新创建线程执行后两个任务，即系统重用了两个线程资源执行不同的任务，节省了系统资源，减少了额外创建线程的开销，提高了执行效率。

例 8-19 Demo19.java。

```
1    package cn.edu.lsnu.ch08;
2
3    import java.util.concurrent.ExecutorService;
4    import java.util.concurrent.Executors;
5
6    class PrintThread extends Thread {
7        private String printStr;
8
9        public PrintThread(String printStr) {
10           this.printStr = printStr;
11       }
12
13       public void run() {
14           System.out.println(Thread.currentThread().getName() + ": " + printStr);
15       }
16   }
17
18   public class Demo19 {
19       public static void main(String[] args) {
20
21           ExecutorService tpool = Executors.newFixedThreadPool(2);
22
23           tpool.submit(new PrintThread("FIRST"));
24           tpool.submit(new PrintThread("SECOND"));
25           tpool.submit(new PrintThread("THIRD"));
26           tpool.submit(new PrintThread("FORTH"));
27
28           tpool.shutdown();
29       }
30   }
```

```
pool-1-thread-1: FIRST
pool-1-thread-2: SECOND
pool-1-thread-1: THIRD
pool-1-thread-2: FORTH
```

图 8-25　线程池运行结果

8.6.5　线程池小结

本节介绍了线程池的一些背景知识，以及 Java 中对线程池的支持机制，最后以一个例子说明如何使用线程池完成多个任务。

本章小结

本章首先以线程和进程的背景知识为基础,讲解了线程的生命周期及管理,介绍了多线程的应用;然后进一步阐述了多线程场景下线程的安全问题以及多线程访问的同步和通信;最后介绍了线程池的背景以及如何用线程池完成多任务的应用。

习题 8

8-1 一个线程不希望另一个线程执行,为此,第一个线程可以在第二个线程上调用 yield() 方法,对吗?(　　)
　　A. 正确　　　　　　　　　　　B. 错误

8-2 以下是一个线程的 run() 方法体:
```
1   try {
2       sleep(100);
3   } catch(InterruptedException e) {
4       e.printStackTrace();
5   }
```
假设此线程没有被中断,下面叙述正确的是(　　)。
　　A. 上面的代码不能被正确编译,因为上述异常不能被捕获
　　B. 在第 2 行代码中,线程停止运行,异常会在最多 100 毫秒内重新开始
　　C. 在第 2 行代码中,线程停止运行,异常会在 100 毫秒后的时刻重新开始
　　D. 在第 2 行代码中,线程停止运行,异常会在 100 毫秒之后的某个时刻重新开始

8-3 Java 提供了几种创建线程的方式?它们之间的区别是什么?

8-4 一个线程包含哪些状态?这些状态之间有什么关系?

8-5 多个线程同时访问共享资源会出现什么问题?如何解决这些问题?

8-6 什么是死锁?如何解决死锁?

8-7 编写一个类 Race,模拟龟兔赛跑,可以使用 Math.random() 让模拟更有趣。

8-8 编写 3 个类,即 Counter、Printer、Storage,Storage 类存储一个整数,Counter 类创建一个线程,这个线程从 0 开始计数,并把每一个计数值存储在 Storage 类中。Printer 类创建一个线程,这个线程不断读取 Storage 类中的值并打印,要通过适当的同步机制保证每个计数都打印且只打印一次。

8-9 编写一个 StackTest 类,这个类实现后进先出数据结构,而且要保证是线程安全的。

8-10 在例 8-18 的基础上增加一些场景约束和条件,如加上排队叫号和多个烘焙师,重写模拟程序。

第 9 章 网络编程

9.1 网络编程基础

9.1.1 网络通信协议

计算机网络就是将分布在不同地理区域的计算机及其外部设备通过通信线路连接起来,从而可以使计算机之间实现资源共享和信息传递的网络系统。计算机之间实现通信必须遵守一定的约定,这些约定称为通信协议。通信协议对数据的传输速率、传输格式、传输控制步骤、出错控制等制定了统一标准,通信双方必须同时遵守才能完成数据交互。

根据不同的分类原则,可以得到不同类型的计算机网络。按照计算机网络覆盖的地理范围,计算机网络可划分为局域网(LAN)、城域网(MAN)、广域网(WAN)。Internet 可视为世界上最大的广域网。

IP(Internet Protocol)协议又称为因特网互联协议,是一种非常重要的通信协议,其设计目的是提高网络的可扩展性。经常与 IP 协议一起使用的还有 TCP(Transmission Control Protocol)协议,TCP 协议又称为传输控制协议,它提供了一种可靠的数据信息传递服务。TCP 协议和 IP 协议统称为 TCP/IP 协议,是 Internet 中最基本的通信协议。

按照 TCP/IP 协议模型,网络通常被分为 4 层结构,具体包括数据链路层、网络层、传输层和应用层,同一机器上的相邻功能层之间通过接口进行信息传递,如图 9-1 所示。

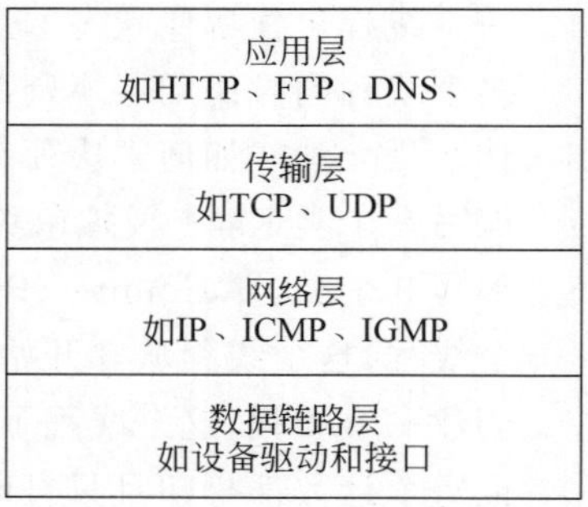

(1) 数据链路层:数据链路层位于 TCP/IP 协议的第四层,该层既是传输数据的物理介质,也为网络层提供了可靠的数据传输服务。

图 9-1 TCP/IP 网络模型

(2) 网络层:网络层位于 TCP/IP 协议的第三层,是整个 TCP/IP 协议的核心,网络层提供了 IP 寻址以及路由选择等功能。

(3) 传输层:传输层位于 TCP/IP 协议的第二层,传输层负责在应用进程之间建立端到端的、可靠的或不可靠的传输。传输层涉及两个重要协议,即 TCP 协议和 UDP(User Datagram Protocol)协议。TCP 协议提供可靠的数据传输服务,UDP 协议提供不可靠的数据传输服务。

(4) 应用层:应用层位于 TCP/IP 协议的第一层,为各种网络应用提供服务。

9.1.2 IP地址和端口号

IP地址用于标识计算机网络中唯一的计算机。在计算机网络中,每个被传输的数据包要包括一个源IP地址和一个目的IP地址,当该数据包在网络中进行传输时,网络设备可以根据这两个IP地址将数据包从源计算机传送到目的计算机。

目前,IP地址有两个使用版本,即IPv4和IPv6。IPv4使用32位二进制的地址,最大地址个数为2^{32},因此大约有42亿个地址可供使用。为了便于记忆,通常会将IPv4地址分为4个8位二进制数,也就是4字节,又通常将每个8位二进制数转换成一个0~255的十进制整数,数字之间用符号"."隔开,因此通常看到的IP地址形式是61.139.52.118。

随着计算机网络规模不断扩大,IP地址的需求量也越来越多,因此产生了IPv4地址耗尽的问题。为了解决这种问题,IPv6地址应运而生。IPv6使用16字节表示IP地址,拥有的最大地址个数为2^{128},这样就解决了网络地址数量不足的问题。

为了便于寻址以及层次化构造网络,每个IP地址由两部分组成,即网络地址和主机地址。网络地址表示其属于互联网的哪一个网络,主机地址表示其属于网络中的哪一台主机,两者是主从关系。根据IPv4地址的第一个字节,IPv4地址可以分为以下5类,常用的有A、B、C三类,另外的D和E类为特殊地址,如表9-1所示。

表9-1 IPv4地址分类

类别	最大网络数	IP地址范围
A	126(2^7-2)	0.0.0.0~127.255.255.255
B	16384(2^{14})	128.0.0.0~191.255.255.255
C	2097152(2^{21})	192.0.0.0~223.255.255.255

(1) A类地址。第一段为网络地址,后3段为主机地址,范围为0.0.0.0~127.255.255.255,可用的网络号取值介于1~126,0和127不作为主机的IP地址。A类地址一般用于大型规模网络。

(2) B类地址。前两段为网络地址,后两段为主机地址,范围为128.0.0.0~191.255.255.255,网络号取值介于128~191,一般用于中型规模网络。

(3) C类地址。前3段为网络地址,最后一段为主机地址,范围为192.0.0.0~223.255.255.255,网络号取值介于192~223,一般用于小型规模网络。

(4) D类地址。是多播地址,网络号取值介于224~239,一般用于多点广播。

(5) E类地址。是保留地址,网络号取值介于240~255。

在IP地址3种主要类型里,各保留了3个区域作为私有地址,其地址范围如下。

A类地址:10.0.0.0~10.255.255.255。

B类地址:172.16.0.0~172.31.255.255。

C类地址:192.168.0.0~192.168.255.255。

此外,还有一个本地回环地址127.0.0.1,指本机地址,该地址一般做循环测试使用。

通过IP地址可以连接到指定计算机,但是一台计算机可以有多个应用程序提供网络服务,如果想访问某个应用程序,还需要指定端口号,如图9-2所示。

在同一台计算机中,不同的应用程序是通过端口号区分的。端口号是用16位的二进制

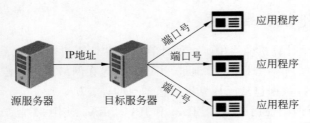

图 9-2 访问服务器中应用程序

数表示的,它的取值范围为 0~65535。端口号通常分为 3 类,即公认端口(Well Known Ports)、注册端口(Registered Ports)、动态和/或私有端口(Dynamic and/or Private Ports)。其中,公认端口取值范围为 0~1023,用于一些知名的网络服务和应用,如 80 端口是为 HTTP 开放的;注册端口取值范围为 1024~49151,用户的普通应用程序通常使用此范围的端口;动态和/或私有端口取值范围为 49152~65535,这些端口是应用程序使用的动态端口,通常情况下应用程序不会主动绑定这些端口。

9.1.3 InetAddress 类

Java 提供了一个 InetAddress 类来封装 IP 地址,并提供了一些与 IP 地址相关的方法,如表 9-2 所示。

表 9-2 InetAddress 常用方法

方 法 声 明	功 能 描 述
InetAddress getByName(String host)	获取给定主机名的 InetAddress 对象
InetAddress getLocalHost()	获取本地主机的 InetAddress 对象
InetAddress getByAddress(byte[] addr)	获取给定 IP 地址的 InetAddress 对象
String getHostName()	获取本地 IP 地址的主机名
boolean isReachable(int timeout)	测试在限定时间内指定的 IP 地址是否可达
String getHostAddress()	获取 InetAddress 对象相关的 IP 地址字符串

接下来通过一个案例来测试 InetAddress 类的用法,如例 9-1 所示。

例 9-1 Example01.java。

```
import java.net.InetAddress;
public class Example01 {
    public static void main(String[] args) throws Exception {
        //获取主机名为 www1.lsnu.edu.cn 的 InetAddress 对象
        InetAddress remote = InetAddress.getByName("www1.lsnu.edu.cn");
        System.out.println("www1.lsnu.edu.cn 的 IP 地址: "
                          + remote.getHostAddress());
        System.out.println("2 秒内是否可达: "
                          + remote.isReachable(2 * 1000));
        //获取指定 IP 地址的 InetAddress 对象
        InetAddress local = InetAddress.getByAddress(new byte[]{127,0,0,1});
        System.out.println("3 秒内是否可达: "
```

```
                    + local.isReachable(3 * 1000));
    }
}
```

例 9-1 的运行结果如图 9-3 所示。

```
Console
<terminated> Example01 [Java Application] D:\tools\Java\jdk1.8.0_251\bin\javaw.exe (2020年5月25日 下午4:35:32)
www1.lsnu.edu.cn的IP地址: 210.41.168.102
2秒内是否可达: false
3秒内是否可达: true
```

图 9-3　例 9-1 的运行结果

例 9-1 简单演示了 InetAddress 类中方法的使用，InetAddress 本身功能较为简单，它代表一个 IP 地址对象，是网络通信的基础。

9.2　UDP 通信

9.2.1　UDP 通信简介

UDP 是一种不可靠、面向无连接，可以实现一对一、一对多和多对一连接的通信协议。面向无连接就是在数据传输之前，数据的发送端和接收端不建立逻辑连接。UDP 在传输数据时不会对数据的完整性进行验证，在数据丢失或出错的情况下也不会要求重新传输，因此节省了很多时间，所以 UDP 比 TCP 延迟更低、实时性更好，但有时会造成数据丢失与损坏。由于 UDP 在传输数据时不需要与对方建立连接，因此不需要维护连接状态，包括数据的收发状态等，所以一台服务器可以同时向不同的客户机发送相同的消息。UDP 适用于一次只传送少量数据，并且对可靠性要求不高的应用场景中，如音频、视频和普通数据的传输。由于 UDP 协议不能保证数据的完整性，因此在传输重要数据时不建议使用 UDP 协议。UDP 交互过程如图 9-4 所示。

图 9-4　UDP 通信过程

JDK 中提供了一个 DatagramPacket 类和一个 DatagramSocket 类用于 UDP 通信。DatagramPacket 表示数据报，它封装了 UDP 通信中发送或者接收的数据。DatagramSocket 表示用于发送和接收数据报的套接字，它用来发送、接收数据报。

9.2.2　DatagramPacket 类

DatagramPacket 类用于处理报文，将字节数组、目标地址、目标端口等数据包装成报文或者将报文拆卸成字节数组。DatagramPacket 类常用构造方法有以下几种。

（1）DatagramPacket(byte[] buf, int length)。

指定了封装数据的字节数组和数据的大小，没有指定 IP 地址和端口号，这样的对象只能用于接收端。

(2) DatagramPacket(byte[] buf,int offset,int length)。

该构造方法与第 1 个构造方法类似,同样用于接收端,只不过在第 1 个构造方法的基础上,增加了一个 offset 参数,该参数用于指定一个数组中发送数据的偏移量为 offset,即从 offset 位置开始发送数据。

(3) DatagramPacket(byte[] buf,int length,InetAddress addr,int port)。

该构造方法不仅指定了封装数据的字节数组和数据的大小,还指定了数据包的目标 IP 地址(addr)和端口号(port),该对象通常用于发送端。

(4) DatagramPacket(byte[] buf,int offset,int length,InetAddress addr,int port)。

该构造方法与第 3 个构造方法类似,同样用于发送端,只不过在第 3 个构造方法的基础上增加了一个 offset 参数,该参数用于指定一个数组中发送数据的偏移量为 offset,即从 offset 位置开始发送数据。

以上介绍了 DatagramPacket 的常用构造方法,接下来看一下 DatagramPacket 类的常用方法,如表 9-3 所示。

表 9-3　DatagramPacket 常用方法

方 法 声 明	功 能 描 述
InetAddress getAddress()	该方法用于返回发送端或者接收端的 IP 地址,如果是发送端的 DatagramPacket 对象,就返回接收端的 IP 地址;反之,就返回发送端的 IP 地址
int getPort()	该方法用于返回发送端或者接收端的端口号,如果是发送端的 DatagramPacket 对象,就返回接收端的端口号;反之,就返回发送端的端口号
byte[] getData()	该方法用于返回将要接收或者将要发送的数据,如果是发送端的 DatagramPacket 对象,就返回将要发送的数据;反之,就返回接收到的数据
int getLength()	该方法用于返回接收或者将要发送数据的长度,如果是发送端的 DatagramPacket 对象,就返回将要发送的数据长度;反之,就返回接收到数据的长度

9.2.3　DatagramSocket 类

DatagramSocket 表示用于发送和接收数据报的套接字,它用来发送数据报。下面对 DatagramSocket 类常用的构造方法进行讲解。

(1) DatagramSocket()。

该构造方法用于创建发送端的 DatagramSocket 对象,并没有指定端口号,此时系统会分配一个没有被其他网络程序所使用的端口号。

(2) DatagramSocket(int port)。

该构造方法既可用于创建接收端的 DatagramSocket 对象,也可以创建发送端的 DatagramSocket 对象,在创建接收端的 DatagramSocket 对象时,必须要指定一个端口号,这样就可以监听指定的端口。

(3) DatagramSocket(int port,InetAddress addr)。

该构造方法在创建 DatagramSocket 时,不仅指定了端口号,还指定了相关的 IP 地址,这种情况适用于计算机上有多块网卡的情况,可以明确规定数据通过哪块网卡向外发送和接收哪块网卡的数据。

上面讲解了 DatagramSocket 类的常用构造方法,接下来讲解 DatagramSocket 类的常用方法,如表 9-4 所示。

表 9-4 DatagramSocket 常用方法

方 法 声 明	功 能 描 述
void receive(DatagramPacket p)	该方法用于接收 DatagramPacket 数据报,在接到到数据之前会一直处于阻塞状态,如果发送消息的长度比数据报长,则消息将会被截取
void send(DatagramPacket p)	该方法用于发送 DatagramPacket 数据报,发送的数据报中包含将要发送的数据、数据的长度、远程主机的 IP 地址和端口号
void close()	关闭当前的 Socket,通知驱动程序释放为这个 Socket 保留的资源

9.2.4 UDP 网络程序

在使用 UDP 协议进行通信时,实际上并没有明显区分服务器端和客户端,一般情况下,将接收数据的程序称为接收端,发送数据的程序称为发送端。为了避免发送端发送的数据无法接收而造成数据丢失,通常会先运行接收端程序。接收端程序实现步骤大致分为:①创建接收端 DatagramSocket 对象,并指定端口号;②创建 DatagramPacket 数据报对象,用于封装接收的数据;③接收客户端发送的数据;④读取数据。接下来通过一个案例来演示接收端的实现,如例 9-2 所示。

例 9-2 UDPReceive.java。

```
import java.io.IOException;
import java.net.DatagramPacket;
import java.net.DatagramSocket;
public class UDPReceive {
    public static void main(String[] args) throws IOException {
        //①创建接收端 DatagramSocket,指定端口号
        DatagramSocket socket = new DatagramSocket(8100);
        //创建一个长度为 1024 的字节数组,用于接收客户端发送的数据
        byte[] buf = new byte[1024];
        //②创建一个 DatagramPacket 数据报对象,用于封装接收的数据
        DatagramPacket packet = new DatagramPacket(buf, buf.length);
        //③接收客户端发送的数据
        System.out.println("服务器端程序启动成功,等待接收数据...");
        //接收数据报数据,此方法在接收到数据之前会一直阻塞
        socket.receive(packet);
        //④读取数据
        String info = new String(buf, 0, packet.getLength());
        System.out.println("客户端: " + info);
        socket.close();
    }
}
```

例 9-2 的运行结果如图 9-5 所示。

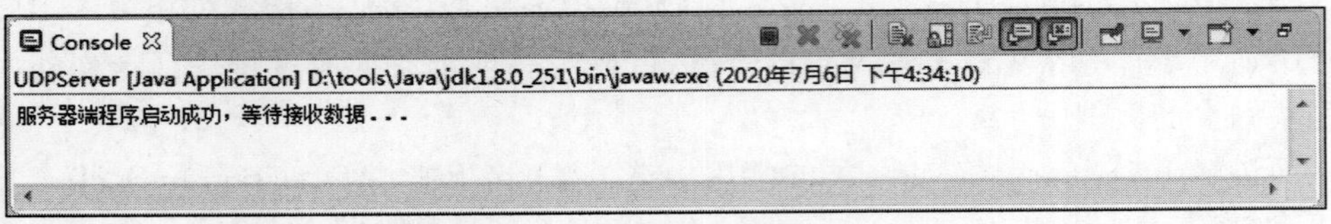

图 9-5　UDP 接收端程序运行结果

例 9-2 中，首先创建了一个 DatagramSocket 对象，并定义了服务器端的端口号，然后创建一个 DatagramPacket 数据报对象，用于封装接收的数据，然后调用 DatagramSocket 对象的 receive(DatagramPacket p)方法用于接收发送端发送的数据，该方法在接收到数据之前会一直处于阻塞状态，接着通过创建一个 String 对象将接收到的数据转换为字符串形式，程序结尾释放 Socket 资源。

接收端服务启动后，接下来编写发送端程序。发送端实现步骤大致分为：①定义要发送的数据；②创建发送端 DatagramSocket 对象；③创建 DatagramPacket 数据报对象，包含将要发送的数据；④向接收端发送数据。接下来通过一个案例来演示发送端的实现，如例 9-3 所示。

例 9-3　UDPSend.java。

```java
import java.io.IOException;
import java.net.DatagramPacket;
import java.net.DatagramSocket;
import java.net.InetAddress;
public class UDPSend {
    public static void main(String[] args) throws IOException {
        //①定义发送的数据
        String str = "您好,我是客户端!";
        //②创建一个发送端 DatagramSocket 对象
        DatagramSocket socket = new DatagramSocket();
        //③创建一个 DatagramPacket 数据报,封装发送端数据及发送地址
        DatagramPacket packet = new DatagramPacket(str.getBytes(),
            str.getBytes().length, InetAddress.getByName("localhost"), 8100);
        System.out.println("数据发送中...");
        //④发送数据
        socket.send(packet);
        socket.close();
    }
}
```

例 9-3 中，首先定义了要发送的数据，然后创建一个发送端的 DatagramSocket 对象，接着创建一个 DatagramPacket 数据报，该数据报包含了要发送的数据信息，然后调用 DatagramSocket 的 send(DatagramPacket p)方法向客户端发送数据，最后释放 Socket 资源。

发送端运行结果如图 9-6 所示。接收端接收到发送端的数据后，结果如图 9-7 所示。

图 9-6　UDP 发送端程序运行结果

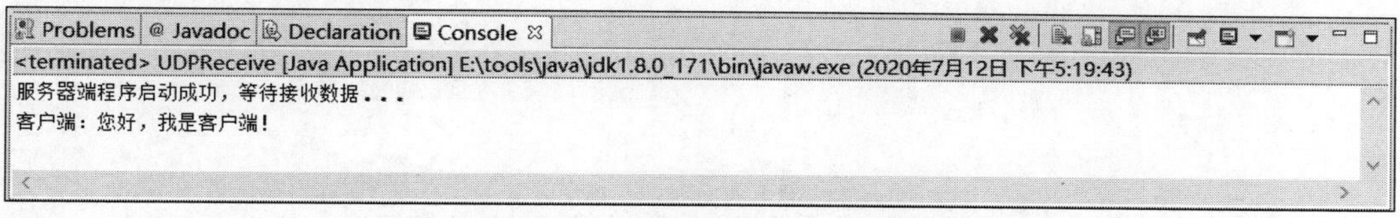

图 9-7　UDP 接收端程序运行结果

9.3　TCP 通信

9.3.1　TCP 通信简介

TCP 是一种可靠的、一对一的、面向连接的通信协议。面向连接就是在传输数据前需要先在发送端和接收端之间建立一个逻辑连接,然后再传输数据,这样就保证了两台计算机之间可靠无差错的数据传输。为了保证数据在传输过程中准确无误,TCP 采用重发机制,TCP 将传输的数据包分成若干个部分,然后在它们首部添加一个校验字节。当数据的一部分被接收之后,服务器端会对这一部分的完整性和准确性进行验证,如果完整度和准确度都为 100%,那么客户端开始下一部分的传输;否则客户端会再次重发刚才的那一部分。由于 TCP 的面向连接特性,它可以保证两台计算机之间可靠无差错地传输数据,对可靠性要求高的通信系统往往使用 TCP 传输数据,如在下载文件时采用的就是 TCP。

客户端和服务器端在使用 TCP 传输数据之前需要先建立一个"通道",这一过程可以形象地称为"3 次握手"。首先客户端向服务器端发送一个连接请求信号;服务器端接收到连接信号后回复 ACK 确认信号;客户端接收到 ACK 信号后也向服务器端发送 ACK 确认信号确认连接,这样 TCP 连接就建立了。TCP 通信的"3 次握手"过程如图 9-8 所示。

TCP 通信同 UDP 通信一样,都能实现两台计算机之间的通信,通信的两端则都需要创建 Socket 对象。

TCP 通信与 UDP 通信的其中一个主要区别在于,UDP 中只有发送端和接收端,不区分客户端与服务器端,计算机之间可以任意地发送数据;而 TCP 通信是严格区分客户端与服务器端的,在通信时,必须先由客户端去连接服务器端,服务器端不主动连接客户端。

JDK 中提供了 ServerSocket 类和 Socket 类,其中 ServerSocket 类用于创建服务器端;Socket 类用于创建客户端。通信时,首先要创建代表服务器端的 ServerSocket 对象,该对象相当于开启一个服务,并等待客户端的连接;然后创建代表客户端的 Socket 对象,并向服务器端发出连接请求,服务器端响应请求,两者建立连接后可以正式进行通信。

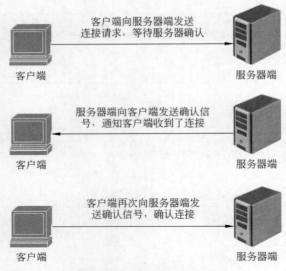

图 9-8　TCP 通信 3 次握手

9.3.2　ServerSocket 类

JDK 的 java.net 包提供了一个 ServerSocket 类,这个类实现了服务器套接字,服务器应用程序通过创建 ServerSocket 对象并绑定一个端口,以此来侦听客户端的请求。ServerSocket 类常用的构造方法如下。

1. ServerSocket(int port)

使用指定的端口号创建一个 ServerSocket 对象。端口号取值范围为 0～65535,如果指定的端口号为 0,此时系统会分配一个未被占用的端口号。

2. ServerSocket(int port,int backlog)

该构造方法增加了一个参数 backlog,用于指定客户连接请求队列的最大长度,默认为 50。当队列中的连接请求达到指定的最大长度时,服务器会拒绝新的连接请求;当服务器进程通过 ServerSocket 中的 accept()方法从队列中取出连接请求,使队列腾出空位后,队列才能接受新的连接请求。

3. ServerSocket(int port,int backlog,InetAddress bindAddr)

该构造方法参数除了 port 和 backlog 外还新增了 bindAddr,bindAddr 参数指定服务器要绑定的 IP 地址,该构造方法适用于具有多个 IP 地址的主机。

接下来讲解 ServerSocket 类的常用方法,如表 9-5 所示。

表 9-5　ServerSocket 类常用方法

方　法　声　明	功　能　描　述
Socket accept()	该方法从连接请求队列中取出一个客户的连接请求,并返回一个与之对应的 Socket 对象。如果队列中没有连接请求,该方法则会一直处于等待状态,直到有客户端请求连接
void bind(SocketAddress endpoint)	该方法用于将 ServerSocket 对象绑定到指定的 IP 地址和端口号,其中参数 endpoint 封装了 IP 地址和端口号

续表

方法声明	功能描述
void close()	该方法用于关闭Socket连接，释放占用的端口号。当一个服务器进程运行结束时，即使没有执行close()方法，操作系统也会关闭这个服务器占用的端口。如果希望及时释放端口号资源，可以显式地调用close()方法
InetAddress getInetAddress()	该方法用于获取服务器绑定的IP地址

9.3.3 Socket 通信

客户端通常使用 Socket 对象连接到指定的服务器，Socket 有多种构造方法，接下来对 Socket 的常用构造方法进行讲解。

（1）Socket()。

该构造方法在创建 Socket 对象时，没有绑定远程服务器的 IP 地址和端口号，创建对象后还需要调用 connect(SocketAddress endpoint)方法才能连接到指定的服务器。

（2）Socket(String host, int port)。

该构造方法创建一个 Socket 对象并连接到指定 IP 地址和端口号的服务器，其中参数 host 是一个字符串类型的 IP 地址。

（3）Socket(InetAddress address, int port)。

该构造方法与第二个构造方法在使用上类似，该构造方法在连接远程服务器时使用 InetAddress 对象来指定 IP 地址。

Socket 类常用方法如表 9-6 所示。

表 9-6　Socket 类常用方法

方法声明	功能描述
void close()	该方法用于关闭Socket连接，释放占用的端口号。当一个服务器进程运行结束时，即使没有执行close()方法，操作系统也会关闭这个服务器占用的端口。如果希望及时释放端口号资源，可以显式地调用close()方法
void connect(SocketAddress endpoint)	连接到远程服务器。其中SocketAddress封装了IP地址和端口号
int getPort()	返回此Socket连接到的远程服务器的端口号
InetAddress getLocalAddress()	获取Socket对象绑定的本地IP地址
InputStream getInputStream()	返回该Socket对象对应的输入流，程序通过该输入流从Socket中读取数据。如果InputStream对象是由服务器端的Socket返回，则用于读取客户端发送的数据；反之，用于读取服务器端发送的数据
OutputStream getOutputStream()	返回该Socket对象的输出流，程序通过该输出流向Socket中输出数据。如果OutputStream对象是由服务器端的Socket返回，则用于向客户端发送数据；反之，用于向服务器端发送数据

服务器端与客户端使用 Socket 通信的过程如图 9-9 所示。首先服务器端创建一个 ServerSocket 对象,然后使用 ServerSocket 对象的 accept()方法监听来自客户端的 Socket 连接,程序在执行 accept()方法时会发生线程阻塞,直到接收到客户端的请求时,服务器端才会结束这种阻塞状态并对应产生一个 Socket 对象。客户端通过创建 Socket 对象来连接到指定的服务器。当客户端和服务器端产生了对应的 Socket 之后,就不再区分服务器端和客户端了,而是通过各自的 Socket 进行通信。

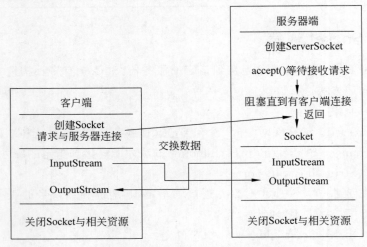

图 9-9 Socket 通信过程

9.3.4 简单的 TCP 网络程序

下面以一个非常简单的例子来讲解基于 TCP 的网络通信,通过这个例子可以对 Socket 编程有个初步把握。服务器端程序如例 9-4 所示。

例 9-4 TCPServer.java。

```java
import java.io.PrintWriter;
import java.net.ServerSocket;
import java.net.Socket;
public class TCPServer {
    public static void main(String[] args) throws Exception {
        //创建服务器端 ServerSocket 对象
        ServerSocket ss = new ServerSocket(8100);
        System.out.println("服务器端启动,开始接收客户端请求......");
        //不断地接收客户端连接请求
        while(true){
            //监听来自客户端的连接
            Socket socket = ss.accept();
            //获取客户端的输出流对象
            PrintWriter pw = new PrintWriter(socket.getOutputStream());
            pw.println("您好,我是服务器端!");
            //关闭输出流
            pw.close();
            //关闭 Socket
```

```
            socket.close();
        }
    }
}
```

例 9-4 的运行结果如图 9-10 所示。

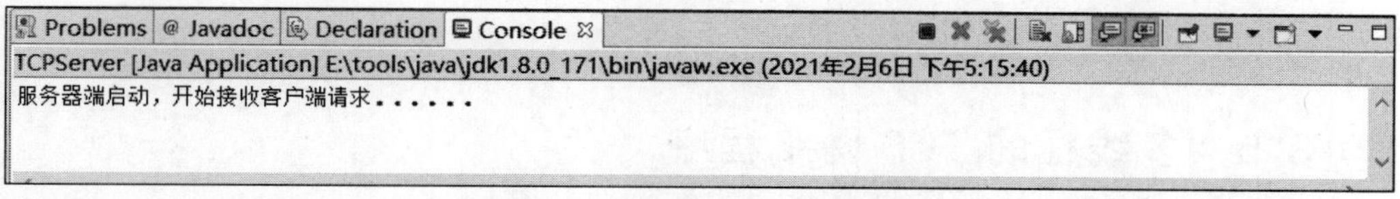

```
Problems  @ Javadoc  Declaration  Console ⊠
TCPServer [Java Application] E:\tools\java\jdk1.8.0_171\bin\javaw.exe (2021年2月6日 下午5:15:40)
服务器端启动，开始接收客户端请求......
```

图 9-10　例 9-4 的运行结果

上面的服务器端程序中，首先创建了一个 ServerSocket 对象并指定了服务器端口号，然后调用该对象的 accept() 方法监听客户端的连接，程序在执行 accept() 方法时会发生阻塞，直到接收到客户端的请求时，服务器端才会结束这种阻塞状态并产生一个与之对应的 Socket 对象。然后调用 Socket 对象的 getOutputStream() 方获取该 Socket 的输出流，用于向客户端发送数据。程序最后，关闭输出流和 Socket 连接，结束本次通信。

接下来的客户端程序也非常简单，它使用 Socket 连接到指定的服务器，然后通过 Socket 对象获取服务器端传来的数据，如例 9-5 所示。

例 9-5　TCPClient.java。

```java
import java.io.BufferedReader;
import java.io.InputStreamReader;
import java.net.Socket;
public class TCPClient {
    public static void main(String[] args) throws Exception {
        //创建一个 Socket 并将其连接到指定的服务器
        Socket socket = new Socket("127.0.0.1", 8100);
        //获取服务器端的输入流对象
        BufferedReader br = new BufferedReader(
                new InputStreamReader(socket.getInputStream()));
        String data = br.readLine();
        System.out.println("服务器: " + data);
        //关闭输入流
        br.close();
        //关闭 Socket
        socket.close();
        System.out.println("退出客户端!");
    }
}
```

例 9-5 中，首先创建一个 Socket 对象，并与指定 IP 地址和端口号的服务器进行连接；然后调用 Socket 对象的 getInputStream() 方法返回该 Socket 的输入流，以此获取来自服务器端传来的数据；最后关闭输出流和 Socket 连接。运行结果如图 9-11 所示。通过以上程序不难看出，一旦服务器端和客户端建立连接，程序通过网络通信与普通的 I/O 并没有太大的差别。

图 9-11　例 9-5 的运行结果

9.3.5　多线程的 TCP 网络程序

9.3.4 节的例子中，服务器端和客户端只是进行了简单的单线程通信，客户端与服务器端连接之后，服务器端向客户端发送了一个字符串，客户端读取完这个字符串后就退出了。实际应用中，客户端与服务器端可能需要保持长时间的通信连接。一方面，客户端需要不断地读取服务器传来的数据，并向服务器端写入数据；另一方面，服务器端也需要不断地读取客户端传来的数据，并向客户端写入数据。当使用 BufferedReader 对象的 readLine()方法读取数据时，该方法在返回之前，线程会一直处于阻塞状态。因此，服务器端应该为每个 Socket 单独启动一个线程，每个线程只负责与一个客户端进行通信。

考虑实现一个简单的 C/S 多人聊天室，该聊天室允许多个用户同时加入聊天，每个用户可以随时发送消息，并且该消息可以被其他所有用户接收到。由于 Java GUI 的知识在前面章节中已经详细介绍过，所以程序中关于 GUI 的部分不再赘述。聊天室的服务器端应该包含多个线程，每个客户端的请求都由一个独立的线程进行处理，如例 9-6 所示。

例 9-6　ChartServer.java。

```java
public class ChartServer extends JFrame {
    private static final long serialVersionUID = 1L;
    private int port = 8100;                //端口号
    private JTextArea info;                 //显示服务器端消息
    private List<Socket> socketList = new ArrayList<Socket>();
                                            //保存所有 Socket 对象的集合
    private ServerSocket server;            //服务器 ServerSocket 对象

    public ChartServer() {
        init();
        this.setVisible(true);
    }

    /**
     * 初始化服务器界面
     */
    private void init() {
        this.setTitle("服务器");
        this.setSize(600, 600);
        this.setDefaultCloseOperation(JFrame.EXIT_ON_CLOSE);
        //窗体各组件对象
        info = new JTextArea("日志: \n");
        info.setEditable(false);
        JScrollPane jsp = new JScrollPane(info);
```

```java
        this.add(jsp, BorderLayout.CENTER);
        //启动服务器
        new Thread(new Runnable(){
            public void run() {
                startServer();
            }}).start();
    }

    /**
     * 启动服务器
     */
    private void startServer() {
        try {
            server = new ServerSocket(port);
            info.append("服务器启动成功！\n");
            //监听客户端连接,为每个连接建立一个线程
            while (true) {
                try {
                    Socket socket = server.accept();
                    socketList.add(socket);
                    new Thread(new CommThread(socket, info, socketList)).start();
                } catch (IOException e) {
                    e.printStackTrace();
                }
            }
        } catch (IOException e) {
            info.append("服务器启动失败：" + e.getMessage() + "\n");
        }
    }

    public static void main(String[] args) {
        new ChartServer();
    }
}
```

上面的程序中,每当客户端 Socket 连接到服务器端 ServerSocket 之后,服务器端都会将该 Socket 加入到 socketList 集合中,并且为该 Socket 启动一个线程,该线程负责该 Socket 所有的通信任务,如程序中粗体字代码所示。负责 Socket 通信的线程类 CommThread 类如例 9-7 所示。

例 9-7 CommThread.java。

```java
public class CommThread implements Runnable {
    private Socket socket;
    private JTextArea info;
    private List<Socket> socketList;

    public CommThread(Socket socket, JTextArea info, List<Socket> socketList) {
        super();
        this.socket = socket;
        this.info = info;
```

```java
            this.socketList = socketList;
        }

        @Override
        public void run() {
            BufferedReader br;
            try {
                br = new BufferedReader(new InputStreamReader(
                socket.getInputStream()));
                while (true) {
                    //读取客户端数据
                    String data = br.readLine();
                    info.append(data + "\n");
                    //将数据转发给其他客户端
                    for(Socket s: socketList) {
                        if (!this.socket.equals(s)) {
                            PrintWriter pw = new PrintWriter(s.getOutputStream());
                            pw.println(data);
                            pw.flush();
                        }
                    }
                }
            } catch (IOException e) {
                //将 Socket 从集合中删除
                socketList.remove(socket);
            }
        }
    }
```

上面的服务器端线程类不断地读客户端数据，然后遍历 socketList 集合，把读取到的数据向其他的每个 Socket 发送一次。当获取 Socket 的输入输出流，或者调用 BufferedReader 的 readLine() 方法时，可能会捕获到 IOException 异常，则表明 Socket 在通信过程中出现了问题，那么将该 Socket 从 socketList 集合中移除，如程序中粗体字代码所示。

客户端程序中应该包含两个线程：一个负责读取从服务器端发送过来的信息；另一个负责向服务器端发送信息。客户端代码如例 9-8 所示。

例 9-8 ChartClient.java。

```java
public class ChartClient extends JFrame {
    private static final long serialVersionUID = 1L;

    private String ip = "127.0.0.1";           //服务器 IP 地址
    private int port = 8100;                   //服务器端口号
    private JTextField nickName;               //昵称
    private JTextArea info;                    //显示所有群聊消息文本框
    private JTextField msg;                    //发送消息文本框
    private Socket socket;
    private JButton connect;

    public ChartClient() {
```

```java
        init();
        this.setVisible(true);
    }

    /**
     * 初始化服务器界面
     */
    private void init() {
        this.setTitle("客户端");
        this.setSize(600, 600);
        this.setDefaultCloseOperation(JFrame.EXIT_ON_CLOSE);

        //创建所有界面组件对象
        JLabel nickNameLabel = new JLabel("昵称: ");
        nickName = new JTextField("JACK", 10);
        nickName.setHorizontalAlignment(JTextField.CENTER);
        connect = new JButton("进入群聊");
        info = new JTextArea("聊天消息: \n");
        info.setEditable(false);
        msg = new JTextField(25);
        JButton send = new JButton("发送");

        //界面布局
        JPanel panel1 = new JPanel();
        panel1.add(nickNameLabel);
        panel1.add(nickName);
        panel1.add(connect);
        this.add(panel1, BorderLayout.NORTH);
        this.add(info, BorderLayout.CENTER);
        JPanel panel2 = new JPanel();
        panel2.add(msg);
        panel2.add(send);
        this.add(panel2, BorderLayout.SOUTH);

        //监听事件
        connect.addActionListener(e -> connect());
        send.addActionListener(e -> sendSms());
    }

    /**
     * 连接服务器,读取服务器发送过来的消息
     */
    private void connect() {
        try {
            //创建 socket 对象,并连接到指定服务器
            socket = new Socket(ip, port);
            connect.setVisible(false);
            nickName.setEditable(false);
```

```java
            new Thread(new Runnable() {
                public void run() {        //读取服务器发送来的数据
                    BufferedReader br;
                    try {
                        br = new BufferedReader(new InputStreamReader(
                                socket.getInputStream()));
                        while (true) {
                            String data = br.readLine();
                            info.append(data + "\n");
                        }
                    } catch (IOException e) {
                        info.append("服务器断开,请稍后重新连接！\n");
                    }
                }
            }).start();
            info.append("连接服务器成功\n");
        } catch (Exception e) {
            info.append("系统异常: " + e.getMessage() + "\n");
        }
    }

    /**
     * 发送信息
     */
    private void sendSms() {
        SimpleDateFormat sdf = new SimpleDateFormat("yyyy-MM-dd HH:mm:ss");
        String strTime = sdf.format(new Date());        //获取当前系统时间
        try {
            PrintWriter pw = new PrintWriter(socket.getOutputStream());
            String data = nickName.getText() + ": " + strTime + "\n"
                    + msg.getText();
            pw.println(data);
            info.append(data + "\n");
            pw.flush();
        } catch (IOException e) {
            e.printStackTrace();
        }
        msg.setText(null);
    }

    public static void main(String[] args) {
        new ChartClient();
    }
}
```

上面客户端程序中,在 connect()方法中首先创建了一个 Socket 对象并连接到指定 IP 地址和端口号的服务器,然后启动了一个线程,该线程负责读取该 Socket 输入流中的数据, 即读取从服务器端发送过来的信息,如粗体字代码所示。在 sendSms()方法中,通过使用

PrintWriter 对象的 println() 方法将客户端发送的数据写入该 Socket 的输出流中,即客户端向服务器端发送信息。

在分别启动服务器端程序和客户端程序后就可以在聊天室聊天了,其效果图如图 9-12 至图 9-14 所示。

图 9-12　服务器端界面

图 9-13　用户 1 界面

图 9-14　用户 2 界面

本章小结

本章重点介绍了 Java 网络编程相关的基础知识;简要介绍了计算机网络相关的一些基础概念,包括 IP 地址和端口号的概念、InetAddress 类以及 TCP/IP 模型;详细介绍了 UDP 中的 DatagramSocket 和 DatagramPacket 类的使用,程序可以通过这两个类实现 UDP 接收端与发送端之间的通信。本章详细介绍了 TCP 中的 ServerSocket 和 Socket 类的使用,并通过一个基于C/S多人聊天室的案例详细演示了TCP是如何进行多线程编程的。

习题 9

9-1 填空题

(1) TCP/IP 模型通常被分为 4 层结构,分别是 _____、_____、_____、_____。

(2) Java 提供了一个类来封装 IP 地址,并提供了一些与 IP 地址相关的方法,这个类是 _____。

(3) TCP/IP 是可靠的双向流协议,其中编写服务器端程序的套接字类是 _____,而客户端则使用的是 _____ 类。

(4) TCP 是面向连接的通信协议,即在传输数据前需要 _____ 和 _____ 先建立逻辑连接,然后再传输数据。

(5) 使用 UDP 开发网络程序时,常用 _____ 类将要发送的信息打包。

9-2 判断题

(1) TCP 和 IP 均位于 TCP/IP 网络模型的网络层。 (　　)
(2) 由于 UDP 是面向无连接的协议,可以保证数据的完整性。 (　　)
(3) InetAddress 类封装了计算机的 IP 地址和端口号。 (　　)
(4) TCP 通信时,必须先由客户端去连接服务器端才能实现通信,服务器端不可以主动连接客户端。 (　　)
(5) 使用 TCP 通信时,通信的两端以 IO 的方式进行数据的交互。 (　　)
(6) 使用 TCP 通信时,当客户端、服务器端产生了对应的 Socket 之后,程序无须再区分服务器端和客户端,而是通过各自的 Socket 对象进行通信。 (　　)

9-3 选择题

(1) TCP 和 UDP 位于 TCP/IP 模型的( )。
　　A. 链路层　　　　B. 网络层　　　　C. 传输层　　　　D. 应用层
(2) ServerSocket 类的监听方法 accept() 的返回值类型是( )。
　　A. Object　　　 B. void　　　　　 C. Socket　　　　D. DatagramSocket
(3) 当使用客户端套接字 Socket 创建对象时,需要指定( )。
　　A. 服务器主机名称和端口　　　　B. 服务器地址和文件
　　C. 服务器端口和文件　　　　　　D. 服务器名称和文件
(4) 使用流式套接字编程时,为了向对方发送数据,则需要使用( )方法。
　　A. getInetAddress()　　　　　　B. getLocalPort()
　　C. getOutputStream()　　　　　 D. getInputStream()
(5) 使用 UDP 套接字通信时,使用( )方法接收数据。
　　A. read()　　　　B. receive()　　　C. accept()　　　D. listen()
(6) 进行 UDP 通信时,在接收端若要获得发送端的 IP 地址,可以使用 DatagramPacket 的( )方法。
　　A. getAddress()　 B. getPort()　　　C. getName()　　　D. getData()

(7) 在程序运行时,DatagramSocket 的( )方法会发生阻塞。

    A. send()　　　　B. receive()　　　　C. close()　　　　D. connect()

(8) TCP 的"3 次握手"中,第一次握手指的是( )。

    A. 客户端再次向服务器端发送确认信息,确认连接

    B. 服务器端向客户端回送一个响应,通知客户端收到了连接请求

    C. 客户端向服务器端发出连接请求,等待服务器确认

    D. 以上答案全部错误

9-4 简答题

(1) 简述 TCP 的 3 次握手机制。

(2) 简述 TCP 和 UDP 的主要特点。

(3) 叙述基于 TCP 的 Socket 编程的基本步骤。

9-5 编程题

请按照题目的要求编写程序并给出运行结果。

(1) 使用 UDP 编写一个网络程序,设置接收端程序监听端口为 8100,发送端向接收端发送数据"您好,我是发送端",最后接收端和发送端关闭系统资源。

提示:

① 创建接收端的 DatagramSocket 对象,并指定端口号,调用 receive()方法接收数据;

② 创建 DatagramPacket 数据报对象,用于封装接收的数据;

③ 发送端使用 send()方法发送数据;

④ 使用 close()方法释放 Socket 资源。

(2) 使用 TCP 编写一个简单的正方形面积计算器,设置服务器程序监听端口为 8100,客户端输入正方形的边长,服务器端接收到后计算面积并返回给客户端。

提示:

① 服务器端创建一个 ServerSocket 对象并指定端口号,然后调用 accept()方法监听客户端连接,当与客户端连接后,调用 Socket 的 getInputStream()方法和 getOutputStream()方法用来获取客户端的输入流对象和输出流对象;

② 客户端创建一个 Socket 对象,指定服务器的 IP 地址和监听端口号,与服务器端建立连接后,getInputStream()方法和 getOutputStream()方法用来获取服务器端的输入流对象和输出流对象;

③ 服务器端和客户端都调用 close()方法释放 socket 资源。

参 考 文 献

[1] Christian B, Griffiths T. 算法之美[M]. 万慧, 胡小锐, 译. 北京: 中信出版社, 2018.
[2] 汤小丹, 梁红兵, 哲凤屏, 等. 计算机操作系统[M]. 4版. 西安: 西安电子科技大学出版社, 2014.
[3] Eckel B. Java编程思想[M]. 陈昊鹏, 译. 4版. 北京: 机械工业出版社, 2007.
[4] González J F. Java 7并发编程实战手册[M]. 申绍勇, 俞黎敏, 译. 北京: 人民邮电出版社, 2014.
[5] Urma R G, Fusco M, Mycroft A. Java 8实战[M]. 陆明刚, 劳佳, 译. 北京: 人民邮电出版社, 2016.
[6] Java 8 API规范. https://docs.oracle.com/javase/8/docs/api/.